基于单个点地标被动观测的飞行器视觉辅助导航技术

寇昆湖　吴华丽　程继红　著

北京航空航天大学出版社

内容简介

针对飞行器惯性导航系统(Inertial Navigation System,INS)单独使用时导航精度随时间变差的问题,本书以新型飞航导弹等特殊飞行器为研究对象,在GPS等其他导航方式不可用的情况下,利用飞行器上已有的成像装置,以航路上单个点地标为参考,从工程实用的角度,分单个飞行器和多飞行器协同两种情形提出了视觉辅助INS误差估计及修正方法,并介绍了惯性视线重构及误差传递关系和偏置导引攻击方案。

本书可作为高等院校相关专业本科高年级学生和研究生的教材和参考书,也可供从事飞行器组合导航的相关科研和工程技术人员参考使用。

图书在版编目(CIP)数据

基于单个点地标被动观测的飞行器视觉辅助导航技术 / 寇昆湖,吴华丽,程继红著. -- 北京 : 北京航空航天大学出版社,2018.3

ISBN 978-7-5124-2677-1

Ⅰ.①基… Ⅱ.①寇… ②吴… ③程… Ⅲ.①飞行器—航天导航—研究 Ⅳ.①V556

中国版本图书馆CIP数据核字(2018)第048092号

基于单个点地标被动观测的飞行器视觉辅助导航技术

寇昆湖 吴华丽 程继红 著

责任编辑 张冀青 苏永芝

*

北京航空航天大学出版社出版发行

北京市海淀区学院路37号(邮编100191) http://www.buaapress.com.cn

发行部电话:(010)82317024 传真:(010)82328026

读者信箱:goodtextbook@126.com 邮购电话:(010)82316936

涿州市新华印刷有限公司印装 各地书店经销

*

开本:710×1 000 1/16 印张:9.75 字数:208千字

2018年5月第1版 2018年5月第1次印刷

ISBN 978-7-5124-2677-1 定价:45.00元

前　言

导航是一门古老的学科。从指南针、罗盘到精密复杂的惯性导航系统，从覆盖范围有限的无线电导航到覆盖全球的卫星定位系统，导航技术随着科技的不断发展而日趋进步。在飞行器导航领域，惯性导航以其完全自主的优势而成为拥有绝对统治地位的导航方式。但是惯性导航方式存在其自身无法克服的缺点：由于惯性导航方式基于积分工作原理和惯性器件（角速率陀螺和加速度计）测量误差的存在，造成惯性导航系统的导航误差随时间累积，长时间工作时往往不能满足导航精度的要求。

惯性导航系统（Inertial Navigation System，INS）与卫星定位系统组合导航是对惯性导航漂移误差的一种有效补偿方法。然而，卫星定位系统使用环境受限，且存在易阻滞、抗干扰能力差等缺陷。另一方面，军用飞行器为了提高其隐蔽性，也往往不允许使用雷达等有源测量设备。因此，需要采用一种完全被动的手段对飞行器 INS 误差进行修正。最近 30 年，随着计算机视觉（Computer Vision）的发展，视觉导航以其成本低、自主性强、精度高、实时性好等特点，成为一种非常具有发展前景的被动导航方式。早期的视觉导航解决方案是为自主地面机器人研发的；近年来，视觉导航系统在无人飞行器（Unmanned Air Vehicles，UAV）、深空探测器和水下航行器（Unmanned Underwater Vehicles，UUV）上获得了广泛应用。为了实施对重要战略价值目标的高精确打击，新型飞航导弹等飞行器通常装配视觉装置（例如 TV 和红外成像），以保证末制导的高精度。成像装置除了可以用于精确末制导，还可用于实现中制导阶段视觉辅助导航。

但与一般飞行器不同，飞航导弹等特殊飞行器视觉辅助导航有着更为严格的约束条件：它们不能如无人机那样对地标进行近距离细致观测，无法获得地标的细致特征信息，仅能将地标看作点地标；在中制导阶段是沿着预先规划的航路飞行的，视觉导航不能改变其巡航路径；视觉导航环境具有大规模、非结构化、稀疏特征的特点，单次视觉导航过程中，飞行航路附近一般仅有一个已知固定地面目标（简称地标）可供参考；仅支持单目视觉，且视场范围有限；弹载计算机数据处理能力相对较弱；考虑到成像装置视场的限制以及飞行器处于高速运动状态，预先选定的地标会很快离开视觉装置的视场，误差修正过程必须快速完成……。因此，视觉辅助导航实现难度大，现阶段国内外关于这类飞行器视觉导航的研究都非常少见，仍处于起步阶段。

以新型飞航导弹等飞行器为研究对象，在GPS等其他导航方式不可用的情况下，如何充分利用已有的成像装置，来对INS的导航误差进行修正，正是本书旨在解决的实际问题。在该立意的牵引下，从工程实用的角度，本书系统深入地介绍了苛刻条件下的基于单个点地标被动观测的INS误差估计及修正技术，这些成果是本书所独有的。全书共分为9章，第1章绪论分类总结了近年来参考地物的飞行器视觉导航方法及其优缺点，在分析飞航导弹等特殊飞行器视觉辅助导航特点的基础上，提出了选取单个点地标作为参考地物的依据和必要性，是本书的立论基础。第2章至第6章是本书的重点内容，第2章和第3章研究了基于单个已知点地标被动观测的单个飞行器INS位置和速度误差修正方法；第4章研究了基于单个未知点地标被动观测的飞行器INS俯仰姿态误差修正方法；第5章和第6章研究了多飞行器协同INS误差修正方法及几何构形对误差修正精度的影响，其中，第5章是针对无绝对信息可供参考的情况，第6章是针对存在已知点地标可供参考的情形。第7章分析了惯性视线重构精度的影响因素及其对INS误差修正的影响，提出了中制导段惯性视线重构的方法及误差传递公式。第8章分析了偏置攻击导引的控制流程，设计了导引律，并提出了偏置攻击导引的容错方案。第9章回顾和总结了全书工作，并对未来的工作进行了展望。

本书由海军航空大学寇昆湖博士统稿撰写，吴华丽和程继红参与了部分章节的编写和校对工作，马国欣参与了第8章的撰写工作。张友安教授为本书的形成做出了卓越的贡献，在全书编写过程中热情支持，精心指导，审阅了初稿，并提出了许多宝贵并富有建设性的意见，在此特向张友安教授致以崇高的敬意和衷心的感谢。谨向在本书编写、审校和出版过程中付出了辛勤工作和支持帮助的人们表示诚挚的谢意。

本书是对现有飞行器视觉辅助导航领域书籍的重要补充和深入，可以在一定程度上满足国内对该类书籍的需求。其中，基于单个点地标被动观测的INS误差估计及修正技术是本书独有成果，可为从事飞行器组合导航的相关科研和工程技术人员提供参考。但由于作者理论水平和学识有限，以及所做工作的局限性，书中不足之处在所难免，恳请专家和读者不吝指正。

作　者

2017年11月

目　　录

第1章 绪 论

1.1 背景与意义

导航是一门古老的学科。从指南针、罗盘到精密复杂的惯性导航(简称惯导)系统,从覆盖范围有限的无线电导航到覆盖全球的卫星定位系统,导航技术随着科技的不断发展而日趋进步。现代导航技术已经帮助人类到达地球的每个角落,并涉足深海和深空。即便如此,导航技术也远未完善。更小体积重量的惯性测量元件、更高性能的计算机、图像处理等新技术的发展为导航技术开辟了新的研究和应用领域,注入了新的活力。

导航分为自主导航和非自主导航两大类。非自主导航易受外界干扰,运行安全性差,不宜用于军事用途的航天器[1-4]。在飞行器导航领域,惯性导航以其完全自主的优势而成为拥有绝对统治地位的导航方式。惯性导航系统(Inertial Navigation System,INS)是以牛顿力学定律为基础的一种自主式导航系统,不需要任何外来的信息,仅靠系统本身就能在全天候条件下,在全球范围内和任何环境里自主地、隐蔽地、连续地获得三维空间完备的导航信息(位置、速度、姿态等),能够提供反映飞行器完备运动状态的信息。但是惯性导航方式存在其自身无法克服的缺点:由于惯性导航方式基于积分工作原理和惯性器件(角速率陀螺和加速度计)测量误差的存在,造成惯性导航系统的导航误差随时间累积,长时间工作时往往不能满足导航精度的要求。解决这一问题的途径有两个[5-11],一是提高惯导系统本身的精度,二是采用组合导航技术在长时间飞行后对弹上惯导解算的导航信息进行误差修正。惯导系统本身精度的提高主要依靠采用新材料、新工艺、新技术提高惯性器件的精度,或研制新型高精度的惯性器件,这需要花费很大的人力和财力,并且惯性器件精度的提高也是有限的。而组合导航则主要是通过软件技术来提高导航精度,实践已经证明,惯性导航和其他导航方式进行组合可以取得良好的适应性和满意的导航精度,成为未来导航技术发展和应用的主要模式[12-18]。

美国的全球卫星定位系统(Global Positioning System,GPS)可以提供覆盖全球的高精度的免费导航,GPS/INS组合导航是对惯导漂移误差的一种有效补偿方法。然而,GPS不是在任何环境里都可用,且存在易阻滞、抗干扰能力差等缺陷。况且,我国的飞行器在远距离的飞行中也不能依赖于GPS。另一方面,军用飞行器为了提高其隐蔽性,往往不允许使用雷达等有源测量设备。因此,需要采用一种完全被动的手段对飞行器INS误差进行修正。最近30年,随着计算机视觉(Computer Vision)的发展,视觉导航以其成本低、自主性强、精度高、实时性好等特点,成为一种非常具有发展前景的被动导航方式[19-27]。早期的视觉导航解决方案是为自主地面机器人[28-32]研发的，而近年来，视觉导航系统在无人飞行器[33-37]（Unmanned Air Vehicles，UAV）、深空探测器[38-42]和水下航行器[43-44]（Unmanned Underwater Vehicles，UUV）上获得了广泛应用。为了实施对重要战略价值目标的高精确打击，新型飞航导弹等飞行器通常配备带有视觉装置（例如 TV 和红外成像）的导引头，以保证末制导的高精确。弹载成像导引头除了可以用于精确末制导，在中制导阶段，它也可用于实现视觉辅助导航[45-50,116-117,154]。

但与一般飞行器不同，飞航导弹等特殊飞行器视觉辅助导航有着更为严格的约束条件：它们不能如无人机那样对地标进行近距离细致观测，无法获得地标的细致特征信息，仅能将地标看作点地标；在中制导阶段它们是沿着预先规划的航路飞行的，视觉导航不能改变其巡航路径；飞行器辅助视觉导航环境具有大规模、非结构化、稀疏特征的特点，单次视觉导航过程中，飞行航路附近一般仅有一个已知固定地面目标（简称地标）可供参考；视觉辅助导航仅支持单目视觉，且视场范围有限；其弹载计算机数据处理能力相对较弱；考虑到成像导引头视场的限制以及飞行器处于高速运动状态，预先选定的地标会很快离开视觉装置的视场，误差修正过程必须快速完成；等等。因此，飞行器视觉辅助导航实现难度大，现阶段关于飞航导弹等特殊飞行器视觉导航的研究国内外都非常少见，仍处于起步阶段。

飞行器视觉辅助导航主要包括图像特征提取和状态估计两部分内容。考虑到图像特征提取技术已经比较成熟，可合理地认为图像特征能够被准确提取，在此将不再做研究。本书以新型飞行器为应用背景，在 GPS 等卫星导航信息不可用的情况下，从便于工程实现的角度，对基于视觉辅助的飞行器自主导航方法进行了研究。该研究借鉴已有的飞行器视觉导航方法的优点，结合飞行器自身的特点，利用飞行器成像导引头对航路附近单个点的地标连续、被动观测，结合飞行器上惯性组合系统的运动信息，实现了基于视觉信息的飞行器状态估计，从而能够修正飞行器长时间飞行后的 INS 累积误差。

本书研究成果可以解决具有成像装置的飞行器在中制导阶段 INS 误差发散的技术难题，实现飞行器的高精度自主导航，为我国飞行器视觉导航技术的发展和应用提供理论支撑和技术储备。本技术可以作为一种辅助导航手段，用于进一步增强组合导航系统的可靠性。

1.2 飞行器辅助导航的历史及发展趋势

纵观 20 世纪 50 年代至今的应用和研究，飞行器中制导阶段的导航方式始终是“惯导＋辅助导航系统”，辅助导航系统可主要分为地形匹配、景像匹配和卫星导航（GPS 等）三种类型[51]。地形匹配和景像匹配的原理示意图如图 1－1 所示。

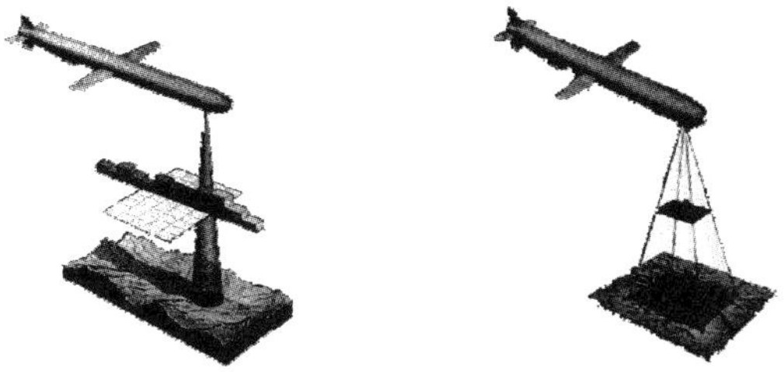

(a) 地形匹配 (b) 景像匹配

图 1-1 地形匹配和景像匹配的原理示意图

1.2.1 地形匹配

地形匹配系统[52-57]是利用导弹飞行航迹下地形高程的起伏特征对飞行器进行实时定位的一种非连续定位的导航系统。地形匹配系统工作时,要根据飞行器飞行的速度信号控制按地图网络进行高度采集,且需要有惯导系统、气压高度表、雷达高度表参加工作。同时综合制导与控制系统要保证导弹进入地形匹配区,并且使飞行器在地形匹配过程中不飞出匹配区。飞行器在飞行中要时刻判断是否进入地形匹配区以便发出地形匹配开始工作的指令。

如图 1-1(a)所示,当进入地形匹配区后,弹上高度测量系统不断测量飞行器的海拔高度和离地高度来获得飞行器飞行航迹下的地形剖面,并与预先储存于弹上计算机的基准地形剖面进行比对,找出最佳匹配的基准地形剖面并计算飞行器的位置。地形匹配系统一般采用均方差算法(MSD)和互相关算法(COR)两种算法,采用多数表决决策作为提高定位概率的技术措施。匹配区的面积选取是在匹配条件允许的情况下,适当考虑惯导位置误差和精度要求而制定的,匹配范围可达几十甚至上百平方公里。飞行器定位误差主要来自于测高系统的测高误差和数字地图制作误差。测高误差主要由高度表自身测量误差和地形起伏造成,起伏越大,误差越大。数字地图制作误差则与网格大小有关,网格越小,精度越高。

使用地形匹配系统时,首先要在发射前由任务规划系统根据地形匹配区选择准则确定可匹配区,考虑导航要求和可选区域情况在航迹上规划出地形匹配区,得出基准地形剖面。发射时由发控台向地形匹配数据存储器加载所有地形匹配区的数字高程基准图和任务参数。在到达地形匹配区的瞄准点前几秒钟,由飞行器综合制导与控制模块发出准备地形匹配指令,将存储器中的数据调入工作内存,开始地形高程数据采样。当飞行器进入地形匹配区后,开始匹配,搜索定位;当飞行器飞出地形匹配区后,综合制导与控制模块发出完成标志,等待下一次匹配指令。

美国空军率先在 1955 年开始了低高度超声速导弹(Supersonic Low Altitude Missile,SLAM)的研制[58],虽然该项目于 1964 年被终止,但地形轮廓匹配(Terrain Contour Matching,TERCOM)技术作为提高导航精度的重要成果被广泛应用于后续型号。1974 年的美国《航空周刊》杂志报道了早期 TERCOM 的基本性能：航速 200 节（约 102 m/s）的飞行器使用间距 400 英尺（约 122 m）的数字地图，大约每 90 s 输出一次位置修正。自 1972 年以来，TERCOM 地形辅助导航方式就被应用于美国海军的战斧式巡航导弹。麦克唐纳 · 道格拉斯公司研制的 AN/DPW－23 地形辅助惯性导航系统采用了该方法，并成功应用于美国海军的战斧巡航导弹。利用 AN/DPW－23 系统，标准 II 战斧对地攻击巡航导弹获得了低于 30.5 m 的圆概率误差[58]。目前，应用该方式的巡航导弹还包括[59]美国的 AGM－86B、AGM－129ACM，俄罗斯的 Kh－55，巴基斯坦的 Babur 等型号。

地形匹配辅助导航可以在很大程度上提高飞行器中制导阶段的导航精度，但该方式仍存在如下缺陷：

（1）任务规划周期长

使用地形匹配作为中制导的巡航导弹在发射前要对被攻击目标以及沿途经过的地形特征进行卫星或航空拍摄，在地形匹配飞行区域内选出一条合适的飞行路线，在多个匹配区域内预先侦测地形高度并绘制出数字地形图，将卫星拍摄的照片放大成与巡航导弹飞行高度相对应的图像，然后把上述资料编成相应软件存入弹上计算机。这两项工作量大而繁琐，需要大量硬件设备支撑，前后耗时需一个星期左右才能完成。

（2）飞行器使用的灵活性差

由于对地形起伏特性有特殊要求，不适于在平原、海面等地形起伏小的地区使用，因此限制了导弹使用的灵活性。特别是在可匹配地形较少的情况下，飞行器的可选飞行路线就会很少，甚至只能沿一条路线飞行，使敌方很容易判断后续导弹的飞行路线而加以拦截，从而增加了损失。据报道，由于美国在海湾战争前没有为攻击伊拉克准备地形匹配数字地图，在战争开始后，大部分战斧巡航导弹分 6 批沿着同一条航线一枚接一枚地飞向目标区，而不是同时从不同方向飞向目标。

（3）抗干扰能力差

飞行器在预定匹配区的离地高度值是地形匹配修正惯导偏差的主要依据，而雷达高度表是实现地形匹配的关键设备。如果雷达高度表所测得的离地高度值偏差较大，那么地形匹配就无法实现修正惯导的目的。例如，目前美国巡航导弹所使用的 AN/APN194 前沿脉冲雷达高度表由于受巡航导弹体积重量的限制，几乎没有采用任何抗干扰措施，因此很容易受到电子干扰。

（4）难以攻击机动目标

飞行器发射前要由任务规划系统将攻击目标所需数据输入制导计算机，作战时如果需要改变攻击目标，必须重新输入确定航迹的数据，需要几个小时的准备时间。

另外，地形匹配系统本身还会由于地形、季节和天气变化使输入信息更新不及时导致迷航。

1.2.2 景像匹配

景像匹配系统[60-62]是利用一定大小的地面图像的模式(灰度、边缘或纹理分布)实现自主定位。景像匹配系统工作时,由综合制导与控制系统判断飞行器是否进入景像匹配区,如果飞行器已经进入,则发出进行景像匹配指令。在景像匹配区里,景像匹配系统采集飞行器的飞行姿态信息和飞行高度信息,进行姿态随动和对实时图进行修正。

当飞行器景像匹配系统在飞行中收到景像匹配指令,进入预先规划的景像匹配区时,摄像机不断摄取航迹下的地面图像送给管控配准组合。经计算机处理后得到实时图,再与已存入管控配准组合内的基准图像进行比较,在基准图上找到最相似的子图位置,即二者配准的位置。得到多帧实时图的配准结果后,采用一致性判断确定其中正确的匹配定位点,从而得到导弹的正确位置。景像匹配区面积远远小于地形匹配区,通常大到几平方公里,小可达到几百平方米,定位误差主要来自于实时图与基准图的配准误差、实时图中心偏移量及基准图的位置误差,配准误差又由景像图相对位置误差与景像图地面分辨率组成。

景像匹配系统工作时,首先要由任务规划系统提供攻击目标周围区域的数字景像,根据导航要求和可选区域情况在航迹上规划出景像匹配区,制作数字景像匹配图。发射前把控制系数和基准图加载到管控配准组合,飞行器发射后,综合制导和控制系统等待进入景像匹配区几秒前,发出匹配指令,下视系统开始拍摄导弹航迹正下方的地面图像,再与已存入管控配准组合内的景像图进行比较,得出实时图与基准图配准的位置。飞行器飞出匹配区后,综合制导和控制系统发出完成指令,等待下一次匹配指令或准备对目标实施攻击。

20世纪80年代,数字技术的飞速进步,使得处理器的运算速度和存储器的容量体积比大大提高,数字景像匹配区域相关(Digital Scene Matching Area Correlation,DSMAC),即人们常说的现代景像匹配技术随之出现。如图1-1(b)所示,该系统事先存储了预定航路上某区域的参考图像,也称匹配模板。载机安装光学传感器,在接近目标时,将实时图像和存储的目标图像在空间上进行对准,以确定两幅图像之间的位置关系,纠正航路。景像匹配技术已应用于巡航导弹。战斧系列巡航导弹在飞行末端增加数字景像区域相关导航方式,使攻击的圆概率误差从30 m降至小于10 m[58]。俄罗斯的SS-N-30对地攻击巡航导弹也采用了惯导/卫星导航/景像相关的组合导航方式[63]。欧洲的“暴风阴影”系列[64]和美国的联合战区外空射巡航导弹(Joint Air-surface Standoff Missile,JASSM)[65]在末端采用了目标相关制导方式,进一步提高了打击精度。

与地形匹配辅助导航方式一样,景像匹配辅助导航也存在需要进行航路规划、制作景像模板、任务规划周期长、导弹使用的灵活性差等缺陷,并且环境对于末段景像匹配的影响是很大的,如景物的反射率和辐射率的变化、云和太阳投射角的变化所引起的阴影和景物的遮挡效应以及在基准区域中实际景物的变化等。所有这些因素都将引起景像匹配实时图全部或部分网格的灰度值变化，从而影响匹配结果。

1.2.3 卫星导航

卫星导航中最具有代表性的是 GPS。GPS 系统是美国在子午仪卫星导航系统的基础上研制的第二代卫星导航定位系统，可以在全球范围内高精度、全方位、方便灵活地获得空间定位数据。GPS 卫星导航系统在飞行器飞行中可以作为惯性制导的辅助定位导航系统，修正惯导系统误差。

GPS 定位技术[66-67]的基本原理是采用测量学中通用的测距交会确定点的方法，飞行器上接收机在某一时刻能收到 3 颗以上的 GPS 卫星信号，测量出飞行器到卫星的距离，然后分别以卫星为球心，以对应距离为半径作出三个球面，即可交会出导弹的空间位置，修正惯导误差。巡航导弹 GPS 定位系统正常工作时，精度可达米级。GPS 卫星发射两种测距码，一种为粗捕获码（CA 码），另一种为精码（P 码）。CA 码可以实现卫星信号的快速截获，精度为数十米；P 码用于精确定位，精度可达几米。CA 码向全世界公开，免费使用；P 码对外保密，用于美国及其盟国的军事领域。GPS 误差主要由接收机共有误差（如卫星误差、电离层误差）、传播路径延迟误差和接收机固有误差（如内部噪声）组成，通常用平均数法和差分校正法进行修正。

GPS 辅助导航主要用于飞行器飞行初段和中段，当飞行器发射时，惯导/卫星导航系统首先进行自检，判断系统工作正常，则向其发送对准参数及对准方式。惯导/卫星导航对准完毕后，制导计算机收到信息，转入等待导航指令，指令发出后，制导系统向惯导/卫星导航系统发出导航指令，系统开始导航。在匹配区内，如果同时获得地形匹配系统和 GPS 的定位信息，则利用惯导位置误差短时间变化平稳的特性，对两种信息进行判断，剔除变化剧烈的信息，经优选后与惯导组合。飞行器其余飞行段，只要判断卫星接收机信息正常，即可进行惯导/卫星组合导航。

由于 GPS 的精度比地形匹配和景像匹配都高，且具有任务规划周期短、使用灵活、无需航路规划等优点，所以在飞行器中得到了普遍的使用。改进的战斧巡航导弹取消了地形匹配单元，用 GPS 来辅助惯导系统实现飞行器的精确导航。

尽管 GPS 在正常工作的情况下具有很高的精度，但它也存在着缺陷：

（1）抗干扰能力很差，对于接收信息的可靠性难以进行验证，还有可能被信号模拟（电子欺骗）所诱骗。巡航导弹所用 GPS 接收机的信噪比多为 54 dB，很容易受到各种因素的影响，包括太阳电离层暴和蓄意干扰等。据称，输出 100 mW 的全向天线干扰机可以对 16 km 范围内使用 GPS 的巡航导弹和其他精确制导武器造成严重干扰；输出 100 W 的全向天线干扰机可使 1 000 km 范围内该种武器的 GPS 受到干扰。因此，美军担心“只要敌方装备了简易的干扰机，就很容易破坏美军利用精确制导武器进行外科手术式打击的能力”。在 2003 年的伊拉克战争中，美国多次指责俄罗斯一家公司向伊拉克提供了 GPS 干扰机，致使多枚战斧巡航导弹偏离预定航迹[68]。

(2) 非美国盟友的国家在战时使用GPS是很不可靠的,甚至是危险的。尽管美国已经宣称取消了选择可用性(SA)政策,但在战时是很容易恢复的,有资料表明,美国的GPS系统可以实现在部分区域内的民用码不可用而军用码正常使用,在我国某些区域也曾出现过可以正常接收到卫星信号而无法进行定位的情况。

1.2.4 视觉辅助导航

视觉导航主要是根据视觉传感器实时拍摄的视频图像来计算运动物体的运动参数,从而提供导航信息[69]。与其他传统导航方式相比较,视觉导航具有结构简单、成本低、频率高、适应性强和环境信息丰富等优点,因而近年来在许多研究领域得到了重视和发展[70],其具体应用涵盖了海、陆、空立体空间环境,如海洋环境下基于海底视觉拼图的视觉导航、基于水下标记的视觉导航等;陆地环境中的机器人、智能车辆等;空间环境下的无人飞行器视觉导航、火星探测器的精确着陆视觉导航和月面着陆的视觉导航等应用。弹载成像导引头和图像处理技术的发展,为飞行器实现视觉辅助导航提供了条件。与其他组合导航方式相比,飞行器视觉辅助导航具有如下优势:

(1) 不需要增加硬件,实现成本低

为了实施对重要战略价值目标的高精确打击,新型飞行器通常配备带有视觉装置(例如TV和红外成像)的导引头,以保证末制导的高精确度。成像装置除了可以用于精确末制导,在中制导阶段,它也可被用于实现视觉辅助导航。

(2) 采取被动方式,隐蔽性好

军用飞行器为了提高其隐蔽性,往往不允许使用雷达等有源测量设备。而视觉装置属于被动传感器,利用的是可见光或者红外线这种自然信息,这在军事隐蔽上尤为重要。

(3) 精度高,实时性好

得益于近年来计算机视觉和传感器技术的飞速发展,视觉装置能够在较高的频率上获取数据,且精度较高。

(4) 抗干扰

摄像机更善于捕捉运动信息,传统的传感器则较吃力,从应用的角度来看,视觉信号的抗干扰性能很好,而无线电和GPS信号易受阻塞。

可以看出,视觉/INS组合导航符合飞行器的特点,是一种廉价、自主和实用的导航方式,将会成为飞行器组合导航的发展趋势。

1.3 单个飞行器视觉辅助导航的研究现状

本节系统归纳了参考地物的飞行器视觉导航的研究现状,对现存各种方法的关键技术进行了分类和剖析,为基于地物参考的飞行器视觉辅助导航研究奠定了基础。

近年来国内外很多学者在参考地物的飞行器视觉辅助导航方面进行了研究，取得了许多有用的成果，归纳起来主要分为以下几种研究思路。

1.3.1 基于地标图像细致特征的视觉导航

飞行器在飞行过程中利用其视觉装置实时获取已知地标的图像，并从这些拍摄图像中提取某些特征元素，如角点、面积等参数，利用其投影关系求出飞行器与地标之间的相对位置和姿态关系，从而得到飞行器的位姿信息。

对于有条件设置人造地标的情况，基于设计好的人造地标可以较容易地实现飞行器位姿估计[71-77]。参考文献[71]中介绍了一种利用人造地标的图像细致信息的惯导系统误差校正方法。该方法利用飞机光电平台上的地标图像成像系统，通过地标图像探测、图像变换、匹配定位、坐标变换解算出飞机的空间三维坐标。该三维坐标与惯导系统所给出的坐标进行比较，得出飞机惯导系统的航迹误差，从而实现对惯导系统的误差校正。参考文献[72]利用着陆平台上人造地标的特征图案(9 个正方形的 36 个角点)，根据单目视觉成像模型以及摄像机运动模型，利用视觉图像处理结果数据估计出无人直升机的位置、姿态、线速度和角速度。参考文献[73]根据序列图像之间单应矩阵的运动关系模型，利用消逝点求解出运动摄像机的姿态信息，从而得到飞行器的姿态信息。参考文献[74]基于特定图案的人造地标，实现了车载 INS 的位置误差修正。

在大规模环境中，大多数情况下人造地标设置条件往往不满足，可以利用自然地标的轮廓、顶点、面积等细致特征信息，辅助实现视觉导航[78-88]。参考文献[78]通过成像装置对几何特征已知的建筑物的四个顶点的观测及特征提取，实现了飞艇的航向和位置估计。参考文献[79]以建筑物的一扇方形窗户为参考目标，无人机在接近建筑物的飞行过程中，安装于机体下方并可在俯仰和方位方向旋转的下视摄像机拍摄该目标。视觉系统提取图像中的目标并计算其在图像中的位置和面积大小，以目标的位置和面积为测量量，估计飞行器的位置、速度和姿态。参考文献[80]选取一座公寓大楼作为地标，利用其丰富的角点特征信息，通过图像处理技术，实现了城市环境中的无人机视觉导航。参考文献[81]选取道路轮廓和交叉点作为参考对象，研究了飞行器的位姿估计方法。参考文献[82]和[83]在主机上安装视觉导航设备，在僚机上设置 3 个特征光点，则视觉导航设备的量测量为主机与僚机之间的相对视线矢量，实现了相对姿态、位置和速度的估计。

可以看出，基于地标图像细致特征的视觉导航，其关键都在于如何选择和稳定地提取地标图像中的特征元素。但由于飞航导弹等特殊飞行器飞行速度非常快，且无法如无人机那样近距离观测地标，因此难以分辨出地标的细致特征，一般情况下仅能将地标看作点地标；另一方面，由于上述方法计算中都涉及较多的矩阵运算，计算量比较大，这对于计算能力相对较弱的弹载计算机来讲也是很难实现的。

1.3.2 基于特殊机动的视觉导航

由于视觉装置仅能测角，无法提供距离信息。而仅有角度信息的情况下，系统可观测是有条件的。因此，对于参考地物的飞行器视觉导航系统，即使飞行器相对于已知地标的视线角精确可测，在仅有角度信息可测的条件下，为了保证系统的可观测性，飞行器往往需要进行机动。

基于特殊机动的纯方位被动目标跟踪与定位研究较为成熟。参考文献[89]研究了基于螺旋机动方式的纯方位被动定位方法，算法可以在很短的时间内收敛，能够较快地实现对目标的定位。参考文献[90]对仅有方位角量测的被动目标定位中观测平台的最优机动轨迹问题进行了研究。参考文献[91]研究了单站纯方位目标运动分析中观测器机动航路对定位与跟踪精度的影响。参考已知点地标的飞行器视觉导航与定位问题是纯方位被动目标跟踪与定位问题的反问题，二者原理相通，于是，可以借鉴纯方位被动目标定位问题中的机动思路来解决参考地物的飞行器视觉辅助导航问题。

现阶段，基于特殊机动的视觉导航的一种非常活跃的研究方法是SLAM(Simultaneous Localization and Mapping)。SLAM问题可以描述为：运动平台在未知环境中从一个未知位置开始移动，在移动过程中根据位置估计和地图进行自身定位，同时在自身定位的基础上建造增量式地图，实现运动平台的自主定位和导航。1987年，Smith首先提出了同时定位与建图的方法[92]，揭开了SLAM研究的序幕。最近十年，基于SLAM方法的飞行器视觉导航研究取得了长足的发展。参考文献[93]利用视觉装置相对于地标的测角信息和测距装置获得的飞行器相对于地标的距离信息，实现了飞行器的同时定位与建图。参考文献[94]提出了一种仅测角的视觉辅助无人机SLAM方法，利用扩展卡尔曼滤波(Extended Kalman Filter，EKF)实现了无人机的6自由度状态和地标的三维位置的同时估计。参考文献[95]理论证明和仿真验证了基于SLAM的无人机视觉自主导航和定位的可行性。但SLAM方法需要进行初始化，随着远离初始化点，定位精度不断降低，只有当飞行器重新回到初始化点，其精度才能够恢复。因此，SALM适用于具有丰富地标特征的局部小场景(如室内)，且要求运动平台的轨迹要反复经过初始化点。再者，SLAM方法需要创建增量式地图，计算量极大。

飞航导弹等特殊飞行器受视场和机动能力的约束，不允许进行如上述文献那样的特殊机动；另一方面，受地标数目、计算量和初始化点的约束，SLAM方法也不适用。最重要的是，飞航导弹等特殊飞行器在中制导阶段是沿着规划的航路飞行的，视觉导航原则上不允许改变其巡航路径。

1.3.3 基于多个地标同时成像的视觉导航

三维空间中的点地标经过透视投影后，在像面上就会形成与之对应的像点。在地标位置已知的情况下，像点的位置可以反映出视觉装置的位姿信息。理论上只要有任意三个不共线的地标同时成像，即可求解出视觉装置的位姿[96-104]。

参考文献[96]提出了星际着陆器利用其导航相机可以在一幅图像中实现目标天体上三个已知地标的同时成像，利用各地标观测视线之间所形成的夹角作为观测量，将像素观测方程中位置和姿态状态解耦，估计出了星际着陆器的位姿。文献[97]提出了以四对以上道路交叉点为参考地物的飞行器视觉辅助导航方案，用黄金标准算法估计投影矩阵或单应矩阵，估计出了飞行器的位置。文献[98]研究了基于多个特征地标同时成像的空间飞行器着陆行星视觉辅助导航方法，实现了空间飞行器在向目标行星降落过程中的位置和速度估计，位置估计精度可达 6.4 m，速度估计精度可达0.16 m/s。文献[99]研究了绕月飞行器视觉辅助着陆问题，基于着陆区域的多个特征点图像信息的精确匹配，能够有效地修正惯性导航误差，实现安全避障和精确定点软着陆。

对飞航导弹等特殊飞行器而言，其飞行航路附近地标不可能很丰富，特别在非合作环境中，可供参考的地标会更加稀少，单次视觉成像过程中一般仅有一个点地标可供参考，很难实现多个地标的同时成像。

1.3.4 基于多目视觉的导航

(1) 双目视觉

双目视觉可以通过匹配左右相机的特征，获得场景的深度信息，从而不仅能够获得飞行器与地标间的角度信息，而且可以获得飞行器与地标间的距离信息。

文献[105]提出了一种基于双目视觉和惯性器件的无人机运动状态估计方法。根据惯性单元的输出更新无人机的运动状态，同时由摄像机获得周围环境的图像序列，从序列图像中提取特征点，并对这些特征点进行匹配、跟踪，测量序列图像中特征点的成像位置，建立卡尔曼滤波器，通过观测特征点成像位置误差估计无人机运动状态误差和特征点距离误差，并由误差估计结果修正无人机运动状态。文献[106]采用双目立体视觉引导电动 VTOL(Vertical Take-off and Landing)飞行器安全飞行的方法，使用安装在飞机上的两个微型摄像头从不同的位置获取图像，由双目立体视觉理论恢复其周围环境特征点的三维坐标，采用角点匹配方法计算视差，实现无人机在走廊中的横向坐标定位。美国科学系统公司联合波音公司于 2005 年开始研制的 ImageNav® 双目视觉系统已经在实验中取得了 3 m 圆概率误差的导航精度，正向巡航导弹和无人机的实际应用迈进[107]。

双目视觉虽然能够避免单目视觉微小运动造成位姿估计误差大的问题，但由于其基线固定，难以重建远距离的物体。

(2) 多目立体视觉[108-115]

多目视觉与双目视觉没有本质的区别，只是多了一次匹配，只有被多个摄像机同时检测到的特征才有可能成为地标，比双目视觉具有更高的准确性和鲁棒性。文献[108]采用三目立体视觉实现了基于已知地标的运动平台位置估计。为了获取更大的视野，参考文献[109]采用了 8 摄像头配置，把视觉导航问题转化为了似然估计问题，实现了大规模环境的高质量重构。

与多(双)目视觉相比，单目视觉虽然在方向测量中不确定性大，而且深度恢复比较困难，但是它具有结构简单、计算负荷低、灵活、价格低等优点。现阶段，我国飞行器仅支持单目视觉，且视场范围有限。

1.3.5 飞航导弹等特殊飞行器视觉导航

由 1.3.1～1.3.4 小节可知，尽管近年来参考单个地物的飞行器视觉辅助导航研究取得了丰硕的成果，但由于飞航导弹等特殊飞行器自身物理条件和飞行环境的限制，以及飞行速度快、视场小等因素的制约，使得其视觉导航有着比其他飞行器更高的要求，上述文献中所提到的方法难以直接应用于它们的导航与定位。所以，如何针对飞航导弹等特殊飞行器视觉导航的特点，借鉴一般飞行器视觉导航方法的优点，实现视觉/INS 高精度组合导航，成为一个非常有意义的研究课题。

现阶段，针对飞航导弹等特殊飞行器视觉辅助导航与定位的文献比较少见，国外文献未见报道，国内文献也仅见于参考文献[116]和[117]。参考文献[116]研究了使用导引头跟踪地物修正惯导，利用扩展卡尔曼滤波对视线角速率和导弹的高度、速度信息进行信息融合，实现了地空导弹的惯导水平位置误差修正，但误差估计精度仅为 80 m，且高度和速度滤波结果不能收敛。参考文献[117]在假定 INS 速度估计精确的前提下，提出了基于视线角、视线角速率及高度量测的 UKF 滤波 INS 位置误差修正方法。而实际上 INS 速度估计是存在常值误差的。

1.4 基于视觉辅助的多成员协同导航

由于视觉装置仅能测角，无法提供距离信息，因此，对于参考地物的飞行器视觉导航系统，即使飞行器相对于已知地标的视线角精确可测，系统仍不可观测。根据信息融合理论，通过将多个同样目标的传感(观测)信息进行有效融合总是能改善测量(观测)精度，因此多飞行器编队飞行中利用不同飞行器所携带的多个同构或异构观测用传感器实现对目标的高精度观测，可以成为解决此类问题的一个有效手段。多导弹协同作战是未来战争的发展趋势。攻击方为增大突防概率，常常采用编队形式进行突防。要实现导弹编队协同作战，提高毁伤效果，要求发展飞行器编队导航与制导技术。因此研究多导弹协同视觉辅助导航是非常有意义的。

现阶段关于多导弹协同导航的研究还非常少，仅见于参考文献[118-120]。参考文献[118]研究了领弹和攻击弹协同定位的方法，攻击弹通过数据链获得领弹的位置信息及其与领弹之间的伪距值，采用卡尔曼滤波方法融合伪距值与惯导输出，获得攻击弹的精确定位信息。参考文献[119]针对领航—跟随编队飞行控制模式，以及领航弹具有惯导系统和精确目标传感器而跟随弹只有惯导系统的编队特点，研究采用特定的互定位方案和弹载传感器，解决导弹自主飞行编队的互定位问题，并仿真验证了导弹编队的互定位方法和方案的可行性。参考文献[120]介绍了基于仅测角的导弹自主飞行编队的互定位问题。但参考文献[118-120]都假定领弹的位置信息是精确已知的，且都是针对导弹编队飞行的互定位问题。基于地标被动观测的多弹协同视觉导航的文献国内外还未见报道。

尽管如此，已有学者对基于视觉辅助的多成员协同导航问题进行了研究[120-139]，为研究多弹协同视觉辅助导航提供了参考。Nikolas 提出了两种不同方法实现协同导航[121]。Yotam 等人研究了基于不相关误差模型的协同导航[122]。Yoko 对视觉辅助导航、制导与控制进行了整体研究[123]。张共愿等人提出了基于相对导航的多平台 INS 误差联合修正方法[124]。参考文献[125]建立了深空自主导航模型，并对系统的可观性和误差特性进行了分析。参考文献[126-132]对自主水下航行器协同定位问题进行了研究。参考文献[133-135]对基于飞行器间精确测距的动态相对定位方法进行了研究。参考文献[136]以目标对两个追踪航天器的视线角和追踪航天器之间的基线方位与长度为量测信息，采用 EKF 算法解算得到了目标的相对位置和速度。尽管这些基于视觉辅助的多成员协同导航研究方法难以直接应用于飞行器，但它们为基于地标被动观测的多弹协同 INS 误差修正奠定了基础和提供了参考。

1.5 特殊飞行器视觉辅助导航的技术难题及可能解决的途径

在 1.3 节和 1.4 节的基础上，本节结合飞航导弹等特殊飞行器视觉辅助导航的特点，对比给出了其视觉辅助导航存在的主要难题和可能解决的途径，为参考地物的飞航导弹等特殊飞行器视觉辅助导航技术研究提供了参考。

1.5.1 技术难题

考虑到飞航导弹等特殊飞行器视觉导航的特点，从实现上来说主要有以下几个难点：

(1) 大规模、非结构化、稀疏特征的导航环境。一般仅有自然地标可供参考；不易获得地标的细致特征，仅能将地标看作点地标；单次视觉成像过程中一般仅有一个点地标可供参考。

(2) 隐蔽性强，不易额外增加硬件。由于视觉装置不提供距离信息，需额外提供测距设备，常用方法是用雷达、激光测距仪等进行辅助测距。但军用飞行器为了提高其隐蔽性，往往不允许使用雷达等有源测量设备；另一方面，考虑导弹载重量和一次性成本的约束，也不易再额外增加导弹硬件。

(3) 机动性差，一般不允许改变巡航路径。

(4) 飞行速度快，成像导引头视场小，观测地标时间很短。

(5) 弹载计算机计算能力相对较弱,算法应该尽量简单,计算量小。

1.5.2　可能解决的途径

针对以上难点,结合现有飞行器视觉导航的方法及飞行器视觉导航的特点,有如下几种可能解决的途径可供参考:

(1) INS+视觉

考虑到 INS 速度估计精度较其位置估计精度要精确得多,因此,可以忽略速度估计误差,仅利用成像装置对航路上单个已知点地标连续、被动观测的视觉信息和 INS 信息,实现 INS 位置误差的有偏估计。当 INS 速度误差不大时,可把 INS 位置误差修正到可用范围之内。

(2) INS+视觉+大气系统

某些飞行器具有弹载大气系统,这种情况下,可以融合 INS 信息、导弹相对于地标的视觉信息及大气系统的测高或测速信息,同时估计出飞行器的位置和速度。

(3) 多弹协同导航

多弹协同可以在利用视觉的基础上,引入弹间距离信息这一约束条件,从而实现导弹编队 INS 误差修正。另外,需分析参与协同定位的各枚弹相对于地标的几何构形对 INS 位置误差估计精度的影响。

1.6　主要内容及组织结构

1.6.1　主要内容

针对飞行器 INS 单独使用时导航精度随时间变差的问题,以新型飞行器为应用背景,在 GPS 等卫星导航信息不可用的情况下,从便于工程实现的角度,对基于视觉辅助的飞行器自主导航方法进行了研究。具体研究内容如下:

第 1 章为绪论。首先,介绍了飞行器辅助导航的历史及发展趋势。然后,针对飞行器视觉辅助导航问题,分类总结了近年来参考地物的飞行器视觉导航方法及其优缺点,并结合飞航导弹等特殊飞行器视觉导航的特点,对比指出了其视觉辅助导航的困难所在和选取单个点地标作为参考的必要性。在此基础上,提出了参考地物的飞航导弹等特殊飞行器视觉辅助导航可能的解决途径。最后,给出本书的主要研究内容及组织结构。

第 2 章提出了基于迭代求解与平均去噪的飞行器 INS 误差修正方法。首先,根据导弹与被测点地标间的相对关系,建立了飞行器视觉辅助导航的数学模型。其次,以 INS 误差作为状态量,以导弹相对于地标的观测序列与 INS 估计信息解算的伪观测序列构造观测量,建立起 INS 误差估计的量测方程。在此基础上,基于迭代求解与平均去噪相结合的思想,从便于工程实现的角度,提出了离线和在线两种 INS 误差估计方法，并分析了两种方法各自的特点。最后，仿真验证了方法的有效性。

第 3 章在不需要弹目距离信息的情况下，提出了一种基于虚拟视线交会的 INS 误差修正方法。首先，根据导弹与地标间的相对运动关系，采用虚拟视线交会的方法，将问题转化为多虚拟地标协同定位导弹问题。在此基础上，利用最小二乘法，实现了导弹位置的有偏估计。然后，以估计得到的有偏位置信息和基于大气系统得到的 INS 速度误差大小作为观测量，应用考虑系统误差估计补偿的卡尔曼滤波，实现了导弹位置和速度的无偏估计。最后，仿真验证了方法的有效性。

第 4 章针对飞行器 INS 单独使用时存在姿态估计精度随时间降低的问题，提出了基于未知地标被动观测的 INS 俯仰姿态误差估计方法。首先，根据导弹中制导阶段飞行的特点，把 INS 俯仰姿态误差估计问题转化为攻角估计问题。其次，在不改变导弹巡航路径的前提下，利用弹上成像导引头对视场内任意未知地标连续、被动观测，分别提出了弹体坐标系、速度坐标系下的攻角估计方法，并分析了观测噪声对量测方程系数的影响。然后，利用平均去噪的思想对估计结果进行处理，提高了 INS 俯仰姿态误差的估计精度。最后，仿真验证了这两种方法的有效性。

第 5 章针对弹群协同编队飞行中编队成员单独使用 INS 时存在定位误差发散的问题，考虑到弹群中各枚导弹 INS 定位误差基本上服从零均值高斯分布这一特性，提出了一种利用成像导引头对航路上任一未知地标被动观测的弹群 INS 定位误差协同修正方法。首先，推导分析了 INS 定位误差服从零均值高斯分布的特性。其次，融合弹群中各枚导弹相对于地标的视线角量测信息及 INS 位置量测信息，利用最小二乘法对未知地标进行协同定位。然后，基于估计得到的地标位置，利用各枚导弹相对于地标的视线角和方位角速率量测信息及 INS 速度量测信息，反过来修正弹群中各枚导弹的 INS 定位误差。最后，仿真验证了方法的有效性。

第 6 章针对多弹编队飞行的情形，研究了基于单个已知点地标被动观测和弹间测距的多弹协同 INS 误差修正方法。当参与协同 INS 误差修正的导弹不少于 3 枚时，提出了基于视觉信息及弹间一维距离和速度信息的多弹协同 INS 误差修正方法；当仅为两枚导弹编队时，提出了基于视觉信息及弹间三维测距信息的 INS 误差两阶段修正方法。在此基础上，分析了参与协同误差修正的各枚弹相对于地标的几何构形对 INS 误差修正精度的影响，推导得到了位置精度因子（HDOP）和高程精度因子（VDOP）。最后，仿真验证了方法的有效性和结论的正确性。

第 7 章针对捷联成像导引头需要进行惯性视线重构问题，研究了中制导阶段视觉导航惯性视线重构及误差传递。首先，对比末制导阶段，分析了中制导阶段惯性视线重构的特点。其次，研究了视线角、视线角速率在地理系、导航系、弹体系及视线系间的转换方法和传递关系，给出了惯性视线的重构过程。在此基础上，分析了影响中制导阶段惯性视线重构精度的主要因素。然后，基于映射函数的雅可比矩阵，研究了惯导姿态量测误差和捷联成像导引头体视线角量测误差对惯性视线重构精度的影响，推导出了中制导阶段惯性视线重构的误差传递近似公式。最后，仿真验证了本章公式和结论的正确性。

第 8 章给出偏置攻击导引的控制流程，并设计具有控制攻击角度能力的导引律，然后对设计的导引律进行了约束条件分析，通过仿真验证了导引律的有效性，最后对偏置攻击导引的容错方案进行初步研究。

第 9 章总结了全书的工作，并对今后该方向的研究工作进行了展望。

1.6.2　组织结构

本书的结构安排如图 1－2 所示。

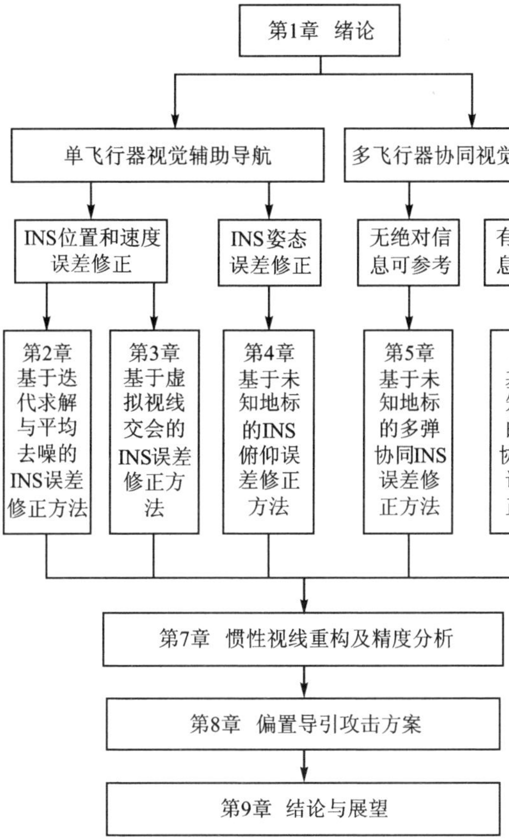

图 1－2　组织结构图

第 1 章绪论分类总结了近年来参考地物的飞行器视觉导航方法及其优缺点，以便在飞行器视觉辅助导航研究中借鉴已有的飞行器视觉导航方法的优点，并在分析飞航导弹等特殊飞行器视觉辅助导航特点的基础上，提出了选取单个点地标作为参考地物的依据和必要性，是本书的立论基础。

第 2 章至第 6 章是本书的重点内容。其中，第 2 章和第 3 章研究了基于单个已知点地标被动观测的单飞行器 INS 位置和速度误差修正方法；第 4 章研究了基于单个未知点地标被动观测的飞行器 INS 俯仰姿态误差修正方法；第 5 章和第 6 章研究了多飞行器协同 INS 误差修正方法及几何构形对误差修正精度的影响。其中，第 5 章是针对无绝对信息可供参考的情况，第 6 章是针对存在已知点地标可供参考的情形。

第 7 章分析了惯性视线重构精度的影响因素及其对 INS 误差修正的影响，提出了中制导阶段惯性视线重构的方法及误差传递公式。

第 8 章分析偏置攻击导引的控制流程，并设计具有控制攻击角度能力的导引律，然后对设计的导引律进行了约束条件分析，通过仿真验证了导引律的有效性，最后对偏置攻击导引的容错方案进行初步研究。

第 9 章回顾和总结了全书工作，并对未来的工作进行了展望。

1.7　注释与说明

(1) 本书方法适用于具有成像导引头的飞航导弹等特殊飞行器。视觉辅助导航不需要导引头在中制导过程中一直开机，当飞行器飞到地标区域附近时，成像导引头才开机观测，进行 INS 误差修正。单次误差修正过程导引头开机时间很短。在中制导段，飞行器参考航路上的典型地标，可以进行一次或是数次修正，具体修正次数与导弹的飞行时间、INS 误差发散速度、地标的分布及导引头的待机时间等因素有关。

(2) 飞行器视觉辅助导航应该包括地标成像、图像特征提取和状态估计三部分内容。本书是在假设成像导引头开机后可以发现地标，且地标图像特征能够被准确提取和匹配的基础上进行研究的。

(3) “点地标”是指不能提供任何细致特征信息(如图案、形状、角点等)的地标。书中所提到的地标都是指“点地标”，且为指静止的自然地标。

(4) 与传统的弹目距离定义不同，本书所提到的“弹目距离”是指导弹与参考地标间的径向距离。

(5) 成像导引头是前视装置，受导引头视场的限制，其相对于地标的可观测距离为 2～8 km。

(6) 考虑到图像特征提取技术已经比较成熟，在此将不再做研究。假设导引头开机后能够捕捉到地标，且多弹能够准确识别同一地标。

第2章 基于迭代求解与平均去噪的飞行器INS误差修正方法

2.1 概述

在飞航导弹等特殊飞行器导航领域，惯性导航是拥有绝对统治地位的导航方式。但单独使用INS长时间工作时，往往不能满足导航精度的要求，有必要对弹上INS解算的状态量进行修正。GPS/INS组合导航是对INS误差的一种有效补偿方法，但战争时期GPS等卫星导航信息有可能不可用。另一方面，军用飞行器为了提高其隐蔽性，也往往不允许使用雷达等有源测量设备。因此，需要采用一种完全被动的手段对飞行器INS误差进行修正。为了实施对重要战略目标的高精确打击，飞航导弹等末制导通常需要选用带有前视装置，以保证末制导的高精确。弹载成像装置是实现精确末制导所必需的，在中制导阶段，它也可用于对导弹的INS误差进行修正。

国内外很多学者在参考地物的飞行器视觉辅助导航方面进行了研究，取得了许多有益的成果，归纳起来主要分为以下几种研究思路：

(1) 基于地标图像细致特征（如建筑物的顶点、人造地标的角点等）的视觉导航，如参考文献[71-88]。由于导弹无法如无人机那样近距离观测，因此难以分辨出地标的细致特征，仅能将地标看作点地标。

(2) 基于特殊机动（如圆周运动或悬停）的视觉导航，如参考文献[92-95，140-141]。由于飞航导弹等飞行器在中制导阶段是沿着规划的航路飞行的，不允许进行这样的特殊机动。

(3) 基于多个地标同时成像的视觉导航，如参考文献[96-104]。飞航导弹等飞行器飞行航路附近地标稀少，单次INS误差修正过程中一般仅有一个地标可供参考。

(4) 基于多目视觉的导航，如参考文献[105-115]。飞航导弹等飞行器一般仅支持单目视觉，且视场范围有限。

上述文献中所提到的这些方法都不适用于飞航导弹等特殊飞行器的INS误差修正。

针对导弹视觉辅助导航与定位的文献很少，以导弹为应用对象的外文文献还未见报道，而中文文献仅有[116]和[117]。参考文献[116]利用扩展卡尔曼滤波实现了空地导弹的惯导水平位置误差修正，但误差估计精度仅为80 m，且速度估计不收敛。参考文献[117]在假定INS速度估计精确的前提下，基于视线角、视线角速率及高度量测信息，采用UKF滤波得到INS位置误差估计，而实际上INS速度估计一般存在常值误差。

本章针对飞行器 INS 位置和速度估计均存在常值误差的情况，结合中制导阶段飞航导弹等飞行器视觉辅助导航的特点，以航路上的单个点地标为参考，通过应用弹载成像导引头对预先选定的已知点进行地标连续、被动观测，提出了迭代求解与平均去噪相结合的 INS 误差修正方法。首先，根据导弹与被测点地标间的相对关系，建立了飞航导弹视觉辅助导航的数学模型；其次，以 INS 误差作为状态量，以导弹相对于地标的观测序列与 INS 估计信息解算的伪观测序列构造观测量，建立起 INS 误差估计的量测方程；最后，基于迭代求解与平均去噪相结合的思想，从便于工程实现的角度，提出了离线和在线两种 INS 误差修正方法，并仿真验证了两种方法的有效性。

2.2　导航数学模型

导弹相对于地标的可观测距离有限，且受导引头视场的限制，可观测时间也很短，因此，地球自转和地球曲率对研究结果影响很小，故可以在局部范围内假设大地为平面。导弹与地标间的相对关系如图 2－1 所示。

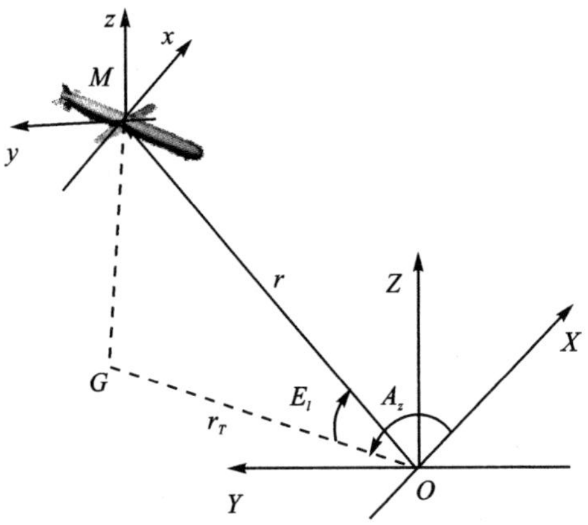

图 2－1　导弹与地标的相对关系

假设地标位置精确已知，以地标中心 O 为原点建立东北天坐标系，即弹目相对坐标系 $OXYZ$。$Mxyz$ 是以导弹质心 M 为原点的东北天坐标系，r 为弹目距离，r_T 为弹目距离在地标水平面 OXY 的投影分量，G 为导弹质心 M 在地标水平面 OXY 中的投影。导弹与地标间的弹目视线 $\boldsymbol{OM}$ 可以表示为 $\boldsymbol{OM}=x\boldsymbol{i}+y\boldsymbol{j}+z\boldsymbol{k}$。弹载成像导引头可以测量出视线方位角 A_z 和高度角 E_l；其中，A_z 定义为 OG 与 OX 轴的夹角，位于 OX 轴的左侧为正；E_l 定义为视线 $\boldsymbol{OM}$ 与 OG 的夹角，位于 OG 的上方为正。为了便于研究，仅考虑 $A_z\in(0,90°)$、$E_l\in(0,90°)$的简单情形（实际应用时需要具体考虑视线角所在象限），在 $OXYZ$ 坐标系中，设导弹的位置为$(x,y,z)^{\mathrm{T}}$，则视线方位角 A_z 和高度角 E_l 可以分别表示为

$$A_z=\arctan(y/x) \tag{2-1}$$

$$E_l = \arctan(z/r_T) \tag{2-2}$$

式中，$r_T = \sqrt{x^2 + y^2}$。

假设导弹速度为$(v_e, v_n, v_u)^T$，其中，v_e、v_n、v_u 分别为东北天方向的速度分量，则方位角 A_z 与导弹-地标的关系如图 2-2 所示。

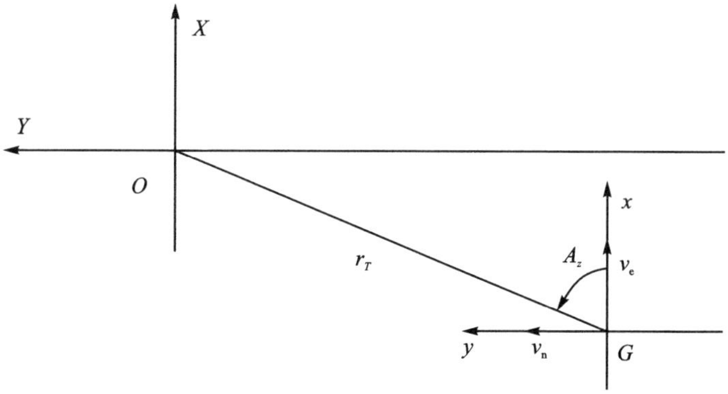

图 2-2　方位角 A_z 与导弹-地标的关系

则方位角速率 $\dot{A}_z$ 可以表示为：

$$\dot{A}_z = (v_e \sin A_z - v_n \cos A_z)/r_T \tag{2-3}$$

设 v_T 为导弹水平速度在视线纵平面内的投影，可得

$$v_T = v_e \cos A_z + v_n \sin A_z \tag{2-4}$$

设 A 点为 Mxy 平面与 OZ 轴的交点，则在铅垂面 $OGMA$ 内，高度角 E_l 与导弹-地标的关系如图 2-3 所示。

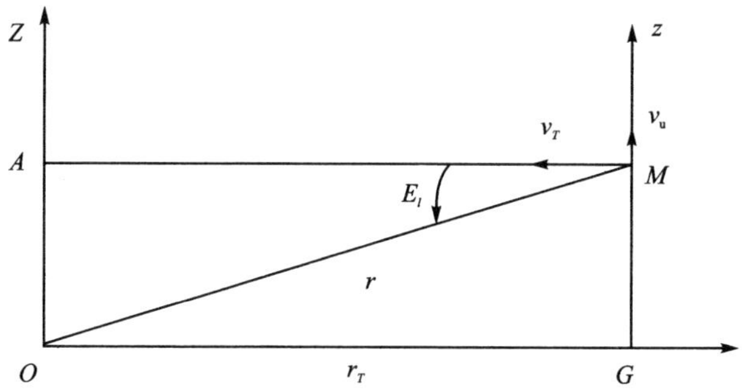

图 2-3　高度角 E_l 与导弹-地标的关系

则高度角速率 $\dot{E}_l$ 可以表示为

$$\dot{E}_l = \frac{v_T \sin E_l + v_u \cos E_l}{r} \tag{2-5}$$

式中，$r = \sqrt{x^2 + y^2 + z^2}$。

将式(2－4)代入式(2－5)可得

$$\dot{E}_l = \frac{(v_e \cos A_z + v_n \sin A_z)\sin E_l + v_u \cos E_l}{r} \tag{2-6}$$

将式(2－1)和式(2－2)代入到式(2－3)和式(2－6)，则导弹相对于地标的方位角速率 $\dot{A}_z$ 和高度角速率 $\dot{E}_l$ 可以变形为：

$$\dot{A}_z = (v_e y - v_n x)/r_T^2 \tag{2-7}$$

$$\dot{E}_l = \frac{(v_e x + v_n y)\cdot z + v_u r_T^2}{r^2 r_T} \tag{2-8}$$

这样，就得到了导弹相对于已知地标的视线角和视线角速率的表达式，分别如式(2－1)、式(2－2)和式(2－7)、式(2－8)所示。

2.3 量测方程的建立

在中制导段飞行过程中，利用其成像导引头对进入视场的已知地标进行连续、被动观测，观测过程中任意采样时刻 $t_i (i=1,2,\cdots,n)$，都能够获得导弹相对于被测地标的一组观测信息

$$\boldsymbol{Z}_m(t_i) = [A_{zm}(t_i), E_{lm}(t_i), \dot{A}_{zm}(t_i), \dot{E}_{lm}(t_i)]^T \tag{2-9}$$

式中，下标 m 表示相应量的观测值。

定义 t_i 时刻导弹相对于被测地标的真实状态为

$$\boldsymbol{X}(t_i) = [x(t_i), y(t_i), z(t_i), v_e(t_i), v_n(t_i), v_u(t_i)]^T$$

其 INS 估计为

$$\boldsymbol{X}_I(t_i) = [x_I(t_i), y_I(t_i), z_I(t_i), v_{eI}(t_i), v_{nI}(t_i), v_{uI}(t_i)]^T \tag{2-10}$$

式中，下标 I 表示相应量的 INS 估计值；$\boldsymbol{X}_I(t_i)$已经转化为 $OXYZ$ 坐标系中的坐标。

将式(2－10)分别代入式(2－1)、式(2－2)和式(2－7)、式(2－8)中，可得

$$A_{zI} = \arctan(y_I/x_I)$$

$$E_{lI} = \arctan(z_I/r_{TI})$$

$$\dot{A}_{zI} = (v_{eI} y_I - v_{nI} x_I)/r_{TI}^2$$

$$\dot{E}_{lI} = \frac{(v_{eI} x_I + v_{nI} y_I)\cdot z_I + v_{uI} r_{TI}^2}{r_I^2 r_{TI}}$$

式中，$r_{TI} = \sqrt{x_I^2 + y_I^2}$，$r_I = \sqrt{x_I^2 + y_I^2 + z_I^2}$。

于是基于导弹 INS 的估计状态可构造出伪观测序列

$$\boldsymbol{Z}_I(t_i) = [A_{zI}(t_i), E_{lI}(t_i), \dot{A}_{zI}(t_i), \dot{E}_{lI}(t_i)]^T \tag{2-11}$$

这样，就得到了可以用于飞航导弹 INS 误差修正的量测信息，如图 2－4 所示。

下面由式(2－9)与式(2－11)构造残差，以残差为观测量，INS 误差为状态量，建

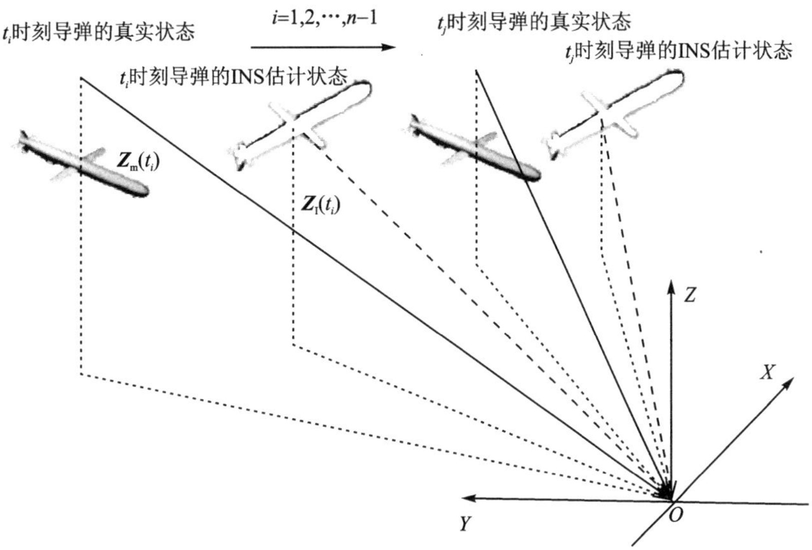

图 2-4　量测信息示意图

立量测方程。

将式(2-1)、式(2-2)和式(2-7)、式(2-8)分别在 $\boldsymbol{X}=\boldsymbol{X}_\mathrm{I}$ 处进行泰勒级数展开,并取其一阶近似,经移项处理后,有

$$\tan A_{z\mathrm{I}} \approx \tan A_z + a_{11}\delta x + a_{12}\delta y \tag{2-12a}$$

$$\tan E_{l\mathrm{I}} \approx \tan E_l + a_{21}\delta x + a_{22}\delta y + a_{23}\delta z \tag{2-12b}$$

$$\dot{A}_{z\mathrm{I}} \approx \dot{A}_z + a_{31}\delta x + a_{32}\delta y + a_{34}\delta v_\mathrm{e} + a_{35}\delta v_\mathrm{n} \tag{2-12c}$$

$$\dot{E}_{l\mathrm{I}} \approx \dot{E}_l + a_{41}\delta x + a_{42}\delta y + a_{43}\delta z + a_{44}\delta v_\mathrm{e} + a_{45}\delta v_\mathrm{n} + a_{46}\delta v_\mathrm{u} \tag{2-12d}$$

式中,

$\delta x = x_\mathrm{I} - x, \delta y = y_\mathrm{I} - y, \delta z = z_\mathrm{I} - z, \delta v_\mathrm{e} = v_\mathrm{eI} - v_\mathrm{e}, \delta v_\mathrm{n} = v_\mathrm{nI} - v_\mathrm{n}, \delta v_\mathrm{u} = v_\mathrm{uI} - v_\mathrm{u}$;

$a_{11} = \left.\dfrac{\partial \tan A_z}{\partial x}\right|_{X=X_1}, a_{12} = \left.\dfrac{\partial \tan A_z}{\partial y}\right|_{X=X_1}$;

$a_{21} = \left.\dfrac{\partial \tan E_l}{\partial x}\right|_{X=X_1}, a_{22} = \left.\dfrac{\partial \tan E_l}{\partial y}\right|_{X=X_1}, a_{23} = \left.\dfrac{\partial \tan E_l}{\partial z}\right|_{X=X_1}$;

$a_{31} = \left.\dfrac{\partial \dot{A}_z}{\partial x}\right|_{X=X_1}, a_{32} = \left.\dfrac{\partial \dot{A}_z}{\partial y}\right|_{X=X_1}, a_{34} = \left.\dfrac{\partial \dot{A}_z}{\partial v_\mathrm{e}}\right|_{X=X_1}, a_{35} = \left.\dfrac{\partial \dot{A}_z}{\partial v_\mathrm{n}}\right|_{X=X_1}$;

$a_{41} = \left.\dfrac{\partial \dot{E}_l}{\partial x}\right|_{X=X_1}, a_{42} = \left.\dfrac{\partial \dot{E}_l}{\partial y}\right|_{X=X_1}, a_{43} = \left.\dfrac{\partial \dot{E}_l}{\partial z}\right|_{X=X_1}, a_{44} = \left.\dfrac{\partial \dot{E}_l}{\partial v_\mathrm{e}}\right|_{X=X_1}$,

$a_{45} = \left.\dfrac{\partial \dot{E}_l}{\partial v_\mathrm{n}}\right|_{X=X_1}, a_{46} = \left.\dfrac{\partial \dot{E}_l}{\partial v_\mathrm{u}}\right|_{X=X_1}$。

式(2-9)中的成像导引头观测信息可表示为

$$\tan A_{zm} \approx \tan A_z + w_1 \tag{2-13a}$$

$$\tan E_{lm} \approx \tan E_l + w_2 \tag{2-13b}$$

$$\dot{A}_{zm} = \dot{A}_z + w_3 \tag{2-13c}$$

$$\dot{E}_{lm} = \dot{E}_l + w_4 \tag{2-13d}$$

式中，w_1、w_2、w_3、w_4 分别为成像导引头方位角、高度角、方位角速率和高度角速率量测噪声。

将式(2-12)与式(2-13)相减，可得量测方程

$$\tilde{\boldsymbol{Z}} \approx \boldsymbol{H} \cdot \delta\boldsymbol{X} - \boldsymbol{W} \tag{2-14a}$$

式中，

$\tilde{\boldsymbol{Z}} = [\tilde{z}_1, \tilde{z}_2, \tilde{z}_3, \tilde{z}_4]^{\mathrm{T}}$，$\tilde{z}_1 = \tan A_{zI} - \tan A_{zm}$，$\tilde{z}_2 = \tan E_{lI} - \tan E_{lm}$，$\tilde{z}_3 = \dot{A}_{zI} - \dot{A}_{zm}$，$\tilde{z}_4 = \dot{E}_{lI} - \dot{E}_{lm}$；$\delta\boldsymbol{X} = [\delta\boldsymbol{X}_1 \ \vdots\ \delta\boldsymbol{X}_2]^{\mathrm{T}} = [\delta x \quad \delta y \quad \delta v_{\mathrm{e}} \quad \delta v_{\mathrm{n}} \ \vdots\ \delta z \quad \delta v_{\mathrm{u}}]^{\mathrm{T}}$；

$$\boldsymbol{H} = [\boldsymbol{H}_1 \ \vdots\ \boldsymbol{H}_2] = \begin{bmatrix} a_{11} & a_{12} & 0 & 0 & 0 & 0 \\ a_{21} & a_{22} & 0 & 0 & a_{23} & 0 \\ a_{31} & a_{32} & a_{34} & a_{35} & 0 & 0 \\ a_{41} & a_{42} & a_{44} & a_{45} & a_{43} & a_{46} \end{bmatrix}；\boldsymbol{W} = [w_1, w_2, w_3, w_4]^{\mathrm{T}}。$$

量测方程又可以被写成

$$\tilde{\boldsymbol{Z}} \approx \boldsymbol{H}' \cdot \delta\boldsymbol{X}' - \boldsymbol{W} \tag{2-14b}$$

式中，

$$\delta\boldsymbol{X}' = [\delta\boldsymbol{X}_3 \ \vdots\ \delta\boldsymbol{X}_4]^{\mathrm{T}} = [\delta x \quad \delta y \quad \delta z \ \vdots\ \delta v_{\mathrm{e}} \quad \delta v_{\mathrm{n}} \quad \delta v_{\mathrm{u}}]^{\mathrm{T}}；$$

$$\boldsymbol{H}' = [\boldsymbol{H}_3 \ \vdots\ \boldsymbol{H}_4] = \begin{bmatrix} a_{11} & a_{12} & 0 & 0 & 0 & 0 \\ a_{21} & a_{22} & a_{23} & 0 & 0 & 0 \\ a_{31} & a_{32} & 0 & a_{34} & a_{35} & 0 \\ a_{41} & a_{42} & a_{43} & a_{44} & a_{45} & a_{46} \end{bmatrix}。$$

这样，就建立起了基于已知地标被动观测的 INS 误差估计的量测方程。由量测方程(2-14b)可以看出，状态量 $\delta\boldsymbol{X}$ 恰好为 INS 误差，观测量 $\tilde{\boldsymbol{Z}}$ 可以由伪观测信息$\boldsymbol{Z}_{\mathrm{I}}$ 和实际观测信息$\boldsymbol{Z}_m$ 构造得到。

2.4 INS 误差离线估计及补偿

离线估计是指飞航导弹不直接在对已知地标观测的过程中进行实时误差估计和补偿，而是将观测得到的量测信息存储于弹载计算机，待地标偏出成像导引头的视场(即观测结束)以后，再利用整个观测过程的量测数据，进行批处理迭代求解，估计得到最后一个观测时刻的 INS 误差，并进行误差补偿。

2.4.1　误差估计方法

由于 INS 误差量有 6 个，且相互独立，而导弹相对于被测地标的视觉观测量只有 4 个，因此，由式(2-14a)无法直接估计出导弹所有的 INS 误差量。但是考虑到 INS 垂直通道的估计是由高度表辅助实现的：当地表平坦时(如海面、平原)，利用无线电高度表可以实现垂直通道的无偏估计；当地表起伏不可忽略时，只能采用气压高度表测量海拔高度，由于气压高度表受气压和温度变化的影响存在常值量测误差，故只能实现高度通道的有偏估计。考虑到垂直通道的估计精度较水平通道纯 INS 的估计精度要精确得多，因此，可以忽略垂直通道的位置和速度估计误差，即可令 $\delta z=0$，$\delta v_{\mathrm{u}}=0$，代入式(2-14a)可得任意采样时刻 t_i 的量测方程为

$$\tilde{\boldsymbol{Z}}(t_i)\approx\boldsymbol{H}_1(t_i)\cdot\delta\boldsymbol{X}_1(t_i)-\boldsymbol{W}(t_i)\tag{2-15}$$

考虑到观测时间较短，可以合理化地认为 INS 速度误差在观测过程中保持不变，即

$$\delta v_{\mathrm{e}}(t_i)\approx\delta v_{\mathrm{e}}\tag{2-16a}$$

$$\delta v_{\mathrm{n}}(t_i)\approx\delta v_{\mathrm{n}}\tag{2-16b}$$

$$\delta v_{\mathrm{u}}(t_i)\approx\delta v_{\mathrm{u}}\tag{2-16c}$$

导弹在 t_i 与 t_n 时刻的 INS 位置误差满足

$$\delta x(t_n)\approx\delta x(t_i)+\delta v_{\mathrm{e}}\cdot(n-i)T\tag{2-17a}$$

$$\delta y(t_n)\approx\delta y(t_i)+\delta v_{\mathrm{n}}\cdot(n-i)T\tag{2-17b}$$

利用式(2-15)和式(2-17)，可以将观测过程中任意采样时刻 t_i 的量测方程都表示成以 t_n 时刻 INS 水平通道误差为状态量的形式

$$\tilde{\boldsymbol{Z}}(t_i)\approx\boldsymbol{H}_1^n(t_i)\cdot\delta\boldsymbol{X}_1(t_n)-\boldsymbol{W}(t_i)\tag{2-18}$$

式中，$\delta\boldsymbol{X}_1(t_n)=[\delta x(t_n),\delta y(t_n),\delta v_{\mathrm{e}},\delta v_{\mathrm{n}}]^{\mathrm{T}}$，

$$\boldsymbol{H}_1^n(t_i)=\begin{bmatrix}a_{11}(t_i) & a_{12}(t_i) & -a_{11}(t_i)\cdot(n-i)T & -a_{12}(t_i)\cdot(n-i)T\\ a_{21}(t_i) & a_{22}(t_i) & -a_{21}(t_i)\cdot(n-i)T & -a_{22}(t_i)\cdot(n-i)T\\ a_{31}(t_i) & a_{32}(t_i) & a_{34}(t_i)-a_{31}(t_i)\cdot(n-i)T & a_{35}(t_i)-a_{32}(t_i)\cdot(n-i)T\\ a_{41}(t_i) & a_{42}(t_i) & a_{44}(t_i)-a_{41}(t_i)\cdot(n-i)T & a_{45}(t_i)-a_{42}(t_i)\cdot(n-i)T\end{bmatrix}。$$

利用平均去噪的思想，将 n 次观测得到的量测方程求和处理

$$\sum_{i=1}^{n}\tilde{\boldsymbol{Z}}(t_i)\approx\sum_{i=1}^{n}\boldsymbol{H}_1^n(t_i)\cdot\delta\boldsymbol{X}_1(t_n)-\sum_{i=1}^{n}\boldsymbol{W}(t_i)\tag{2-19}$$

又量测噪声可以认为是零均值的白噪声，即可合理地认为

$$\left(\sum_{i=1}^{n}\boldsymbol{H}_1^n(t_i)\right)^{-1}\cdot\left(\sum_{i=1}^{n}\boldsymbol{W}(t_i)\right)\approx 0\tag{2-20}$$

于是可得 $\delta\boldsymbol{X}_1(t_n)$ 的估计为

$$\delta\hat{\boldsymbol{X}}_1(t_n)\approx\left(\sum_{i=1}^{n}\boldsymbol{H}_1^n(t_i)\right)^{-1}\cdot\left(\sum_{i=1}^{n}\tilde{\boldsymbol{Z}}(t_i)\right)\tag{2-21}$$

由于模型的线性化精度与 INS 估计 $\boldsymbol{X}_1(t_i)$的精度有关，而 $\boldsymbol{X}_1(t_i)$的初始误差往往较大，因此在实际应用时，上述方法一般需迭代进行。迭代的目的是通过利用 $\delta\hat{\boldsymbol{X}}_1(t_n)$对整个观测过程中的 INS 数据 $\boldsymbol{X}_1(t_i)$进行更新，使式(2-12)的线性化精度不断提高，从而提高量测方程的建模精度和 INS 误差估计精度。迭代算法的具体步骤如下：

① 令 $d=1$，$\delta\hat{\boldsymbol{X}}_1(t_n)=0$；其中，$d$ 表示迭代次数。

② 利用 $\boldsymbol{X}_1(t_i)$构造伪观测序列 $\boldsymbol{Z}_1(t_i)$，即式(2-11)，并解算线性化系数，即式(2-12)；基于 $\boldsymbol{Z}_1(t_i)$和 $\boldsymbol{Z}_{\mathrm{m}}(t_i)$构造残差 $\widetilde{\boldsymbol{Z}}(t_i)$，即式(2-14a)。

③ 求解式(2-21)，并将其解记为 $\delta\hat{\boldsymbol{X}}_1^d(t_n)$，即第 d 次迭代得到的 INS 误差估计量。

④ 利用 $\delta\hat{\boldsymbol{X}}_1^d(t_n)$对 $\boldsymbol{X}_1(t_i)$进行数据更新，即

$$x_1(t_i) \leftarrow x_1(t_i) - \delta\hat{x}(t_n) + \delta\hat{v}_{\mathrm{e}} \cdot (n-i)T \tag{2-22a}$$

$$y_1(t_i) \leftarrow y_1(t_i) - \delta\hat{y}(t_n) + \delta\hat{v}_{\mathrm{n}} \cdot (n-i)T \tag{2-22b}$$

$$v_{\mathrm{eI}}(t_i) \leftarrow v_{\mathrm{eI}}(t_i) - \delta\hat{v}_{\mathrm{e}} \tag{2-22c}$$

$$v_{\mathrm{nI}}(t_i) \leftarrow v_{\mathrm{nI}}(t_i) - \delta\hat{v}_{\mathrm{n}} \tag{2-22d}$$

⑤ $\delta\hat{\boldsymbol{X}}_1(t_n) \leftarrow \delta\hat{\boldsymbol{X}}_1(t_n) + \delta\hat{\boldsymbol{X}}_1^d(t_n)$。

⑥ 若 $\delta\hat{\boldsymbol{X}}_1^d(t_n)$的各个分量的绝对值都小于设定阈值 $\xi_i(i=1,2,3,4)$，或者迭代次数达到规定上限 m，则停止迭代；否则，$d \leftarrow d+1$，转步骤②。

注 2.1：步骤⑤的目的是将各次迭代估计得到的误差量 $\delta\hat{\boldsymbol{X}}_1^d(t_n)$进行累加，即 $\delta\hat{\boldsymbol{X}}_1(t_n)=\sum\limits_{k=1}^{d}\delta\hat{\boldsymbol{X}}_1^k(t_n)$。通过迭代，$\delta\hat{\boldsymbol{X}}_1(t_n)$逐渐收敛到 t_n 时刻的 INS 误差真值 $\delta\boldsymbol{X}_1(t_n)$。

注 2.2：随着迭代次数的增加，步骤③中求解得到的 $\delta\hat{\boldsymbol{X}}_1^d(t_n)$不断减小，最终趋近于零。因此，在步骤⑥中可用 $\delta\hat{\boldsymbol{X}}_1^d(t_n)$作为迭代结束的判断依据。

这样，通过迭代求解，就估计出了 t_n 时刻飞航导弹的 INS 水平位置和速度误差 $\delta\hat{\boldsymbol{X}}_1(t_n)$。

该方法的优点是：由于不需要实时计算，对弹载计算机实时求解能力要求低，所以一般弹载计算机都能够满足计算要求；能够同时实现位置和速度误差的估计。

但该方法需借助高度表信息，误差补偿为非实时补偿。

2.4.2 误差补偿方法

由 2.4.1 小节可以看出，误差估计是在观测结束后，通过融合整个观测过程的量测数据来实现的，是一种非实时估计。设 $\delta\hat{\boldsymbol{X}}_1(t_n)$的迭代求解耗时为 Δt，则当前时刻为 $t_n+\Delta t$，此时的速度误差与 t_n 时刻的近似相同，而位置误差可由下式推算得到

$$\delta\hat{x}(t_n+\Delta t)\approx\delta\hat{x}(t_n)+\delta\hat{v}_e\cdot\Delta t \tag{2-23a}$$

$$\delta\hat{y}(t_n+\Delta t)\approx\delta\hat{y}(t_n)+\delta\hat{v}_n\cdot\Delta t \tag{2-23b}$$

这样，就得到了当前时刻的INS误差估计 $\delta\hat{\boldsymbol{X}}_1(t_n+\Delta t)$，利用 $\delta\hat{\boldsymbol{X}}_1(t_n+\Delta t)$ 即可对当前时刻的INS误差进行补偿。

定义INS估计精度：$\boldsymbol{\sigma}=\boldsymbol{X}_1-\boldsymbol{X}$，则误差补偿后，INS东、北向位置估计精度为

$$\sigma x(t_n+\Delta t)=\sigma x(t_n)+[\delta v_e(t_n)-\delta\hat{v}_e(t_n)]\cdot\Delta t \tag{2-24a}$$

$$\sigma y(t_n+\Delta t)=\sigma y(t_n)+[\delta v_n(t_n)-\delta\hat{v}_n(t_n)]\cdot\Delta t \tag{2-24b}$$

可见，由于估计耗时 Δt 的影响，INS东、北向位置估计精度损失分别为 $[\delta v_e(t_n)-\delta\hat{v}_e(t_n)]\cdot\Delta t$ 和 $[\delta v_n(t_n)-\delta\hat{v}_n(t_n)]\cdot\Delta t$。由于 t_n 时刻飞航导弹的INS速度估计误差接近于其真实值，即 $\delta\hat{v}_e(t_n)\to\delta v_e(t_n)$，$\delta\hat{v}_n(t_n)\to\delta v_n(t_n)$；另一方面，误差估计耗时 Δt 也往往较短，因此，估计耗时 Δt 造成的INS位置估计精度损失非常小，甚至可以忽略。

2.4.3 仿真分析

假设地标位置精确已知，位于弹目相对坐标系 $OXYZ$ 的原点如图2-1所示。在弹目相对坐标系 $OXYZ$ 中，设导弹对进入视场的已知地标开始观测的 t_1 时刻：导弹的位置为 $(1\,100,700,936)^{\mathrm{T}}$（单位：m），速度为 $(-250,-100,0)^{\mathrm{T}}$（单位：m/s）。

情形1：INS东、北向位置累积估计误差分别为500 m和400 m，速度累积估计误差分别为12 m/s和10 m/s，即 $\delta\boldsymbol{X}_1(t_1)=(500\text{ m},400\text{ m},12\text{ m/s},10\text{ m/s})^{\mathrm{T}}$。

情形2：INS东、北向位置累积估计误差分别为−400 m和300 m，速度累积估计误差分别为−10 m/s和9 m/s，即 $\delta\boldsymbol{X}_1(t_1)=(-400\text{ m},300\text{ m},-10\text{ m/s},9\text{ m/s})^{\mathrm{T}}$。

情形3：INS东、北向位置累积估计误差分别为600 m和550 m，速度累积估计误差分别为15 m/s和12 m/s，即 $\delta\boldsymbol{X}_1(t_1)=(600\text{ m},550\text{ m},15\text{ m/s},12\text{ m/s})^{\mathrm{T}}$。

垂直通道为INS与高度表组合，针对情形1、2、3，垂直通道高度表考虑了两种情况：无线电高度表，其量测误差为幅值2 m的白噪声；气压高度表，其常值误差为15 m；天向速度误差为幅值1 m/s的白噪声。

成像导引头方位角量测误差为幅值0.7°的白噪声；高度角量测误差为幅值0.5°的白噪声；视线角速率量测误差为幅值0.15(°)/s的白噪声。

受成像导引头视场的约束，设可观测时间为2 s，采样周期为20 ms，即 $n=100$；2.4.1小节迭代算法步骤⑥中的迭代次数上限设置为 $m=10$，迭代终止条件阈值设置为 $(\xi_1,\xi_2,\xi_3,\xi_4)^{\mathrm{T}}=(1\text{ m},1\text{ m},1\text{ m/s},1\text{ m/s})^{\mathrm{T}}$，其中 ξ_1 和 ξ_2 分别表示东向和北向的位置阈值；ξ_3 和 ξ_4 分别表示东向和北向的速度阈值。在情形1、2、3下，$\delta\hat{\boldsymbol{X}}_1(t_n)$ 估计结果分别如表2-1、表2-2和表2-3所列；INS误差估计精度变化情况分别如图2-5、图2-6和图2-7所示。

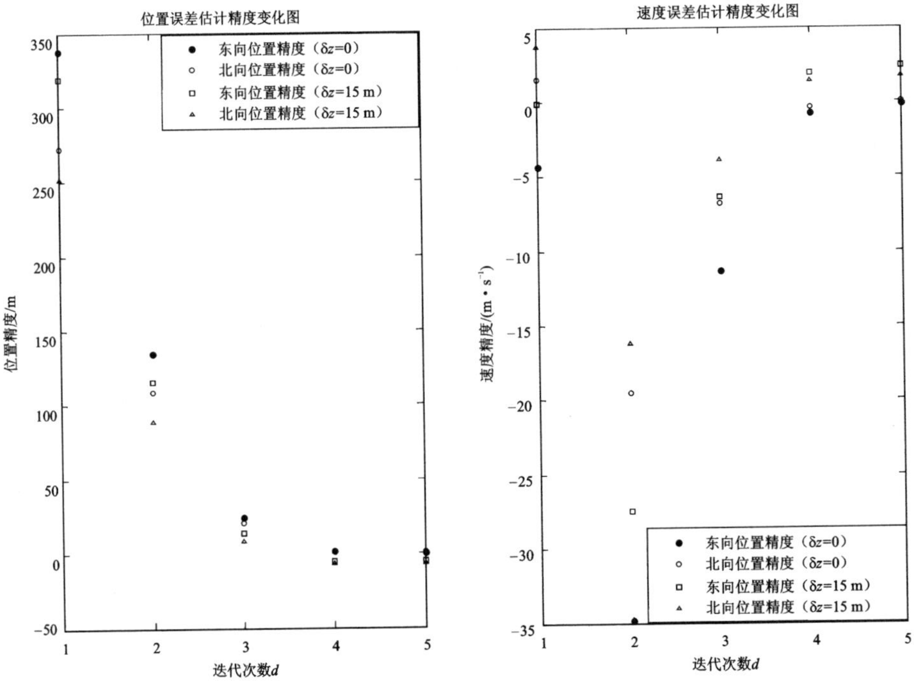

图 2-5　INS 误差估计精度变化图(情形 1)

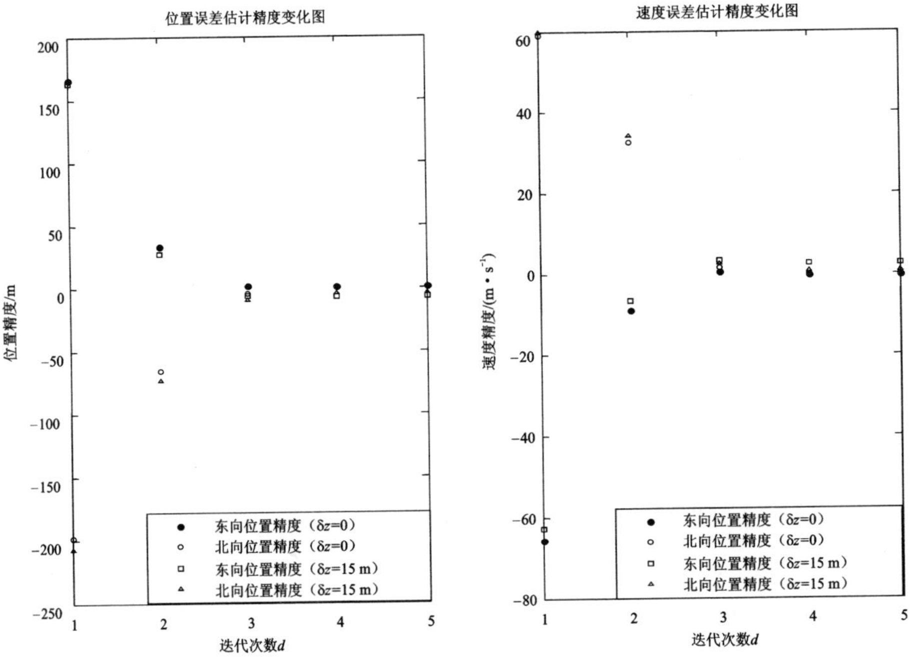

图 2-6　INS 误差估计精度变化图(情形 2)

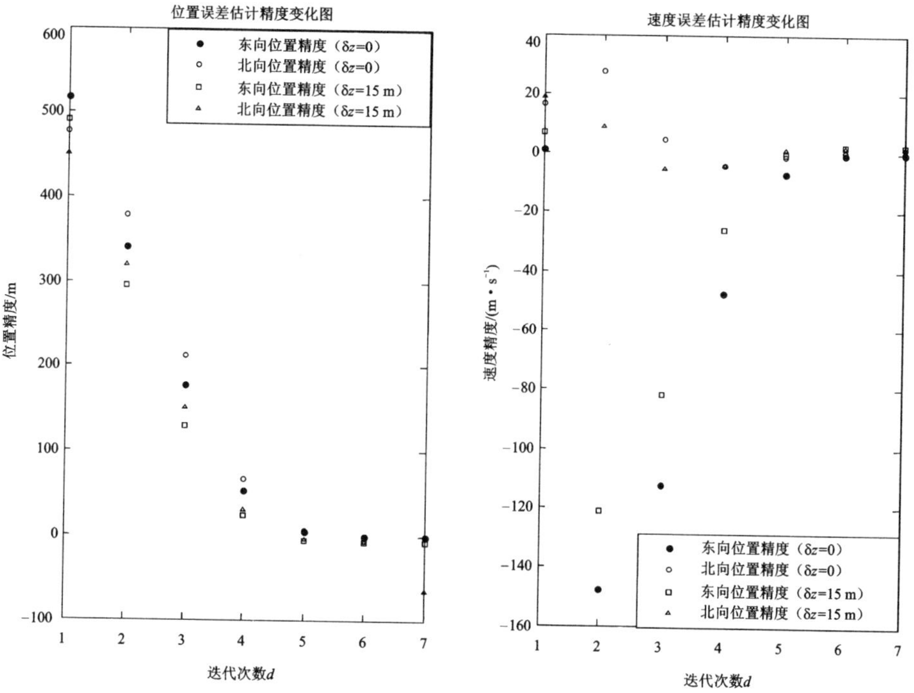

图 2-7　INS 误差估计精度变化图(情形 3)

由表 2-1 和表 2-2 可以看出，在情形 1 和情形 2 时，迭代 5 次以后，第 5 次迭代得到的 INS 误差量 $\delta\hat{\boldsymbol{X}}_1^5(t_n)$ 的各个分量的绝对值都小于设定的阈值 $\xi_i(i=1,2,3,4)$，迭代终止。将 5 次迭代得到的 INS 误差估计量 $\delta\hat{\boldsymbol{X}}_1^d(t_n)$ 进行累加，即得到 t_n 时刻 INS 误差估计值 $\delta\hat{\boldsymbol{X}}_1(t_n)$。而由于情形 3 的 INS 初始误差较大，由表 2-3 可以看出，需要经过 7 次迭代，才满足迭代终止条件，此时 t_n 时刻 INS 误差估计值 $\delta\hat{\boldsymbol{X}}_1(t_n)$ 为 7 次迭代得到的 INS 误差估计量 $\delta\hat{\boldsymbol{X}}_1^d(t_n)$ 的算术和。

表 2-1、表 2-2 和表 2-3 中 $\boldsymbol{\delta}=\delta\hat{\boldsymbol{X}}_1(t_n)-\delta\boldsymbol{X}_1(t_n)$ 表示 INS 误差估计的精度。其中，$\delta\boldsymbol{X}_1(t_n)$ 表示 t_n 时刻的 INS 误差的真值，由 $\delta\boldsymbol{X}_1(t_1)$ 和式(2-17)可以推算得到：

情形 1：$\delta\boldsymbol{X}_1(t_n)=(523.76\ \text{m},419.8\ \text{m},12\ \text{m/s},10\ \text{m/s})^{\mathrm{T}}$；

情形 2：$\delta\boldsymbol{X}_1(t_n)=(-419.8\ \text{m},317.82\ \text{m},-10\ \text{m/s},9\ \text{m/s})^{\mathrm{T}}$；

情形 3：$\delta\boldsymbol{X}_1(t_n)=(629.7\ \text{m},573.76\ \text{m},15\ \text{m/s},12\ \text{m/s})^{\mathrm{T}}$。

由表 2-1、表 2-2 和表 2-3 及图 2-5、图 2-6 和图 2-7 可以看出，当无线电高度表可用时，即 $\delta z=0$，三种情形下 INS 位置和速度误差的估计精度都分别不低于 1 m 和 1 m/s；即使采用存在常值量测误差的气压高度表时，即 $\delta z=15$ m，三种情形下 INS 位置和速度误差的估计精度也都可分别达到 8 m 和 2.5 m/s。由此可见，该 INS 误差离线估计方法是有效的。

表 2-1　$\delta\hat{\boldsymbol{X}}_1(t_n)$估计结果及估计精度(情形 1)

		迭代次数 d					$\delta\hat{\boldsymbol{X}}_1(t_n)=\sum_{d=1}^{5}\delta\hat{\boldsymbol{X}}_1^d(t_n)$	误差真值 $\delta\boldsymbol{X}_1(t_n)$	估计精度 $\boldsymbol{\delta}$
		1	2	3	4	5			
$\delta\hat{\boldsymbol{X}}_1^d(t_n)$ ($\delta z=0$)	$\delta\hat{x}$/m	862.11	−203.8	−109.82	−23.419	−0.870 11	524.2	523.76	0.439 2
	$\delta\hat{y}$/m	692.48	−163.91	−88.37	−18.965	−0.709 04	420.53	419.8	0.729 3
	$\delta\hat{v}_e$/(m·s^{-1})	7.682 7	−30.469	23.441	10.551	0.655 2	11.861	12	−0.139 4
	$\delta\hat{v}_n$/(m·s^{-1})	11.551	−21.067	12.686	6.428	0.424	10.023	10	0.022 5
$\delta\hat{\boldsymbol{X}}_1^d(t_n)$ ($\delta z=15$ m)	$\delta\hat{x}$/m	842.46	−202.99	−101.86	−18.89	−0.545 72	518.17	523.76	−5.587 9
	$\delta\hat{y}$/m	671.55	−162.66	−80.688	−14.975	−0.433 82	412.79	419.8	−7.011 7
	$\delta\hat{v}_e$/(m·s^{-1})	11.941	−27.398	21.102	8.294 5	0.401 31	14.341	12	2.341 1
	$\delta\hat{v}_n$/(m·s^{-1})	13.712	−19.956	12.326	5.302 3	0.268 39	11.653	10	1.652 7

表 2-2　$\delta\hat{X}_1(t_n)$估计结果及估计精度(情形 2)

		迭代次数 d					$\delta\hat{\boldsymbol{X}}_1(t_n)=\sum_{d=1}^{5}\delta\hat{\boldsymbol{X}}_1^d(t_n)$	误差真值 $\delta\boldsymbol{X}_1(t_n)$	估计精度 $\boldsymbol{\delta}$
		1	2	3	4	5			
$\delta\hat{\boldsymbol{X}}_1^d(t_n)$ ($\delta z=0$)	$\delta\hat{x}$/m	−253.622 3	−132.254 5	−32.301 45	−0.924 745 9	0.002 062 99	−419.1	−419.8	0.698 9
	$\delta\hat{y}$/m	119.982 0	132.433 2	61.372 74	4.749 838 71	0.004 709 80	318.542 5	317.82	0.722 6
	$\delta\hat{v}_e/(\mathrm{m\cdot s^{-1}})$	−75.586 03	56.701 49	9.345 893	−0.912 680 1	0.002 597 68	−10.448 7	−10	−0.448 7
	$\delta\hat{v}_n/(\mathrm{m\cdot s^{-1}})$	68.053 06	−26.458 23	−31.019 61	−1.775 466 5	0.004 042 01	8.803 8	9	−0.196 2
$\delta\hat{\boldsymbol{X}}_1^d(t_n)$ ($\delta z=15$ m)	$\delta\hat{x}$/m	−256.050 4	−136.669 6	−33.327 07	−0.960 846 2	0.002 071 88	−427.00	−419.8	−7.206 0
	$\delta\hat{y}$/m	110.324 1	134.317 2	63.537 07	5.003 371 60	0.005 286 17	313.187	317.82	−4.632 9
	$\delta\hat{v}_e/(\mathrm{m\cdot s^{-1}})$	−72.707 38	56.119 28	9.989 994	−0.933 457 7	0.002 514 42	−7.529 0	−10	2.471 0
	$\delta\hat{v}_n/(\mathrm{m\cdot s^{-1}})$	68.940 84	−25.797 66	−31.537 21	−1.919 337 2	0.004 415 49	9.691 0	9	0.691 0

表 2-3　$\delta\hat{\boldsymbol{X}}_1(t_n)$估计结果及估计精度(情形 3)

		迭代次数 d							$\delta\hat{\boldsymbol{X}}_1(t_n)=\sum_{d=1}^{5}\delta\hat{\boldsymbol{X}}_1^d(t_n)$	误差真值 $\delta\boldsymbol{X}_1(t_n)$	估计精度 $\boldsymbol{\delta}$
		1	2	3	4	5	6	7			
$\delta\hat{\boldsymbol{X}}_1^d(t_n)$ ($\delta z=0$)	$\delta\hat{x}$/m	1 148.470	−177.473 0	−163.214 6	−124.239 1	−48.128 59	−5.118 032	−0.055 439	630.24	629.7	0.541 4
	$\delta\hat{y}$/m	1 050.112	−98.196 79	−166.118 1	−145.913 6	−60.024 93	−6.715 092	−0.076 043	573.067	573.76	−0.692 0
	$\delta\hat{v}_e/(\mathrm{m\cdot s^{-1}})$	16.160 08	−148.585 4	34.861 97	65.074 51	40.554 55	6.768 568	0.115 542 4	14.949 8	15	−0.050 2
	$\delta\hat{v}_n/(\mathrm{m\cdot s^{-1}})$	28.324 65	11.251 87	−23.107 17	−8.640 489	2.927 990	1.494 138	0.038 261 3	12.289 3	12	0.289 3
$\delta\hat{\boldsymbol{X}}_1^d(t_n)$ ($\delta z=15$ m)	$\delta\hat{x}$/m	1 120.580	−194.979 5	−165.263 3	−106.293 0	−29.422 32	−1.743 121	−0.006 441	622.872 3	629.7	−6.827 5
	$\delta\hat{y}$/m	1 024.238	−131.242 4	−168.490 3	−120.857 7	−35.323 07	−2.187 355	−0.008 327	566.128 8	573.76	−7.630 6
	$\delta\hat{v}_e/(\mathrm{m\cdot s^{-1}})$	21.801 03	−127.999 5	39.344 15	55.974 57	25.674 91	2.398 738	0.013 891 5	17.207 8	15	2.207 8
	$\delta\hat{v}_n/(\mathrm{m\cdot s^{-1}})$	30.822 06	−9.883 033	−14.124 35	1.187 292	5.122 152	0.787 000	0.005 914 1	13.917	12	1.917 0

另一方面，该方法只需要 2 s 的观测数据，且由于采用了批处理的方法，计算量较小。应用 Matlab 7.0 编程，在主频为 Pentium 2.80 GHz、内存为 512 M 的计算机上进行仿真，情形 1 和情形 2 条件下 INS 误差估计平均耗时仅为 0.062 s；情形 3 条件下 INS 误差估计平均耗时也仅为 0.085 s。这对于运算能力相对较弱的弹载计算机来讲，是十分有利的。

2.5　INS 误差在线实时快速修正

在线估计是指飞航导弹在对已知地标观测的过程中，弹载计算机融合成像导引头所获得的量测信息及 INS 所提供的导航信息，进行 INS 定位误差的在线实时估计和补偿。

本节针对 INS 位置估计存在常值误差的情况，利用 INS 速度估计精度远高于其位置估计精度的特点，从易于工程实现的角度，以飞行航路上的单个已知点地标为参考，提出了一种求解与平均去噪迭代相结合的 INS 误差估计方法，能够实现飞航导弹 INS 定位误差的实时修正。同时，考虑到成像导引头视场的限制以及导弹在高速运动，已知地标会很快离开成像导引头的视场，因此，修正过程还必须快速完成。

2.5.1　INS 定位误差的修正方法

由于 INS 误差量有 6 个，且相互独立，而导弹相对于被测地标的视觉观测量只有 4 个，因此，由式(2-14b)无法直接估计出导弹所有的 INS 误差量。但是考虑到 INS 速度估计精度较其位置估计精度要精确得多，因此，可以忽略速度估计误差，即可令 $\delta\boldsymbol{X}_4=\boldsymbol{0}$，代入式(2-14b)可得任意采样时刻 t_i 的量测方程为

$$\widetilde{\boldsymbol{Z}}(t_i)\approx\boldsymbol{H}_3(t_i)\cdot\delta\boldsymbol{X}_3(t_i)-\boldsymbol{W}(t_i)\tag{2-25}$$

考虑到观测时间很短，可以合理地认为 INS 位置误差在观测过程中保持不变，即

$$\delta\boldsymbol{X}_3(t_i)\approx\delta\boldsymbol{X}_3\tag{2-26}$$

这样，利用平均去噪的思想，从初始观测时刻开始，将前 i 次观测得到的量测方程求和处理

$$\sum_{k=1}^{i}\widetilde{\boldsymbol{Z}}(t_k)\approx\sum_{k=1}^{i}\boldsymbol{H}_3(t_k)\cdot\delta\boldsymbol{X}_3-\sum_{k=1}^{i}\boldsymbol{W}(t_k)\tag{2-27}$$

又量测噪声可以认为是零均值的白噪声，当 i 较大时有

$$\boldsymbol{A}^{-1}\left(\sum_{k=1}^{i}\boldsymbol{H}_3(t_k)\right)^{\mathrm{T}}\left(\sum_{k=1}^{i}\boldsymbol{W}(t_k)\right)\approx\boldsymbol{0}\tag{2-28}$$

于是，对于观测过程中任意采样时刻 t_i，都可以融合从初始观测时刻到 t_i 时刻的所有量测信息，利用最小二乘求解可得 $\delta\boldsymbol{X}_3$ 的估计为

$$\delta\hat{\boldsymbol{X}}_3^i \approx \boldsymbol{A}^{-1}\boldsymbol{b} \tag{2-29}$$

式中，$\delta\hat{\boldsymbol{X}}_3^i$ 的上标 i 表示该误差估计结果是融合了从初始观测时刻到 t_i 时刻的所有量测信息；

$$\boldsymbol{A}=\left(\sum_{k=1}^{i}\boldsymbol{H}_3(t_k)\right)^{\mathrm{T}}\left(\sum_{k=1}^{i}\boldsymbol{H}_3(t_k)\right);$$

$$\boldsymbol{b}=\left(\sum_{k=1}^{i}\boldsymbol{H}_3(t_k)\right)^{\mathrm{T}}\left(\sum_{k=1}^{i}\tilde{\boldsymbol{Z}}(t_k)\right)。$$

可以看出，2.4 节的迭代算法在每次求解过程中都融合了整个观测过程的量测信息；而本节的实时估计方法无法再融合整个观测过程的量测信息，仅能最大限度地利用从初始观测时刻到当前时刻这一段观测数据进行求解。为了进一步理解上述方法，下面给出了算法的具体步骤：

① 令 $i=1$；

② 利用$\boldsymbol{X}_1(t_k)$构造伪观测序列$\boldsymbol{Z}_1(t_k)$，即式(2-11)，并解算线性化系数，即式(2-12)；基于$\boldsymbol{Z}_1(t_k)$和$\boldsymbol{Z}_{\mathrm{m}}(t_k)$构造残差 $\tilde{\boldsymbol{Z}}(t_k)$，即式(2-14b)；

③ 求解式(2-29)，并将其解记为 $\delta\hat{\boldsymbol{X}}_3^i$，即 t_i 时刻融合前面所有 i 次观测的量测信息估计得到的 INS 位置误差量；

④ 利用 $\delta\hat{\boldsymbol{X}}_3^i$ 对 $\boldsymbol{X}_1(t_k)$进行实时修正，即 $\boldsymbol{X}_1(t_k)=\boldsymbol{X}_1(t_k)-\delta\hat{\boldsymbol{X}}_3^i$；

⑤ $i \leftarrow i+1$，转步骤②。

注 2.3：随着观测的进行(即 i 不断变大)，INS 定位误差不断得到修正，惯导估计值 $\boldsymbol{X}_1$ 逐渐趋近导弹状态的真实值 $\boldsymbol{X}$，于是式(2-12)的线性化精度不断提高；另一方面，由于式(2-12)的线性化精度的提高，使得式(2-29)INS 定位误差估计精度也不断提高。

注 2.4：当 i 较小时，式(2-28)存在较大近似误差；但随着 i 变大，平均去噪效果会逐渐变得理想。

这样，就实现了飞航导弹 INS 定位误差的实时估计及修正。该方法的优点是仅需视觉信息和 INS 信息；实时估计，没有因估计耗时造成精度损失。但该方法对计算机能力要求较高，且仅能修正 INS 定位误差。

2.5.2 仿真分析

仿真条件如下：设地标进入导弹视场的初始时刻，在弹目相对坐标系 $OXYZ$ 中，导弹的坐标为$(1\,100,700,936)^{\mathrm{T}}$(单位：m)，飞行速度为$(-250,-100,0)^{\mathrm{T}}$(单位：m/s)；INS 位置估计误差为$(500,400,-150)^{\mathrm{T}}$(单位：m)，速度估计误差为$(5,4,-1)^{\mathrm{T}}$(单位：m/s)；成像导引头方位角量测误差为幅值 0.7°的白噪声，高度角量测误差为幅值 0.5°的白噪声，视线角速率量测误差为幅值 0.15(°)/s 的白噪声；考虑到成像导引头跟踪范围的约束，设可观测时间为 1 s，采样周期为 20 ms；分别利用 EKF 和本书方法对 INS 定位误差进行修正，仿真结果如图 2－8 所示。

由图 2－8 可以看出，基于迭代求解与平均去噪相结合的 INS 误差在线实时估计方法能够实现 INS 三维定位误差的实时估计及修正，且无论从收敛速度还是收敛精度上都明显优于 EKF。EKF 方法在 1 s 内不能收敛，而本节方法能够将飞航导弹 INS 定位误差从$(500,400,-150)^T$(单位：m)修正到$(8.55,6.31,7.65)^T$(单位：m)，证明了方法的有效性。

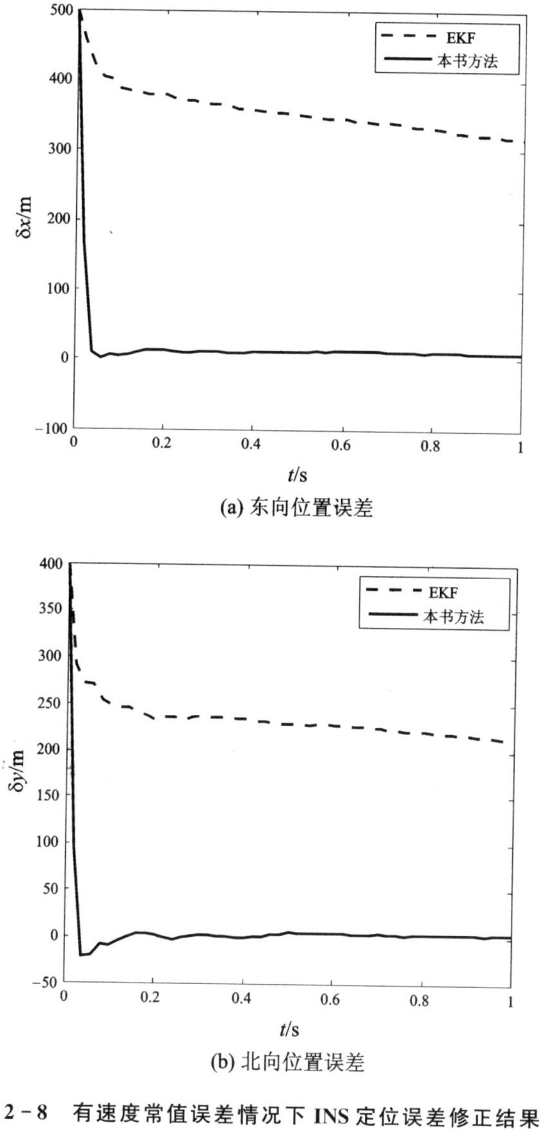

(a) 东向位置误差

(b) 北向位置误差

图 2－8　有速度常值误差情况下 INS 定位误差修正结果

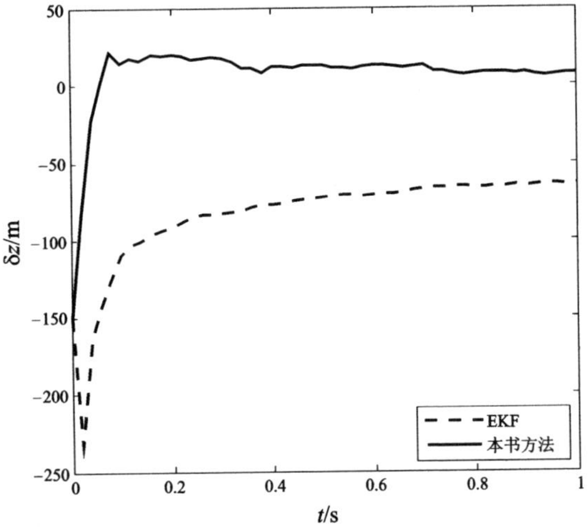

(c) 天向位置误差

图 2-8　有速度常值误差情况下 INS 定位误差修正结果(续)

由于 INS 速度常值估计误差$(5,4,-1)^T$(单位:m/s)的存在,使得 INS 定位误差估计为有偏估计,因此误差修正精度仅能达到$(8.55,6.31,7.65)^T$(单位:m)。若能通过其他辅助手段(如空速管)消除速度常值误差,则本书方法可将 INS 定位误差修正到$(0.617,0.418,0.24)^T$(单位:m),仿真结果如图 2-9 所示。

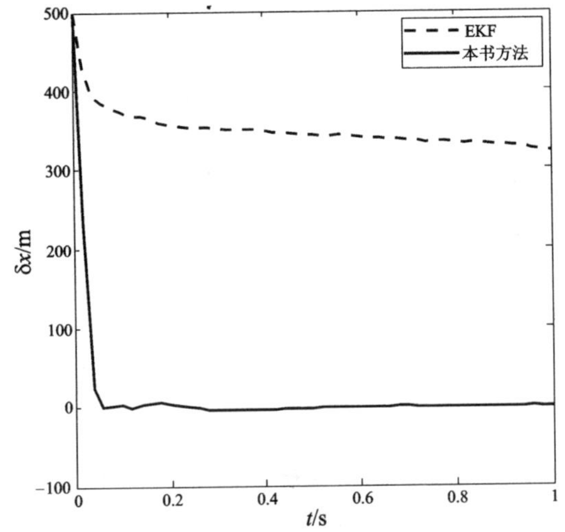

(a) 东向位置误差

图 2-9　无速度常值误差情况下 INS 定位误差修正结果

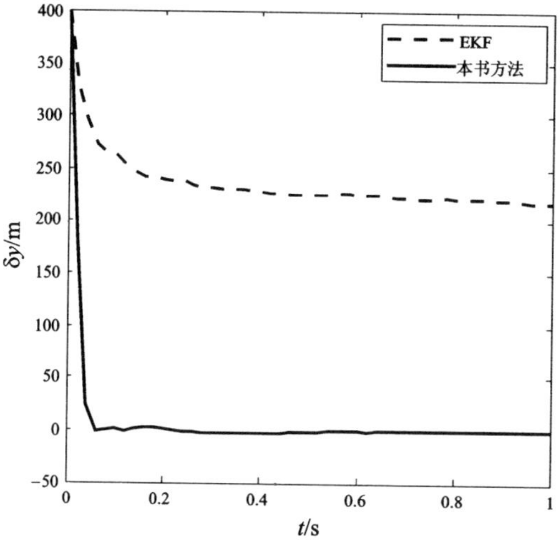

(b) 北向位置误差

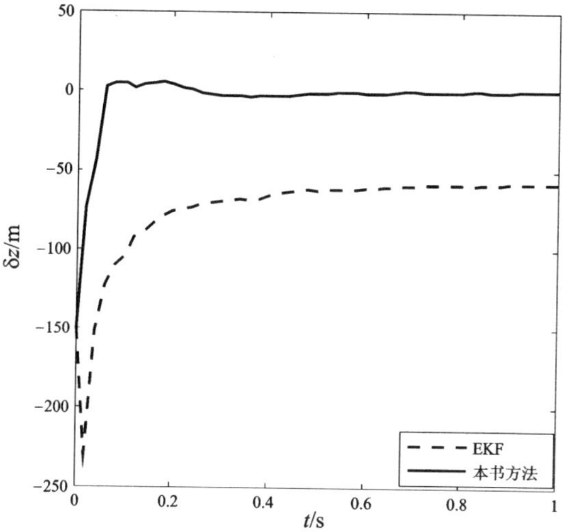

(c) 天向位置误差

图 2-9　无速度常值误差情况下 INS 定位误差修正结果(续)

2.6　本章小结

针对飞航导弹等特殊飞行器惯导系统单独使用时存在位置和速度估计误差发散的问题，利用弹载成像导引头对航路上单个已知点地标的连续、被动观测，从便于工程实现的角度，提出了迭代求解与平均去噪相结合的 INS 误差修正方法。该方法具有如下特点：

(1) 以 INS 误差作为状态量,以导弹相对于地标的观测序列与 INS 估计信息解算的伪观测序列构造观测量,建立量测方程。

(2) 既不需要额外增加硬件,也不需要改变导弹的巡航路径,符合飞行器中制导阶段的特点;仅需要很短时间的观测数据,就能实现 INS 误差估计,这对于飞行速度很快、成像导引头视场较小的飞行器来讲是十分有利的;方法简单,计算量小,易于工程实现。

(3) 离线估计方法在每次求解过程中都融合了整个观测过程的视觉信息、INS 信息及高度表信息,能够同时修正 INS 水平通道的位置和速度误差;在线估计方法利用 INS 速度估计精度远高于其位置估计精度的特点,仅需从初始观测时刻到当前时刻这一观测过程的视觉信息和 INS 信息,就能实现 INS 三维定位误差的快速实时修正。

(4) 仿真结果表明:离线估计时,当无线电高度表可用,INS 位置和速度误差估计为无偏估计,其估计精度分别不低于 1 m 和 1 m/s;当气压高度表存在 15 m 常值量测误差时,INS 位置和速度误差估计为有偏估计,但其估计精度也可分别达到 8 m 和 2.5 m/s。离线估计采用批处理方法,计算量小。在线估计尽管是一种有偏估计方法,但在 INS 速度估计精度不低于 5 m/s 的情况下,仍可将 INS 定位误差修正到 10 m 之内,且该方法无论从收敛速度还是收敛精度上都明显优于 EKF。

本章 2.4 节"基于迭代求解与平均去噪相结合的飞行器 INS 误差离线估计方法"已经用某型导弹的实测飞行试验数据进行了验证。

第3章　基于虚拟视线交会的飞行器INS误差修正方法

3.1　概　述

根据摄像测量和计算机视觉原理,若运动平台能够同时对两个以上的已知地标进行成像,则可以估计得到其自身的位置[142]。参考文献[96-104]研究了基于多个地标同时成像的视觉导航。但考虑到导弹飞行路径中已知地标不会很多,单次视觉导航过程中,飞行航路附近一般仅有单个已知自然地标可供参考,且即使同时存在两个地标,由于成像导引头视场的限制,同时对两个地标成像的难度也很大。因此,研究基于视觉量测的单地标导航方法是非常有意义的。

对于单个地标,若运动平台具有双目或多目,仍可利用视线交会测量原理进行定位[105-115],但飞行器一般仅支持单目视觉,且视场范围有限。单目也可以根据目标表面特征之间的约束关系求解目标运动参数或根据目标实际尺度确定其相对距离,从而实现运动平台的定位,如参考文献[71-88]。但飞航导弹等飞行器不能如无人机那样对地标近距离观测,地标仅能看作是没有结构特征的点目标。而对于点目标,从原理上讲,在没有引入额外约束的情况下,基于某时刻的单幅图像,只能根据光心和像点连线确定点目标的方向,即确定观察视线,而无法得到距离信息,也就无法定位。

由于单目视觉量测仅能确定方位,而无法获得距离信息,为了基于单个点地标实现运动平台的定位,必须增加约束条件。目前,采用最多的是为成像导引头增加激光测距仪、雷达或气压高度表等辅助测距设备,得到目标的距离信息,从而对目标定位。参考文献[116-117,143]研究了基于测距信息辅助的飞行器定位方法。对不提供弹目距离信息的情况,如何解决飞行器视觉/INS组合导航中制导问题,目前还未见相关文献资料发表。利用成像导引头所能提供的导弹相对于单个点地标的视线角测量信息,不需要弹目距离测量信息,实现INS导航误差的修正,这是本章需要解决的问题。

参考文献[144-145]提出了虚拟视线交会的思想,给出了一种机动平台基于单目视觉对目标运动参数进行估计的新概念。本章针对飞行器惯导系统单独使用时存在位置和速度估计误差发散的问题,在不需要弹目距离信息的情况下,提出了一种基于对航路上单个已知地标连续、被动观测的INS误差修正方法。首先,根据导弹与地标间的相对运动关系,采用虚拟视线交会的方法,将问题转化为多虚拟地标协同定位导弹问题。在此基础上,利用最小二乘思想,实现了导弹位置的有偏估计。然后,以估计得到的有偏位置信息和基于大气系统得到的 INS 速度误差大小作为观测量，应用考虑系统误差估计补偿的卡尔曼滤波，进一步实现了导弹位置和速度的无偏估计。最后，仿真验证了方法的有效性。

3.2 基本原理

基于虚拟视线交会的飞行器 INS 误差修正原理如图 3－1 所示。

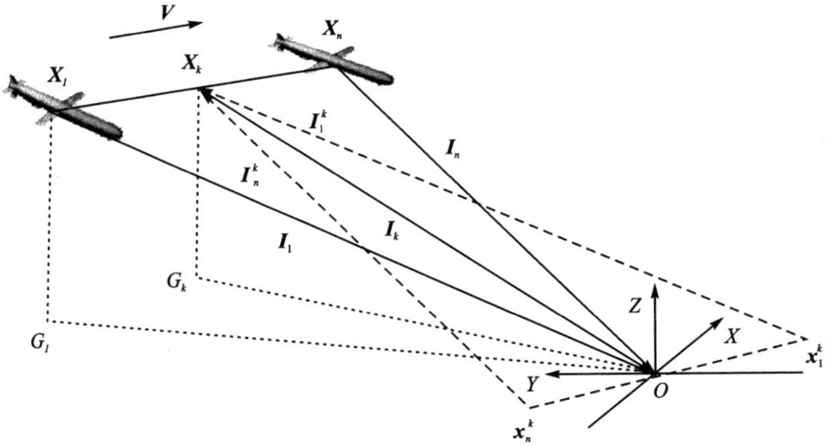

图 3－1　基于虚拟视线交会的飞行器 INS 误差修正原理

图 3－1 中，地标位置已知，$OXYZ$ 是以地标中心 O 为原点的东北天坐标系，导弹成像导引头从初始时刻开始对地标进行连续观测，直到 nT 时刻，T 为成像导引头采样间隔。设整个观测过程中，导弹速度保持不变，为 $\mathbf{V}=(v_x,v_y,v_z)$；观测过程中的任意时刻 $iT(i=1,2,\cdots,n)$，导弹的真实位置表示为 $\boldsymbol{X}_i=(X_i,Y_i,Z_i)^{\mathrm{T}}$，$G_i$ 为 $\boldsymbol{X}_i$ 在 OXY 平面的投影；利用视觉原理，量测得到导弹观测地标视线（成像导引头光心与地标的连线）的方向矢量为 $\boldsymbol{l}_i=(l_{X_i},l_{Y_i},l_{Z_i})^{\mathrm{T}}$。

假想整个观测过程中，导弹始终位于任一确定位置 $\boldsymbol{X}_k(k=1,2,\cdots,n)$ 保持不变，根据导弹与地标间的相对运动关系，地标从真实位置开始，以与导弹相同大小的速度向相反方向运动。这样，对于观测过程中任意时刻 iT，都可对应得到地标的一个虚拟位置 $\boldsymbol{x}_i^k$，$\boldsymbol{x}_i^k$ 相对于真实地标的距离可以表示为 $(i-k)T(-\mathbf{V})$。而真实地标位于 $OXYZ$ 坐标系的原点，因此，虚拟地标 $\boldsymbol{x}_i^k$ 在 $OXYZ$ 坐标系中的坐标可以表示为

$$\boldsymbol{x}_i^k=(k-i)T\mathbf{V}\quad \boldsymbol{x}_i^k\in\mathbf{R}^3,k,i=1,2,\cdots,n \tag{3-1}$$

定义 3.1：参考文献[144-145]，定义从虚拟地标 $\boldsymbol{x}_i^k$ 观测导弹位置 $\boldsymbol{X}_k$ 的视线称为虚拟视线，并将其方向矢量记为 $\boldsymbol{l}_i^k=(l_{x_i}^k,l_{y_i}^k,l_{z_i}^k)^{\mathrm{T}}$。

定理 3.1：虚拟视线的方向矢量 $\boldsymbol{l}_i^k$ 与真实视线的方向矢量 $\boldsymbol{l}_i$ 大小相等，方向相

反，即 $\boldsymbol{l}_i^k=-\boldsymbol{l}_i$。

证明：观测过程中任意时刻 iT，从导弹位置 $\boldsymbol{X}_k$ 观测真实地标的视线方向矢量 $\boldsymbol{l}_i$ 可以表示为

$$\frac{-X_i}{l_{X_i}}=\frac{-Y_i}{l_{Y_i}}=\frac{-Z_i}{l_{Z_i}} \tag{3-2}$$

从虚拟地标 $\boldsymbol{x}_i^k$ 观测导弹位置 $\boldsymbol{X}_k$ 的视线方向矢量 $\boldsymbol{l}_i^k$ 可以表示为

$$\frac{X_k-(k-i)Tv_x}{l_{x_i}^k}=\frac{Y_k-(k-i)Tv_y}{l_{y_i}^k}=\frac{Z_k-(k-i)Tv_z}{l_{z_i}^k} \tag{3-3}$$

又由导弹运动关系可得

$$\boldsymbol{X}_k=\boldsymbol{X}_i+(k-i)T\boldsymbol{V} \tag{3-4}$$

即

$$\begin{aligned} X_k&=X_i+(k-i)Tv_x \\ Y_k&=Y_i+(k-i)Tv_y \\ Z_k&=Z_i+(k-i)Tv_z \end{aligned}$$

将式(3-4)代入式(3-3)可得

$$\frac{X_i}{l_{x_i}^k}=\frac{Y_i}{l_{y_i}^k}=\frac{Z_i}{l_{z_i}^k} \tag{3-5}$$

由式(3-2)和式(3-5)即得 $\boldsymbol{l}_i^k=-\boldsymbol{l}_i$。证毕。

定理 3.1 阐释了利用地标的虚拟相对运动轨迹，能够把各 iT 时刻的观测信息有效映射到任一时刻 kT，从而使得观测过程中任意时刻 kT，都可以同时融合整个观测过程中 n 个时刻的所有观测信息。

为了便于理解上述问题和方法，可以想象将导弹观测过程的时间轴压缩到某一时刻 kT，从导弹位置 $\boldsymbol{X}_k$ 观测地标在不同时刻的虚拟位置 $\boldsymbol{x}_i^k(i=1,2,\cdots,n)$，这相当于 kT 时刻，从 n 个虚拟地标 $\boldsymbol{x}_i^k$ 同时对导弹进行观测，估计该时刻导弹的位置。

基于虚拟视线交会的导弹 INS 误差修正分为两个步骤：

① 基于虚拟视线交会的导弹位置有偏估计。

基于虚拟地标构造虚拟视线，采用虚拟视线交会的方法，将问题转化为多虚拟地标协同定位导弹问题。对于观测过程中任意时刻 kT，都可以利用 n 个虚拟地标点 $\boldsymbol{x}_i^k$ 和 n 个观测视线的方向矢量 $\boldsymbol{l}_i$，估计导弹的位置。

② 在步骤①的基础上，以估计得到的有偏位置信息和基于大气系统得到的 INS 速度误差大小作为观测量，采用系统误差估计补偿的卡尔曼滤波，实现导弹位置和速度的无偏估计。

3.3　多虚拟地标协同导弹定位

由于导弹的真实速度 $\boldsymbol{V}$ 不可得，所以无法得到虚拟地标的准确位置，可以利用导弹 INS 的量测速度 $\hat{\boldsymbol{V}}=(\hat{v}_x,\hat{v}_y,\hat{v}_z)^{\mathrm{T}}$ 对其进行估算，由式(3-1)可得

$$\boldsymbol{x}_i^k=\hat{\boldsymbol{x}}_i^k+\delta\boldsymbol{x}_i^k \quad \hat{\boldsymbol{x}}_i^k\in\boldsymbol{R}^3,\delta\boldsymbol{x}_i^k\in\boldsymbol{R}^3 \tag{3-6}$$

式中，$\hat{\boldsymbol{x}}_i^k=\hat{\boldsymbol{V}}(k-i)T$；$\delta\boldsymbol{x}_i^k=\delta\boldsymbol{V}(k-i)T$；$\delta\boldsymbol{V}=\boldsymbol{V}-\hat{\boldsymbol{V}}=[\delta v_x,\delta v_y,\delta v_z]^{\mathrm{T}}$。

导弹对地标的观测视线可利用成像导引头量测得到，iT 时刻，导弹对地标的观测视线方向矢量可以表示为

$$\boldsymbol{l}_i=\hat{\boldsymbol{l}}_i+\delta\boldsymbol{l}_i \quad \hat{\boldsymbol{l}}_i\in\boldsymbol{R}^3,\delta\boldsymbol{l}_i\in\boldsymbol{R}^3 \tag{3-7}$$

式中，$\hat{\boldsymbol{l}}_i$ 为视线方向矢量量测值；$\delta\boldsymbol{l}_i$ 为量测误差。

由定理 3.1 和式(3-7)可得

$$\boldsymbol{l}_i^k=-(\hat{\boldsymbol{l}}_i+\delta\boldsymbol{l}_i) \tag{3-8}$$

这样，就表示出了 kT 时刻任意虚拟地标点的位置 $\boldsymbol{x}_i^k$ 和虚拟视线方向矢量 $\boldsymbol{l}_i^k$。下面的任务是：基于 n 个虚拟地标点 $\boldsymbol{x}_i^k(i=1,2,\cdots,n)$ 和 n 个虚拟视线方向矢量 $\boldsymbol{l}_i^k(i=1,2,\cdots,n)$，估计出 kT 时刻导弹的位置 $\boldsymbol{X}_k$。

虚拟地标 $\boldsymbol{x}_i^k$ 观测导弹位置 $\boldsymbol{X}_k$ 的虚拟视线可以表示为

$$\boldsymbol{I}_i^k(\lambda_i^k)=\boldsymbol{x}_i^k+\lambda_i^k\boldsymbol{l}_i^k \quad \lambda_i^k>0 \tag{3-9}$$

则 $\boldsymbol{X}_k$ 到虚拟视线 $\boldsymbol{I}_i^k(\lambda_i^k)$ 的距离的平方可以表示为

$$L_i^k(\boldsymbol{X}_k)=\min_{\lambda_i^k}\|\boldsymbol{X}_k-\boldsymbol{I}_i^k(\lambda_i^k)\|^2=\min_{\lambda_i^k}f(\lambda_i^k) \tag{3-10}$$

式中，$f(\lambda_i^k)=\boldsymbol{X}_k^{\mathrm{T}}\boldsymbol{X}_k-2\boldsymbol{X}_k^{\mathrm{T}}\boldsymbol{x}_i^k+(\boldsymbol{x}_i^k)^{\mathrm{T}}\boldsymbol{x}_i^k+(\lambda_i^k)^2(\boldsymbol{l}_i^k)^{\mathrm{T}}\boldsymbol{l}_i^k+2\lambda_i^k(\boldsymbol{l}_i^k)^{\mathrm{T}}\boldsymbol{x}_i^k-2\lambda_i^k(\boldsymbol{l}_i^k)^{\mathrm{T}}\boldsymbol{X}_k$。

又 $(\boldsymbol{l}_i^k)^{\mathrm{T}}\boldsymbol{l}_i^k=1$，可得当 $\lambda_i^k=(\boldsymbol{l}_i^k)^{\mathrm{T}}\boldsymbol{X}_k-(\boldsymbol{l}_i^k)^{\mathrm{T}}\boldsymbol{x}_i^k$ 时，$f(\lambda_i^k)$ 取得极小值，则有

$$\begin{aligned}L_i^k(\boldsymbol{X}_k)&=\boldsymbol{X}_k^{\mathrm{T}}\boldsymbol{X}_k-2\boldsymbol{X}_k^{\mathrm{T}}\boldsymbol{x}_i^k+(\boldsymbol{x}_i^k)^{\mathrm{T}}\boldsymbol{x}_i^k-[(\boldsymbol{I}_i^k)^{\mathrm{T}}\boldsymbol{X}_k-(\boldsymbol{I}_i^k)^{\mathrm{T}}\boldsymbol{x}_i^k]^2\\&=(\boldsymbol{X}_k-\boldsymbol{x}_i^k)^{\mathrm{T}}[\boldsymbol{I}-\boldsymbol{l}_i^k(\boldsymbol{l}_i^k)^{\mathrm{T}}](\boldsymbol{X}_k-\boldsymbol{x}_i^k)\end{aligned} \tag{3-11}$$

定义最优估计性能指标

$$\mathrm{E}(\boldsymbol{X}_k)=\sum_{i=1}^{n}L_i^k(\boldsymbol{X}_k)=\sum_{i=1}^{n}(\boldsymbol{X}_k-\boldsymbol{x}_i^k)^{\mathrm{T}}[\boldsymbol{I}-\boldsymbol{l}_i^k(\boldsymbol{l}_i^k)^{\mathrm{T}}](\boldsymbol{X}_k-\boldsymbol{x}_i^k) \tag{3-12}$$

根据最小二乘原理，kT 时刻导弹位置的最优估计 $\hat{\boldsymbol{X}}_k$ 应该满足到 n 条虚拟视线 $\boldsymbol{I}_i^k(\lambda_i^k)$ 的距离平方和最小，当 $\hat{\boldsymbol{X}}_k=\boldsymbol{X}_k$ 时，$\mathrm{E}(\boldsymbol{X}_k)=0$，即

$$\sum_{i=1}^{n}(\boldsymbol{X}_k-\boldsymbol{x}_i^k)^{\mathrm{T}}[\boldsymbol{I}-\boldsymbol{l}_i^k(\boldsymbol{l}_i^k)^{\mathrm{T}}](\boldsymbol{X}_k-\boldsymbol{x}_i^k)=0 \tag{3-13}$$

此时，式(3-13)取得极值，应该满足[146]

$$\sum_{i=1}^{n}[\boldsymbol{I}-\boldsymbol{l}_i^k(\boldsymbol{l}_i^k)^{\mathrm{T}}](\boldsymbol{X}_k-\boldsymbol{x}_i^k)=\boldsymbol{0}_{3\times1} \tag{3-14}$$

即

$$\boldsymbol{A}_k\boldsymbol{X}_k=\boldsymbol{b}_k \tag{3-15}$$

其中

$$\boldsymbol{A}_k = \sum_{i=1}^{n} [\boldsymbol{I} - \boldsymbol{l}_i^k (\boldsymbol{l}_i^k)^{\mathrm{T}}] \tag{3-15a}$$

$$\boldsymbol{b}_k = \sum_{i=1}^{n} [\boldsymbol{x}_i^k - \boldsymbol{l}_i^k (\boldsymbol{l}_i^k)^{\mathrm{T}} \boldsymbol{x}_i^k] \tag{3-15b}$$

将式(3-6)、式(3-8)代入式(3-15)可得

$$\boldsymbol{A} = \hat{\boldsymbol{A}} + \delta\boldsymbol{A} \tag{3-16}$$

$$\boldsymbol{b}_k = \hat{\boldsymbol{b}}_k + \delta\boldsymbol{b}_k \tag{3-17}$$

式中，

$$\hat{\boldsymbol{A}} = \sum_{i=1}^{n} (\boldsymbol{I} - \hat{\boldsymbol{l}}_i \hat{\boldsymbol{l}}_i^{\mathrm{T}})$$

$$\delta\boldsymbol{A} \approx -\sum_{i=1}^{n} [\delta\boldsymbol{l}_i \hat{\boldsymbol{l}}_i^{\mathrm{T}} + \hat{\boldsymbol{l}}_i (\delta\boldsymbol{l}_i)^{\mathrm{T}}]$$

$$\hat{\boldsymbol{b}}_k = \sum_{i=1}^{n} (\hat{\boldsymbol{x}}_i^k - \hat{\boldsymbol{l}}_i \hat{\boldsymbol{l}}_i^{\mathrm{T}} \hat{\boldsymbol{x}}_i^k)$$

$$\begin{aligned} \delta\boldsymbol{b}_k &\approx \sum_{i=1}^{n} [\delta\boldsymbol{x}_i^k - (\delta\boldsymbol{l}_i) \hat{\boldsymbol{l}}_i^{\mathrm{T}} \hat{\boldsymbol{x}}_i^k - \hat{\boldsymbol{l}}_i (\delta\boldsymbol{l}_i)^{\mathrm{T}} \hat{\boldsymbol{x}}_i^k - \hat{\boldsymbol{l}}_i \hat{\boldsymbol{l}}_i^{\mathrm{T}} \delta\boldsymbol{x}_i^k] \\ &= [k\hat{\boldsymbol{A}} - \sum_{i=0}^{n} i(\boldsymbol{I} - \hat{\boldsymbol{l}}_i \hat{\boldsymbol{l}}_i^{\mathrm{T}})] T \cdot \delta\boldsymbol{V} - \sum_{i=1}^{n} (\delta\boldsymbol{l}_i \hat{\boldsymbol{l}}_i^{\mathrm{T}} + \hat{\boldsymbol{l}}_i (\delta\boldsymbol{l}_i)^{\mathrm{T}}) \hat{\boldsymbol{x}}_i^k \end{aligned}$$

式中，$\hat{\boldsymbol{A}}$ 和 $\hat{\boldsymbol{b}}_k$ 可由量测量解算得到；$\delta\boldsymbol{A}$ 和 $\delta\boldsymbol{b}_k$ 为不确定项，表达式中忽略了误差高阶项。

由式(3-15)、式(3-16)、式(3-17)可得

$$\boldsymbol{X}_k = \boldsymbol{A}^{-1} \boldsymbol{b}_k = (\hat{\boldsymbol{A}} + \delta\boldsymbol{A})^{-1} (\hat{\boldsymbol{b}}_k + \delta\boldsymbol{b}_k) \tag{3-18}$$

由于 $\delta\boldsymbol{A}$ 比 $\hat{\boldsymbol{A}}$ 中的元素小得多，可得

$$(\hat{\boldsymbol{A}} + \delta\boldsymbol{A})^{-1} \approx \hat{\boldsymbol{A}}^{-1} - \hat{\boldsymbol{A}}^{-1} \delta\boldsymbol{A} \hat{\boldsymbol{A}}^{-1} \tag{3-19}$$

则式(3-18)可以写成

$$\begin{aligned} \boldsymbol{X}_k &\approx \hat{\boldsymbol{A}}^{-1} \hat{\boldsymbol{b}}_k + \hat{\boldsymbol{A}}^{-1} \delta\boldsymbol{b}_k - \hat{\boldsymbol{A}}^{-1} \delta\boldsymbol{A} \hat{\boldsymbol{A}}^{-1} \hat{\boldsymbol{b}}_k - \hat{\boldsymbol{A}}^{-1} \delta\boldsymbol{A} \hat{\boldsymbol{A}}^{-1} \delta\boldsymbol{b}_k \\ &= \hat{\boldsymbol{X}}_k^{\mathrm{bias}} + \delta\boldsymbol{X}_k^{\mathrm{bias}} \end{aligned} \tag{3-20}$$

式中，

$$\hat{\boldsymbol{X}}_k^{\mathrm{bias}} = \hat{\boldsymbol{A}}^{-1} \hat{\boldsymbol{b}}_k$$

$$\delta\boldsymbol{X}_k^{\mathrm{bias}} = \hat{\boldsymbol{A}}^{-1} \delta\boldsymbol{b}_k - \hat{\boldsymbol{A}}^{-1} \delta\boldsymbol{A} \hat{\boldsymbol{A}}^{-1} \hat{\boldsymbol{b}}_k$$

由于飞航导弹成像导引头的量测精度较高，可以合理地认为视线方向量测误差 $\delta\boldsymbol{l}_i$ 服从零均值高斯分布；而惯导速度量测误差 $\delta\boldsymbol{V}$ 在观测过程中可以认为是常值。这样，由式(3-6)、式(3-16)、式(3-17)、式(3-20)，可以将 kT 时刻导弹位置估计误差表示为

$$\delta \boldsymbol{X}_k^{\text{bias}} = \hat{\boldsymbol{A}}^{-1}\left[k\hat{\boldsymbol{A}} - \sum_{i=0}^{n} i(\boldsymbol{I} - \hat{\boldsymbol{l}}_i\hat{\boldsymbol{l}}_i^{\mathrm{T}})\right]T \cdot \delta \boldsymbol{V} + \boldsymbol{v}_k \tag{3-21}$$

式中，$\delta \boldsymbol{V}$ 为系统误差；$\boldsymbol{v}_k$ 为随机误差，与 $\delta \boldsymbol{l}_i$ 有关。

这样，就得到了 kT 时刻导弹位置的有偏估计 $\hat{\boldsymbol{X}}_k^{\text{bias}}$ 及估计误差 $\delta \boldsymbol{X}_k^{\text{bias}}$ 的表达式。

3.4 INS 位置和速度误差的无偏估计

3.3 节得到了飞航导弹位置的有偏估计，当 INS 速度量测常值误差较小时，有偏估计 $\hat{\boldsymbol{X}}_k^{\text{bias}}$ 可以满足工程需求；但当 INS 存在较大的速度量测常值误差时，3.3 节方法不再满足精度要求。此时，INS 速度常值误差不宜再被忽略，需寻求一种新的方法，来同时实现 INS 位置和速度误差的无偏估计。

3.4.1 考虑系统误差估计补偿的卡尔曼滤波算法

参考文献[147]，给出考虑系统误差估计补偿的卡尔曼滤波算法。考虑线性离散系统

$$\boldsymbol{x}_{k+1} = \boldsymbol{A}_k\boldsymbol{x}_k + \boldsymbol{G}_k\boldsymbol{d}_k + \boldsymbol{\omega}_k \tag{3-22a}$$

$$\boldsymbol{y}_k = \boldsymbol{C}_k\boldsymbol{x}_k + \boldsymbol{H}_k\boldsymbol{d}_k + \boldsymbol{v}_k \tag{3-22b}$$

式中，$\boldsymbol{x}_k \in \mathbf{R}^n$ 是状态向量，$\boldsymbol{d}_k \in \mathbf{R}^m$ 是未知输入向量，$\boldsymbol{y}_k \in \mathbf{R}^p$ 是量测量。$\boldsymbol{\omega}_k$ 和 $\boldsymbol{v}_k$ 分别为系统噪声向量和量测噪声向量，服从零均值高斯分布，方差分别为 $\boldsymbol{Q}_k = \mathrm{E}[\boldsymbol{\omega}_k\boldsymbol{\omega}_k^{\mathrm{T}}] \geqslant 0$，$\boldsymbol{R}_k = \mathrm{E}[\boldsymbol{v}_k\boldsymbol{v}_k^{\mathrm{T}}] > 0$。$\boldsymbol{A}_k$、$\boldsymbol{G}_k$、$\boldsymbol{C}_k$ 和 $\boldsymbol{H}_k$ 都已知，且矩阵 $\boldsymbol{H}_k$ 的秩为 m。$(\boldsymbol{A}_k, \boldsymbol{C}_k)$ 可观测，系统的滤波初值为 $\hat{x}_0$，初始方差矩阵为 $\boldsymbol{P}_0^x$。

设计一种最优迭代滤波算法，该算法基于滤波初值为 $\hat{x}_0$ 和量测序列 $\{y_0, y_1, y_2, \cdots, y_k\}$，不但能够估计出系统状态 $\boldsymbol{x}_k$，而且能够估计出未知输入 $\boldsymbol{d}_k$。这里，考虑采用三步迭代滤波的形式：

$$\hat{\boldsymbol{x}}_{k|k-1} = \boldsymbol{A}_{k-1}\hat{\boldsymbol{x}}_{k-1|k-1} + \boldsymbol{G}_{k-1}\hat{\boldsymbol{d}}_{k-1} \tag{3-23}$$

$$\hat{\boldsymbol{d}}_k = \boldsymbol{M}_k(\boldsymbol{y}_k - \boldsymbol{C}_k\hat{\boldsymbol{x}}_{k|k-1}) \tag{3-24}$$

$$\hat{\boldsymbol{x}}_{k|k} = \hat{\boldsymbol{x}}_{k|k-1} + \boldsymbol{L}_k(\boldsymbol{y}_k - \boldsymbol{C}_k\hat{\boldsymbol{x}}_{k|k-1}) \tag{3-25}$$

式中，$\boldsymbol{M}_k \in \mathbf{R}^{m \times p}$ 和 $\boldsymbol{L}_k \in \mathbf{R}^{n \times p}$ 为未知矩阵，需要被确定出来。

(1) 时间更新

令 $\hat{\boldsymbol{x}}_{k-1|k-1}$ 和 $\hat{\boldsymbol{d}}_{k-1}$ 分别表示 $k-1$ 时刻 $\boldsymbol{x}_{k-1}$ 和 $\boldsymbol{d}_{k-1}$ 的最优无偏估计，则一步预测方程如下：

$$\hat{\boldsymbol{x}}_{k|k-1} = \boldsymbol{A}_{k-1}\hat{\boldsymbol{x}}_{k-1|k-1} + \boldsymbol{G}_{k-1}\hat{\boldsymbol{d}}_{k-1} \tag{3-26}$$

一步预测误差可以表示为

$$\tilde{\boldsymbol{x}}_{k|k-1} = \boldsymbol{x}_k - \hat{\boldsymbol{x}}_{k|k-1}$$

$$=\boldsymbol{A}_{k-1}\tilde{\boldsymbol{x}}_{k-1|k-1}+\boldsymbol{G}_{k-1}\tilde{\boldsymbol{d}}_{k-1}+\boldsymbol{\omega}_{k-1} \tag{3-27}$$

式中，$\tilde{\boldsymbol{x}}_{k-1|k-1}=\boldsymbol{x}_{k-1}-\hat{\boldsymbol{x}}_{k-1|k-1}$，$\tilde{\boldsymbol{d}}_{k-1}=\boldsymbol{d}_{k-1}-\hat{\boldsymbol{d}}_{k-1}$。

于是，一步预测误差方差阵可以表示为

$$\begin{aligned}\boldsymbol{P}^{x}_{k|k-1}&=\mathrm{E}[\tilde{\boldsymbol{x}}_{k|k-1}\tilde{\boldsymbol{x}}^{\mathrm{T}}_{k|k-1}]\\&=[\boldsymbol{A}_{k-1}\quad \boldsymbol{G}_{k-1}]\begin{bmatrix}\boldsymbol{P}^{x}_{k-1|k-1} & \boldsymbol{P}^{xd}_{k-1}\\ \boldsymbol{P}^{dx}_{k-1} & \boldsymbol{P}^{d}_{k-1}\end{bmatrix}\begin{bmatrix}\boldsymbol{A}^{\mathrm{T}}_{k-1}\\ \boldsymbol{G}^{\mathrm{T}}_{k-1}\end{bmatrix}+\boldsymbol{Q}_{k-1}\end{aligned} \tag{3-28}$$

式中，$\boldsymbol{P}^{x}_{k-1|k-1}=\mathrm{E}[\tilde{\boldsymbol{x}}_{k-1|k-1}\tilde{\boldsymbol{x}}^{\mathrm{T}}_{k-1|k-1}]$，$\boldsymbol{P}^{d}_{k-1}=\mathrm{E}[\tilde{\boldsymbol{d}}_{k-1}\tilde{\boldsymbol{d}}^{\mathrm{T}}_{k-1}]$，$(\boldsymbol{P}^{xd}_{k-1})^{\mathrm{T}}=\boldsymbol{P}^{dx}_{k-1}=\mathrm{E}[\tilde{\boldsymbol{d}}_{k-1}\tilde{\boldsymbol{x}}^{\mathrm{T}}_{k-1|k-1}]$。

(2) 未知输入估计

定义量测更新的新息为

$$\tilde{\boldsymbol{y}}_k=\boldsymbol{H}_k\boldsymbol{d}_k+\boldsymbol{e}_k \tag{3-29}$$

式中，$\boldsymbol{e}_k=\boldsymbol{C}_k\tilde{\boldsymbol{x}}_{k|k-1}+\boldsymbol{v}_k$。

由于 $\hat{\boldsymbol{x}}_{k|k-1}$ 为无偏估计，由式(3-29)可得

$$\mathrm{E}[\boldsymbol{e}_k]=0 \tag{3-30}$$

于是，由式(3-29)和式(3-30)可得

$$\mathrm{E}[\tilde{\boldsymbol{y}}_k]=\boldsymbol{H}_k\mathrm{E}[\boldsymbol{d}_k] \tag{3-31}$$

这就意味着利用量测信息 $\tilde{\boldsymbol{y}}_k$ 能够得到未知输入 $\boldsymbol{d}_k$ 的无偏估计。

引理 3.1[148]：令 $\hat{\boldsymbol{x}}_{k|k-1}$ 为无偏估计，则式(3-23)和式(3-24)可以得到未知输入 $\boldsymbol{d}_k$ 无偏估计的充要条件是矩阵 $\boldsymbol{M}_k$ 满足 $\boldsymbol{M}_k\boldsymbol{H}_k=\boldsymbol{I}$。

由引理3.1可以看出 $R(\boldsymbol{H}_k)=m$ 是未知输入 $\boldsymbol{d}_k$ 取得无偏估计的充要条件。其实这里面也就隐含了 $p>m$。

求解式(3-29)关于未知输入 $\boldsymbol{d}_k$ 的最小二乘解，并与式(3-24)对照可得

$$\boldsymbol{M}_k=(\boldsymbol{H}^{\mathrm{T}}_k\boldsymbol{H}_k)^{-1}\boldsymbol{H}^{\mathrm{T}}_k \tag{3-32}$$

可以看出，式(3-32)满足引理3.1，因此求得的最小二乘解是无偏的。

又由于

$$\tilde{\boldsymbol{R}}_k=\mathrm{E}[\boldsymbol{e}_k\boldsymbol{e}^{\mathrm{T}}_k]=\boldsymbol{C}_k\boldsymbol{P}^{x}_{k|k-1}\boldsymbol{C}^{\mathrm{T}}_k+\boldsymbol{R}_k\neq c\boldsymbol{I} \tag{3-33}$$

式中，c 为正实数。

于是，根据高斯—马尔可夫定理[149]可得，所求得的最小二乘解尽管是无偏的，但不一定满足方差最小。

引理 3.2[148]：令 $\hat{\boldsymbol{x}}_{k|k-1}$ 为无偏估计，$\tilde{\boldsymbol{R}}_k$ 和 $\boldsymbol{H}^{\mathrm{T}}_k\tilde{\boldsymbol{R}}^{-1}_k\boldsymbol{H}_k$ 非奇异，则当矩阵 $\boldsymbol{M}_k$ 满足

$$\boldsymbol{M}^{*}_k=(\boldsymbol{H}^{\mathrm{T}}_k\tilde{\boldsymbol{R}}^{-1}_k\boldsymbol{H}_k)^{-1}\boldsymbol{H}^{\mathrm{T}}_k\tilde{\boldsymbol{R}}^{-1}_k \tag{3-34}$$

式(3-24)能够得到未知输入 $\boldsymbol{d}_k$ 的最小方差无偏估计。此时，未知输入 $\boldsymbol{d}_k$ 估计误差方差阵为

$$\boldsymbol{P}_k^{*d}=(\boldsymbol{H}_k^{\mathrm{T}}\widetilde{\boldsymbol{R}}_k^{-1}\boldsymbol{H}_k)^{-1} \tag{3-35}$$

(3) 量测更新

量测更新是指基于量测 $\boldsymbol{y}_k$ 对一步预测结果 $\hat{\boldsymbol{x}}_{k|k-1}$ 进行更新,得到新的状态估计 $\hat{\boldsymbol{x}}_{k|k}$,如式(3-25)所示。量测更新的关键是计算增益矩阵 $\boldsymbol{L}_k$。

由式(3-25)和式(3-29)可得

$$\widetilde{\boldsymbol{x}}_{k|k}=(\boldsymbol{I}-\boldsymbol{L}_k\boldsymbol{C}_k)\widetilde{\boldsymbol{x}}_{k|k-1}-\boldsymbol{L}_k\boldsymbol{H}_k\boldsymbol{d}_k-\boldsymbol{L}_k\boldsymbol{v}_k \tag{3-36}$$

式(3-25)能够得到未知输入 $\boldsymbol{d}_k$ 无偏估计,当且仅当增益矩阵 $\boldsymbol{L}_k$ 满足

$$\boldsymbol{L}_k\boldsymbol{H}_k=0 \tag{3-37}$$

若式(3-37)成立,则由式(3-36)进一步可得

$$\boldsymbol{P}_{k|k}^{x}=(\boldsymbol{I}-\boldsymbol{L}_k\boldsymbol{C}_k)\boldsymbol{P}_{k|k-1}^{x}(\boldsymbol{I}-\boldsymbol{L}_k\boldsymbol{C}_k)^{\mathrm{T}}+\boldsymbol{L}_k\boldsymbol{R}_k\boldsymbol{L}_k^{\mathrm{T}} \tag{3-38}$$

状态变量 $\boldsymbol{x}_{k|k}$ 取得最小方差无偏估计时,所选取增益矩阵 $\boldsymbol{L}_k$ 应该能够在无偏估计条件式(3-37)成立的条件下,使得式(3-38)中 $\boldsymbol{P}_{k|k}^{x}$ 的迹最小。

引理 3.3[144-145]:当增益矩阵 $\boldsymbol{L}_k$ 满足

$$\boldsymbol{L}_k^{*}=\boldsymbol{K}_k^{*}(\boldsymbol{I}-\boldsymbol{H}_k\boldsymbol{M}_k^{*}),\boldsymbol{K}_k^{*}=\boldsymbol{P}_{k|k-1}^{x}\boldsymbol{C}_k^{\mathrm{T}}\widetilde{\boldsymbol{R}}_k^{-1} \tag{3-39}$$

在无偏估计条件式(3-37)成立的条件下,式(3-38)中 $\boldsymbol{P}_{k|k}^{x}$ 的迹最小。

定义在增益矩阵为 $\boldsymbol{L}_k^{*}$ 时得到的状态估计量为 $\hat{\boldsymbol{x}}_{k|k}^{*}$,将式(3-39)代入式(3-25)可得

$$\begin{aligned}\hat{\boldsymbol{x}}_{k|k}^{*}&=\hat{\boldsymbol{x}}_{k|k-1}+\boldsymbol{K}_k^{*}(\boldsymbol{I}-\boldsymbol{H}_k\boldsymbol{M}_k^{*})(\boldsymbol{y}_k-\boldsymbol{C}_k\hat{\boldsymbol{x}}_{k|k-1})\\&=\hat{\boldsymbol{x}}_{k|k-1}+\boldsymbol{K}_k^{*}(\boldsymbol{y}_k-\boldsymbol{C}_k\hat{\boldsymbol{x}}_{k|k-1}-\boldsymbol{H}_k\hat{\boldsymbol{d}}_k^{*})\end{aligned} \tag{3-40}$$

状态估计方差可以表示为

$$\boldsymbol{P}_{k|k}^{*x}=\mathrm{E}[\widetilde{\boldsymbol{x}}_{k|k}^{*}\widetilde{\boldsymbol{x}}_{k|k}^{*\mathrm{T}}] \tag{3-41}$$

$$\boldsymbol{P}_k^{*xd}=\mathrm{E}[\widetilde{\boldsymbol{x}}_{k|k}^{*}\widetilde{\boldsymbol{d}}_k^{*\mathrm{T}}] \tag{3-42}$$

式中,

$$\widetilde{\boldsymbol{x}}_{k|k}^{*}=\boldsymbol{x}_k-\hat{\boldsymbol{x}}_{k|k}^{*}=(\boldsymbol{I}-\boldsymbol{L}_k^{*}\boldsymbol{C}_k)\widetilde{\boldsymbol{x}}_{k|k-1}-\boldsymbol{L}_k^{*}\boldsymbol{v}_k \tag{3-43}$$

将式(3-39)代入式(3-38)可得

$$\boldsymbol{P}_{k|k}^{*x}=\boldsymbol{P}_{k|k-1}^{x}-\boldsymbol{K}_k^{*}(\widetilde{\boldsymbol{R}}_k-\boldsymbol{H}_k\boldsymbol{P}_k^{*d}\boldsymbol{H}_k^{\mathrm{T}})\boldsymbol{K}_k^{*\mathrm{T}} \tag{3-44}$$

又由引理 3.2 可得,未知输入 $\boldsymbol{d}_k$ 的最小方差无偏估计误差为

$$\widetilde{\boldsymbol{d}}_k^{*}=(\boldsymbol{I}-\boldsymbol{M}_k^{*}\boldsymbol{H}_k)\boldsymbol{d}_k-\boldsymbol{M}_k^{*}\boldsymbol{e}_k=-\boldsymbol{M}_k^{*}\boldsymbol{e}_k \tag{3-45}$$

由式(3-43)和式(3-45)可得

$$\boldsymbol{P}_k^{*xd}=-\boldsymbol{P}_{k|k-1}^{x}\boldsymbol{C}_k^{\mathrm{T}}\boldsymbol{M}_k^{*\mathrm{T}}=-\boldsymbol{K}_k^{*}\boldsymbol{H}_k\boldsymbol{P}_k^{*d} \tag{3-46}$$

3.4.2 INS 三维位置和速度误差修正

当 INS 速度量测误差较大时,借助弹载大气系统提供的速度大小量测信息,可以解算得到飞航导弹 INS 速度误差大小为

$$\|\delta \boldsymbol{V}\| = \|\hat{\boldsymbol{V}}\| - \|\boldsymbol{V}_c\| \approx \sqrt{\delta v_x^2 + \delta v_y^2 + \delta v_z^2} \tag{3-47}$$

式中，$\|\boldsymbol{V}_c\|$ 为弹载大气系统测得的速度大小。

取导弹的位置量为卡尔曼滤波状态量 $\boldsymbol{X}_k = (\boldsymbol{X}_k, \boldsymbol{Y}_k, \boldsymbol{Z}_k)^{\mathrm{T}}$，以估计得到的有偏位置信息 $\hat{\boldsymbol{X}}_k^{\mathrm{bias}}$ 和基于弹载大气系统量测得到的 INS 速度误差大小 $\|\delta \boldsymbol{V}\|$ 作为观测量，系统的状态方程和观测方程分别为

$$\boldsymbol{X}_{k+1} = \boldsymbol{X}_k + \hat{\boldsymbol{V}}\boldsymbol{T} + \boldsymbol{G}\delta\boldsymbol{V} + \boldsymbol{w}_k \tag{3-48}$$

$$\boldsymbol{Z}_k = \boldsymbol{C}\boldsymbol{X}_k + \boldsymbol{H}_k\,\delta\boldsymbol{V} + \boldsymbol{v}_k \tag{3-49}$$

式中，$\boldsymbol{Z}_k = [\hat{\boldsymbol{X}}_k^{\mathrm{bias}}, \|\delta\boldsymbol{V}\|]^{\mathrm{T}}$；$\boldsymbol{w}_k \in \mathbf{R}^6$，$\boldsymbol{v}_k \in \mathbf{R}^3$ 均为高斯白噪声，$E[\boldsymbol{w}_k\boldsymbol{w}_k^{\mathrm{T}}] = \boldsymbol{Q}_k$，$E[\boldsymbol{v}_k\boldsymbol{v}_k^{\mathrm{T}}] = \boldsymbol{R}_k$；$\boldsymbol{G} = \mathrm{diag}(\boldsymbol{T}\quad \boldsymbol{T}\quad \boldsymbol{T})$；$\boldsymbol{C} = [\boldsymbol{I}_{3\times3}, \boldsymbol{0}_{3\times1}]^{\mathrm{T}}$；$\boldsymbol{H}_k = [\boldsymbol{H}_{k,1}\boldsymbol{H}_{k,2}]_{4\times3}$，

$\boldsymbol{H}_{k,1} = \hat{\boldsymbol{A}}^{-1}[k\hat{\boldsymbol{A}}\boldsymbol{T} - \sum_{i=0}^{n} i(\boldsymbol{I} - \hat{\boldsymbol{l}}_i\hat{\boldsymbol{l}}_i^{\mathrm{T}})\boldsymbol{T}]$，$\boldsymbol{H}_{k,2} = \left[\dfrac{\delta v_x}{\|\delta\boldsymbol{V}\|} \quad \dfrac{\delta v_y}{\|\delta\boldsymbol{V}\|} \quad \dfrac{\delta v_z}{\|\delta\boldsymbol{V}\|}\right]_{\delta\boldsymbol{V}=\delta\hat{\boldsymbol{V}}}$。

随机误差 $\boldsymbol{w}_k$ 和 $\boldsymbol{v}_k$ 的影响通常可以通过采用一定的统计估计算法(如卡尔曼滤波)加以消除，而系统误差 $\delta\boldsymbol{V}$ 造成的模型误差，一般难以直接应用卡尔曼滤波算法来消除，需要对其进行估计补偿。根据 3.4.1 小节，给出考虑系统误差估计补偿的卡尔曼滤波算法如下。

初始条件：$\hat{\boldsymbol{X}}_0, \boldsymbol{P}_0^{\boldsymbol{X}}$。

$\delta\boldsymbol{V}$ 估计：

$$\tilde{\boldsymbol{R}}_k = \boldsymbol{C}\boldsymbol{P}_{k|k-1}^{\boldsymbol{X}}\boldsymbol{C}^{\mathrm{T}} + \boldsymbol{R}_k \tag{3-50}$$

$$\boldsymbol{M}_k = (\boldsymbol{H}_k^{\mathrm{T}}\tilde{\boldsymbol{R}}_k^{-1}\boldsymbol{H}_k)^{-1}\boldsymbol{H}_k^{\mathrm{T}}\tilde{\boldsymbol{R}}_k^{-1} \tag{3-51}$$

$$\delta\hat{\boldsymbol{V}}_k = \boldsymbol{M}_k(\boldsymbol{Z}_k - \boldsymbol{C}\boldsymbol{X}_{k|k-1}) \tag{3-52}$$

$$\boldsymbol{P}_k^{\boldsymbol{V}} = (\boldsymbol{H}_k^{\mathrm{T}}\tilde{\boldsymbol{R}}_k^{-1}\boldsymbol{H}_k)^{-1} \tag{3-53}$$

状态更新：

$$\boldsymbol{K}_k = \boldsymbol{P}_{k|k-1}^{\boldsymbol{X}}\boldsymbol{C}^{\mathrm{T}}\tilde{\boldsymbol{R}}_k^{-1} \tag{3-54}$$

$$\hat{\boldsymbol{X}}_{k|k} = \hat{\boldsymbol{X}}_{k|k-1} + \boldsymbol{K}_k(\boldsymbol{Z}_k - \boldsymbol{C}\hat{\boldsymbol{X}}_{k|k-1} - \boldsymbol{H}_k\delta\hat{\boldsymbol{V}}_k) \tag{3-55}$$

$$\boldsymbol{P}_{k|k}^{\boldsymbol{X}} = \boldsymbol{P}_{k|k-1}^{\boldsymbol{X}} - \boldsymbol{K}_k(\tilde{\boldsymbol{R}}_k - \boldsymbol{H}_k\boldsymbol{P}_k^{\boldsymbol{V}}\boldsymbol{H}_k^{\mathrm{T}})\boldsymbol{K}_k^{\mathrm{T}} \tag{3-56}$$

$$\boldsymbol{P}_k^{\boldsymbol{XV}} = (\boldsymbol{P}_k^{\boldsymbol{VX}})^{\mathrm{T}} = -\boldsymbol{K}_k\boldsymbol{H}_k\boldsymbol{P}_k^{\boldsymbol{V}} \tag{3-57}$$

时间更新：

$$\hat{\boldsymbol{X}}_{k+1|k} = \hat{\boldsymbol{X}}_{k+1|k} + \hat{\boldsymbol{V}}\boldsymbol{T} + \boldsymbol{G}\delta\hat{\boldsymbol{V}}_k \tag{3-58}$$

$$\boldsymbol{P}_{k+1|k}^{\boldsymbol{X}} = [\boldsymbol{I}_{3\times3}\quad \boldsymbol{G}]\begin{bmatrix}\boldsymbol{P}_{k|k}^{\boldsymbol{X}} & \boldsymbol{P}_k^{\boldsymbol{XV}} \\ \boldsymbol{P}_k^{\boldsymbol{VX}} & \boldsymbol{P}_k^{\boldsymbol{V}}\end{bmatrix}\begin{bmatrix}\boldsymbol{I}_{3\times3} \\ \boldsymbol{G}^{\mathrm{T}}\end{bmatrix} + \boldsymbol{Q}_k \tag{3-59}$$

这样，就得到了无偏估计 $\hat{\boldsymbol{X}}_k$ 和 $\delta\hat{\boldsymbol{V}}_k$，实现了飞航导弹 INS 三维位置和速度误差修正。

3.5 仿真分析

仿真的目的是验证本书所提出的基于虚拟视线交会的飞航导弹 INS 误差修正方法及相关结论的正确性。仿真条件如下：地标位于 $OXYZ$ 坐标系的原点，地标进入导弹视场初始时刻，飞航导弹在 $OXYZ$ 内的坐标为$(3\ 500,2\ 300,936)^{\mathrm{T}}$（单位：m）；导弹的飞行速度为$(-250,-150,0)^{\mathrm{T}}$（单位：m/s）；INS 的初始位置估计误差为$(500,300,88)^{\mathrm{T}}$（单位：m），速度估计误差为$(8,6,1)^{\mathrm{T}}$（单位：m/s）；设成像导引头对已知地标的可观测时间为 12 s；采样周期 20 ms；成像导引头方位角量测误差为幅值 0.7°的白噪声，高度角量测误差为幅值 0.5°的白噪声；弹载大气系统速度大小量测误差为幅值 0.5 m/s 的白噪声；为了加快收敛速度，以 INS 初始位置估计 $\hat{\boldsymbol{X}}_0=(3\ 000,2\ 000,756)^{\mathrm{T}}$（单位：m）作为滤波初值，选定初始位置误差估计方差阵为 $\boldsymbol{P}_0^{\boldsymbol{X}}=\mathrm{diag}(10\ 000,10\ 000,10\ 000)$。应用考虑系统误差估计补偿的卡尔曼滤波估计得到导弹的位置 $\hat{\boldsymbol{X}}_k$ 和速度常值误差 $\delta\hat{\boldsymbol{V}}_k$，定义位置估计精度 $\delta\boldsymbol{X}_k=\boldsymbol{X}_k-\hat{\boldsymbol{X}}_k$，可得位置估计精度和速度误差估计结果分别如图 3－2 和图 3－3 所示。

从仿真结果可以看出，误差修正后飞航导弹 INS 的位置误差从$(500,300,88)^{\mathrm{T}}$（单位：m）收敛到 5 m 之内，初始速度误差$(8,6,1)^{\mathrm{T}}$（单位：m/s）也可以被精确估计出来，充分说明了算法的有效性和可用性。

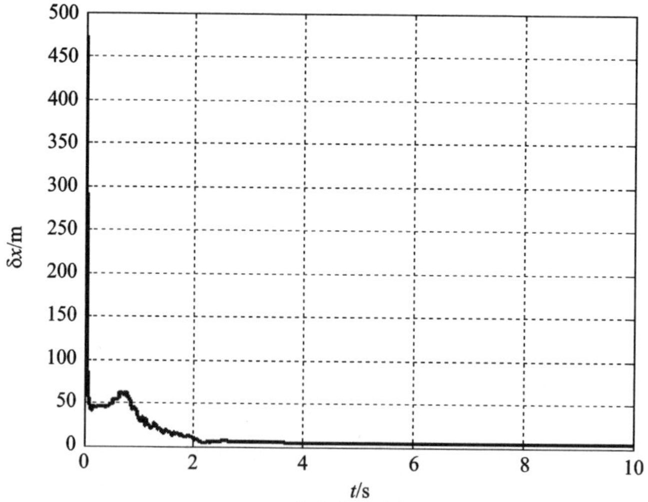

(a) 东向位置估计精度

图 3－2　位置估计精度

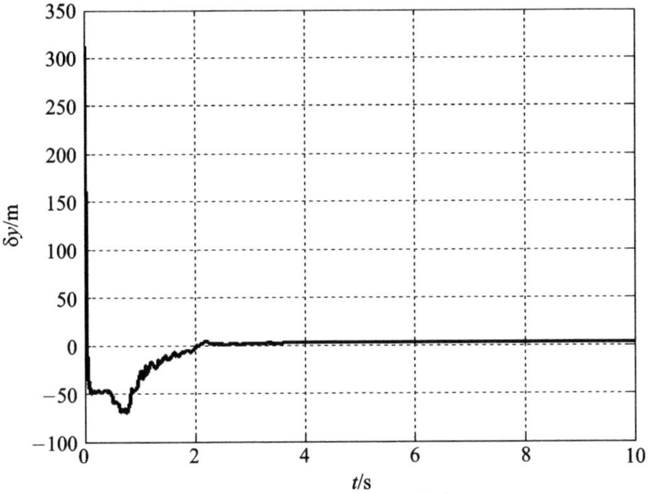

(b) 北向位置估计精度

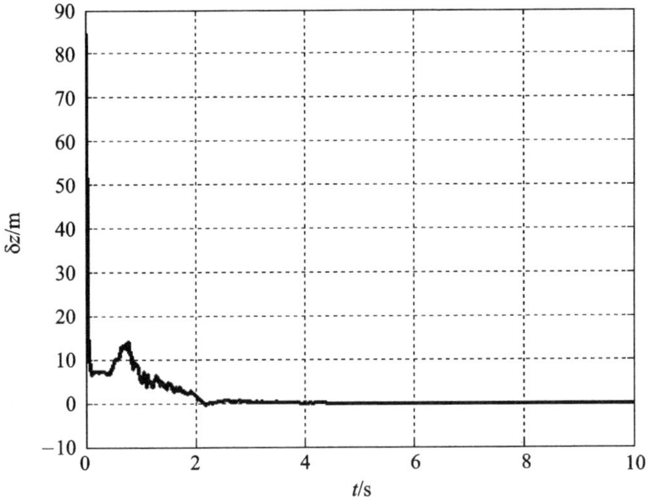

(c) 天向位置估计精度

图 3－2　位置估计精度(续)

从图 3－2 和图 3－3 还可以看出,该方法需要 6 s 的观测数据才能收敛,对观测时长的要求比第 2 章中基于迭代求解与平均去噪的 INS 误差修正方法要苛刻,但是,该方法也有着自己的优势:与 2.4 节离线估计方法相比,该方法不需要弹目距离信息或高度信息;与 2.5 节在线估计方法相比,该方法能够实现 INS 位置和速度误差的同时修正。

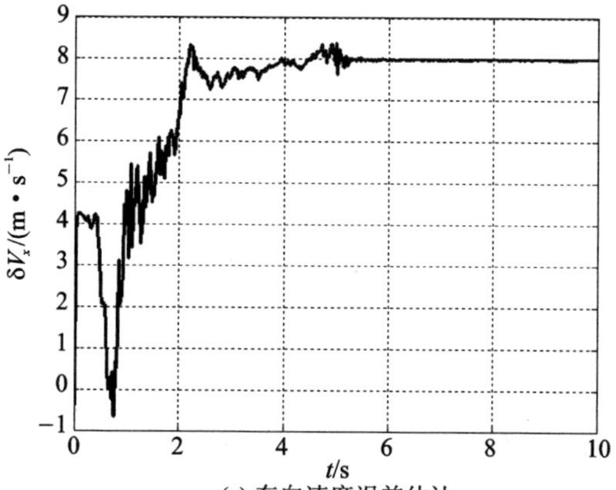

(a) 东向速度误差估计

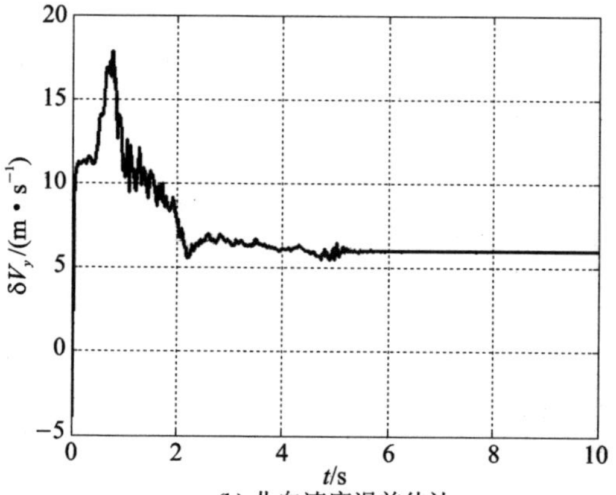

(b) 北向速度误差估计

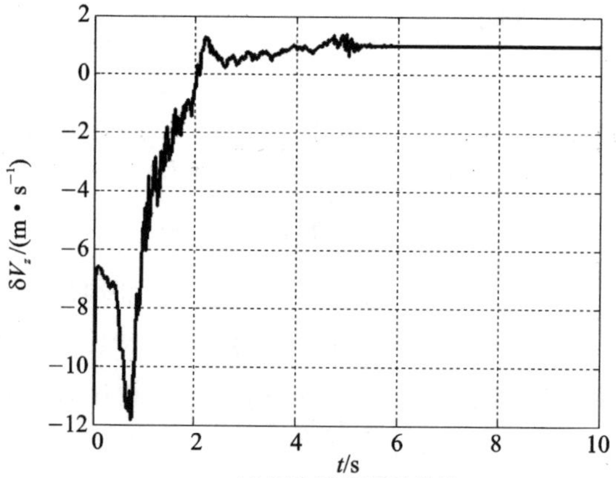

(c) 天向速度误差估计

图 3-3　速度误差估计结果

3.6　本章小结

本章采用虚拟视线交会的思想，利用成像导引头对航路上单个已知点地标的连续、被动观测，提出了一种基于虚拟视线交会的 INS 误差修正新方法。该方法具有如下特点：

（1）根据导弹与地标间的相对运动关系，虚拟出地标的相对运动轨迹，采用虚拟视线交会方法，将基于单个点地标被动观测的飞行器 INS 误差修正问题转化为多虚拟地标协同定位导弹问题。

（2）不需要额外提供测距信息，仅需要成像导引头提供的视线角测量信息和 INS 导航信息，就能够实现导弹位置的有偏估计。

（3）当 INS 速度量测误差较大时，在利用导弹位置有偏估计信息的基础上，可进一步融合弹载大气系统提供的速度大小量测信息，应用考虑系统误差估计补偿的卡尔曼滤波，实现导弹位置和速度的无偏估计。

第4章　基于未知地标被动观测的飞行器INS俯仰姿态误差修正方法

4.1 概　述

飞行器姿态信息在INS速度和位置解算、控制与制导及惯性视线重构等方面都发挥着关键作用，提高姿态信息的估计精度对于飞行器精确导航与制导具有重要意义。第2章和第3章研究了基于单个已知点地标被动观测的飞行器INS位置和速度误差修正方法，尽管INS姿态估计精度要比其位置和速度估计精度高，但对于精度不是很高的惯导系统（尤其是捷联惯导系统），单独长时间工作时也往往不能满足导航精度要求。本章旨在研究如何利用弹载成像装置进行INS姿态误差修正，为解决飞行器INS单独使用时姿态估计精度随时间降低的问题提供一种思路。

国内外很多学者在基于视觉量测的飞行器姿态估计方面进行了研究。参考文献[72]研究了无人直升机着陆中基于视觉图像处理的运动状态估计问题，通过对着陆平台上的36个角点进行观测，建立了相对位姿估计算法。参考文献[79]以建筑物一扇位置和面积已知的方形窗户为参考，以目标的位置和面积为量测量，估计飞行器的位姿。参考文献[100]基于特征匹配的方式实现了深空探测器相对于着陆点坐标系的6自由度位姿估计。参考文献[150-151]利用飞行器绕地标作圆周运动估计姿态。参考文献[105-115]基于多目视觉的方法进行姿态估计。

与一般飞行器不同，飞航导弹等飞行器视觉导航有着自己的特点：第一，在中制导阶段是沿着规划的航路飞行的，其视觉辅助导航不能改变巡航路径；第二，其视觉辅助导航需要利用飞行线路上的单个点地标，地标先验信息有时往往不容易获得；第三，其视觉辅助导航一般仅支持单目视觉，且视场范围有限。这样，上述文献中所提到的方法难以推广应用于飞航导弹等特殊飞行器的视觉辅助导航。

本章针对飞行器INS单独使用时存在姿态估计精度随时间降低的问题，在不改变导弹巡航路径的前提下，提出了基于未知地标被动观测的INS俯仰姿态误差估计方法。首先，根据飞航导弹等中制导段飞行的特点，把INS俯仰姿态误差估计问题转化为攻角估计问题。其次，在不改变导弹巡航路径的前提下，利用弹上成像导引头对视场内任意未知地标连续、被动观测，分别提出了弹体坐标系和速度坐标系下的攻角估计方法，并分析了观测噪声对量测方程系数的影响。然后，利用平均去噪的思想对估计结果进行处理，提高了INS俯仰姿态误差的估计精度。最后，仿真验证了方法的有效性。

4.2　INS 俯仰姿态误差估计原理

导弹单独使用 INS 长时间飞行后，由于陀螺漂移使得惯导俯仰姿态估计结果与实际值之间存在差异：

$$\hat{\vartheta} = \vartheta + \Delta\vartheta + w_{\vartheta} \tag{4-1}$$

式中，ϑ 为导弹的俯仰姿态；$\hat{\vartheta}$ 为 INS 俯仰姿态估计值；$\Delta\vartheta$ 为 INS 俯仰姿态常值量测误差；w_{ϑ} 为俯仰姿态量测噪声，假设为白噪声。

飞航导弹视觉辅助导航是在中制导阶段进行的。考虑到导弹中制导阶段多为等速等高飞行，且受导引头视场的限制，导弹对地标进行观测的时间很短，因此，视觉辅助导航过程中可以合理地认为导弹作匀速直线平飞，其特点如下：

$$\vartheta = \alpha \tag{4-2}$$

式中，α 为攻角。

由式(4-1)和式(4-2)可以将 INS 俯仰姿态常值量测误差表示为

$$\Delta\vartheta = \hat{\vartheta} - \alpha - w_{\vartheta} \tag{4-3}$$

假设飞航导弹视觉辅助导航估计出的导弹攻角为

$$\hat{\alpha} = \alpha + \Delta\alpha + w_{\alpha} \tag{4-4}$$

式中，$\hat{\alpha}$ 为攻角估计值；$\Delta\alpha$ 为攻角常值估计误差；w_{α} 为攻角估计白噪声。

由式(4-3)、式(4-4)可得

$$\Delta\vartheta = (\hat{\vartheta} - \hat{\alpha}) + \Delta\alpha + (w_{\alpha} - w_{\vartheta}) \tag{4-5}$$

当攻角估计精度较高时，可合理地假设 $\Delta\alpha \approx 0$，式(4-5)可以写成

$$\Delta\vartheta \approx (\hat{\vartheta} - \hat{\alpha}) + (w_{\alpha} - w_{\vartheta}) \tag{4-6}$$

于是，基于视觉导航高精度地估计出导弹的攻角成为实现 INS 俯仰姿态常值量测误差估计的关键。

飞航导弹利用成像导引头对进入视场的某未知地标进行被动观测，从初始观测时刻开始，每间隔 T_s 观测一次，直至地标超出导引头视场。设最大可观测次数为 n，观测过程中的任一时刻 $kT_s(k=1,2,\cdots,n)$，成像导引头都可以获得相对于该地标的体视线方位角 $A_{z,k}$、体视线高度角 $E_{l,k}$、体视线方位角速率 $\dot{A}_{z,k}$ 和体视线高度角速率 $\dot{E}_{l,k}$。

注 4.1：参考地标的位置信息对于飞航导弹 INS 姿态修正不起作用，因此，在进行 INS 姿态误差修正时基于未知地标即可。

注 4.2：由于惯性视线在进行重构时已经将 INS 姿态量测误差引入了，于是惯性视线量测信息不能用来修正 INS 姿态误差，因此，与其他章节不同，此处的量测信息用的是体视线角和体视线角速率。

4.3 弹体坐标系下的攻角估计方法

弹体坐标系下的飞航导弹视觉导航相关量定义如图 4-1 所示。

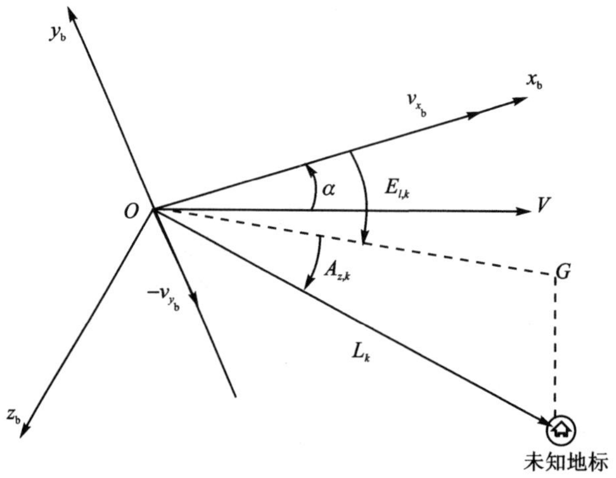

图 4-1 弹体坐标系下的飞航导弹视觉导航相关量定义

图 4-1 中，$Ox_by_bz_b$ 为弹体坐标系；V 为导弹的速度矢量在 Ox_by_b 面内的投影，沿着 Ox_b 轴和 Oy_b 轴的速度分量分别为 v_{x_b} 和 v_{y_b}；体视线方位角 $A_{z,k}$，定义为导弹相对于地标的视线 L_k 与弹体纵向对称平面 Ox_by_b 间的夹角，L_k 位于平面 Ox_by_b 右侧为正，图中所示 $A_{z,k}$ 为正；G 为地标在 Ox_by_b 面上的投影；体视线高度角 $E_{l,k}$，定义为 L_k 在 Ox_by_b 平面上的投影 OG 与 Ox_b 轴之间的夹角，OG 位于 Ox_b 轴上方为正，图中所示 $E_{l,k}$ 为负。

设 $jT_s(j=1,2,\cdots,n)$ 时刻，导弹与地标间的相对距离为 r_j，体视线角为 $(A_{z,j},E_{l,j})$，则地标在弹体坐标系 $Ox_by_bz_b$ 中的位置 $(x_{b,j},y_{b,j},z_{b,j})^T$ 可以表示为

$$x_{b,j}=r_j\cos A_{z,j}\cos E_{l,j} \tag{4-7a}$$

$$y_{b,j}=r_j\cos A_{z,j}\sin E_{l,j} \tag{4-7b}$$

$$z_{b,j}=r_j\sin A_{z,j} \tag{4-7c}$$

弹体坐标系为动坐标系，而地标固定，因此不同观测时刻地标在弹体坐标系中的位置坐标不同。$kT_s(k=1,2,\cdots,n)$ 时刻，地标在弹体坐标系中的位置 $(x_{b,k},y_{b,k},z_{b,k})^T$ 可表示为

$$x_{b,k}=x_{b,j}-v_{x_b}(k-j)T_s \tag{4-8a}$$

$$y_{b,k}=y_{b,j}-v_{y_b}(k-j)T_s \tag{4-8b}$$

$$z_{b,k}=z_{b,j} \tag{4-8c}$$

假设成像导引头视场的限制为：$A_{z,k}\in\left(-\frac{\pi}{2},\frac{\pi}{2}\right)$，$E_{l,k}\in\left(-\frac{\pi}{2},0\right)$，则体视线

高度角 $E_{l,k}$ 可以表示为

$$\tan E_{l,k}=\frac{y_{\mathrm{b},k}}{x_{\mathrm{b},k}}=\frac{r_j\cos A_{z,j}\sin E_{l,j}-v_{y_\mathrm{b}}(k-j)T_\mathrm{s}}{r_j\cos A_{z,j}\cos E_{l,j}-v_{x_\mathrm{b}}(k-j)T_\mathrm{s}} \tag{4-9}$$

将式(4-9)变形，写成矩阵的形式可得

$$\begin{bmatrix}\cos A_{z,j}\sin(E_{l,k}-E_{l,j}) & -(k-j)T_\mathrm{s}\cdot\sin E_{l,k} & (k-j)T_\mathrm{s}\cdot\cos E_{l,k}\end{bmatrix}\begin{bmatrix}r_j\\ v_{x_\mathrm{b}}\\ v_{y_\mathrm{b}}\end{bmatrix}=0 \tag{4-10}$$

于是，对于观测过程中的任一时刻 $jT_\mathrm{s}(j=3,\cdots,n)$，当 $k=1,2,\cdots,n$，且 $k\neq j$，可以得到如下超定方程组

$$\begin{bmatrix}\cos A_{z,j}\sin(E_{l,1}-E_{l,j}) & -(1-j)T_\mathrm{s}\cdot\sin E_{l,1} & (1-j)T_\mathrm{s}\cdot\cos E_{l,1}\\ \cos A_{z,j}\sin(E_{l,2}-E_{l,j}) & -(2-j)T_\mathrm{s}\cdot\sin E_{l,2} & (2-j)T_\mathrm{s}\cdot\cos E_{l,2}\\ \vdots & \vdots & \vdots\\ \cos A_{z,j}\sin(E_{l,k}-E_{l,j}) & -(k-j)T_\mathrm{s}\cdot\sin E_{l,k} & (k-j)T_\mathrm{s}\cdot\cos E_{l,k}\\ \vdots & \vdots & \vdots\\ \cos A_{z,j}\sin(E_{l,n}-E_{l,j}) & -(n-j)T_\mathrm{s}\cdot\sin E_{l,n} & (n-j)T_\mathrm{s}\cdot\cos E_{l,n}\end{bmatrix}\begin{bmatrix}r_j\\ v_{x_\mathrm{b}}\\ v_{y_\mathrm{b}}\end{bmatrix}=\begin{bmatrix}0\\0\\ \vdots\\0\end{bmatrix} \tag{4-11}$$

令式(4-11)的系数矩阵第一列为 $\boldsymbol{A}_1$，第二列和第三列为 $\boldsymbol{A}_2$，$\boldsymbol{X}_j=\left[\dfrac{v_{x_\mathrm{b}}}{r_j},\dfrac{v_{y_\mathrm{b}}}{r_j}\right]^\mathrm{T}$，可得

$$\boldsymbol{A}_2\boldsymbol{X}_j=-\boldsymbol{A}_1 \tag{4-12}$$

由于实际角度的量测值与真实值总是存在误差的，因此无法得到 $\boldsymbol{A}_1$ 和 $\boldsymbol{A}_2$，只能得到受噪声干扰的矩阵 $\boldsymbol{A}_1^\mathrm{m}$ 和 $\boldsymbol{A}_2^\mathrm{m}$（即用量测值 $A_{z,k}^\mathrm{m}$ 和 $E_{l,k}^\mathrm{m}$ 代替矩阵 $\boldsymbol{A}_1$ 和 $\boldsymbol{A}_2$ 中的 $A_{z,k}$ 和 $E_{l,k}$）。

不难发现，$\boldsymbol{A}_1^\mathrm{m}$ 和 $\boldsymbol{A}_2^\mathrm{m}$ 同时受到噪声干扰，且噪声分量并不统计独立，为了得到它们之间的关系，不妨令

$$\begin{cases}A_{z,k}^\mathrm{m}=A_{z,k}+w_{1,k}\\ E_{l,k}^\mathrm{m}=E_{l,k}+w_{2,k}\end{cases} \tag{4-13}$$

式中，$w_{1,k}$ 和 $w_{2,k}$ 分别为体视线方位角和高度角的量测噪声。

考虑如下的 Taylor 展开：

$$\cos A_{z,k}^\mathrm{m}=\cos A_{z,k}+\sin A_{z,k}\cdot w_{1,k}+o(w_{1,k})$$

$$\sin E_{l,k}^\mathrm{m}=\sin E_{l,k}-\cos E_{l,k}\cdot w_{2,k}+o(w_{2,k})$$

$$\cos E_{l,k}^\mathrm{m}=\cos E_{l,k}+\sin E_{l,k}\cdot w_{2,k}+o(w_{2,k})$$

$$\sin(E_{l,k}^\mathrm{m}-E_{l,j}^\mathrm{m})=\sin(E_{l,k}-E_{l,j})-\cos(E_{l,k}-E_{l,j})\cdot(w_{2,k}-w_{2,j})+o(w_{2,k},w_{2,j})$$

因此，可以得到如下两个等式：

$$\boldsymbol{A}_1^{\mathrm{m}}=\boldsymbol{A}_1+\boldsymbol{F}_1\boldsymbol{W},\boldsymbol{A}_2^{\mathrm{m}}=\boldsymbol{A}_2+[\boldsymbol{F}_2\boldsymbol{W}\quad \boldsymbol{F}_3\boldsymbol{W}] \tag{4-14}$$

式中，

$\boldsymbol{F}_1=\mathrm{diag}(\boldsymbol{f}_{11},\boldsymbol{f}_{12},\cdots,\boldsymbol{f}_{1n})+[0,\cdots,0_{2j-1},\boldsymbol{D}_{n\times 1},0_{2j+1},\cdots,0]$；

$\boldsymbol{F}_2=\mathrm{diag}(\boldsymbol{f}_{21},\boldsymbol{f}_{22},\cdots,\boldsymbol{f}_{2n})$；

$\boldsymbol{F}_3=\mathrm{diag}(\boldsymbol{f}_{31},\boldsymbol{f}_{32},\cdots,\boldsymbol{f}_{3n}),\boldsymbol{D}_{n\times 1}=[d_1,d_2,\cdots,d_n]^{\mathrm{T}},d_k=\cos A_{z,k}\cos(E_{l,k}-E_{l,j})$；

$\boldsymbol{f}_{1k}=[\sin A_{z,k}\sin(E_{l,k}-E_{l,j}),-\cos A_{z,k}\cos(E_{l,k}-E_{l,j})]$；

$\boldsymbol{f}_{2k}=[0,(k-j)T_{\mathrm{s}}\cdot\cos E_{l,k}],\boldsymbol{f}_{3k}=[0,-(k-j)T_{\mathrm{s}}\cdot\sin E_{l,k}]$；

$\boldsymbol{W}=[w_{1,1},w_{2,1},\cdots,w_{1,n},w_{2,n}]^{\mathrm{T}}$。

从式(4-14)可以看出，矩阵 $\boldsymbol{A}_1^{\mathrm{m}}$ 和 $\boldsymbol{A}_2^{\mathrm{m}}$ 所受到的噪声干扰均来源于噪声向量 $\boldsymbol{W}$，因此可以将问题转化为如下的一个约束总体最小二乘问题[152-153]：

$$\left.\begin{aligned}&\min_{X_j,W}\|\boldsymbol{F}_1\boldsymbol{W}\quad \boldsymbol{F}_2\boldsymbol{W}\quad \boldsymbol{F}_3\boldsymbol{W}\|_{\mathrm{F}}^2,\\&\text{s. t. }[\boldsymbol{A}_2\quad \boldsymbol{A}_1]\begin{bmatrix}\boldsymbol{X}_j\\1\end{bmatrix}+[\boldsymbol{F}_2\boldsymbol{W}\quad \boldsymbol{F}_3\boldsymbol{W}\quad \boldsymbol{F}_1\boldsymbol{W}]\begin{bmatrix}\boldsymbol{X}_j\\1\end{bmatrix}=0\end{aligned}\right\} \tag{4-15}$$

式(4-15)可进一步转化为无约束优化问题：

$$\min_{X_j}\boldsymbol{C}^{\mathrm{T}}(\boldsymbol{H}\boldsymbol{G}^{-1}\boldsymbol{H}^{\mathrm{T}})^{-1}\boldsymbol{C} \tag{4-16}$$

式中，$\boldsymbol{C}=[\boldsymbol{A}_2\quad \boldsymbol{A}_1]\begin{bmatrix}\boldsymbol{X}_j\\1\end{bmatrix},\boldsymbol{H}=\boldsymbol{X}_j(1)\boldsymbol{F}_1+\boldsymbol{X}_j(2)\boldsymbol{F}_2-\boldsymbol{F}_3,\boldsymbol{G}=\sum_{k=1}^{3}\boldsymbol{F}_k^{\mathrm{T}}\boldsymbol{F}_k$。

式(4-16)无法直接求得 $\boldsymbol{X}_j$ 的解析解，可利用 Newton 算法进行迭代求解，其迭代公式如下[152-153]：

$$\hat{\boldsymbol{X}}_j\leftarrow\hat{\boldsymbol{X}}_j-\mu_m\boldsymbol{H}_m^{-1}\boldsymbol{T}_m \tag{4-17}$$

式中，m 表示迭代次数；

$\hat{\boldsymbol{X}}_j$ 为 $\boldsymbol{X}_j$ 的估计值，$\hat{\boldsymbol{X}}_j=[\hat{\boldsymbol{X}}_j(1),\hat{\boldsymbol{X}}_j(2)]^{\mathrm{T}}$；

$\boldsymbol{T}_m=2(\boldsymbol{U}^{\mathrm{T}}\boldsymbol{A}_2-\boldsymbol{U}^{\mathrm{T}}\boldsymbol{B}_1)^{\mathrm{T}}$ 为梯度向量；

$\boldsymbol{H}_m=2(\boldsymbol{A}_2-\boldsymbol{B}_1-\boldsymbol{B}_2)^{\mathrm{T}}(\boldsymbol{H}\boldsymbol{G}^{-1}\boldsymbol{H}^{\mathrm{T}})^{-1}(\boldsymbol{A}_2-\boldsymbol{B}_1-\boldsymbol{B}_2)-2\boldsymbol{B}_3^{\mathrm{T}}\boldsymbol{G}^{-1}\boldsymbol{B}_3$ 为 Hessian 矩阵；

$\boldsymbol{U}=(\boldsymbol{H}\boldsymbol{G}^{-1}\boldsymbol{H}^{\mathrm{T}})^{-1}\boldsymbol{C}$；

$\boldsymbol{B}_1=[\boldsymbol{H}\boldsymbol{G}^{-1}\boldsymbol{F}_1^{\mathrm{T}}\boldsymbol{U},\boldsymbol{H}\boldsymbol{G}^{-1}\boldsymbol{F}_2^{\mathrm{T}}\boldsymbol{U}]$；

$\boldsymbol{B}_2=[\boldsymbol{F}_1\boldsymbol{G}^{-1}\boldsymbol{H}^{\mathrm{T}}\boldsymbol{U},\boldsymbol{F}_2\boldsymbol{G}^{-1}\boldsymbol{H}^{\mathrm{T}}\boldsymbol{U}]$；

$\boldsymbol{B}_3=[\boldsymbol{F}_1^{\mathrm{T}}\boldsymbol{U},\boldsymbol{F}_2^{\mathrm{T}}\boldsymbol{U}]$；

$\mu_m=\mu^m(\mu<1)$ 为步长因子。

为了加快算法的收敛速度，可以利用最小二乘意义下的解作为算法迭代的初始解向量。

这样，对于观测过程中的任一时刻 jT_{s}，都可以融合整个观测过程的量测信息，

估计得到 $\hat{\boldsymbol{X}}_j$，进而估计出该时刻导弹的攻角：

$$\hat{\alpha}_j = \arctan \frac{v_{y_b}}{v_{x_b}} = \arctan \frac{\hat{\boldsymbol{X}}_j(2)}{\hat{\boldsymbol{X}}_j(1)} \tag{4-18}$$

4.4　速度坐标系下的攻角估计方法

速度坐标系下的攻角估计方法与导弹的侧向运动无关，因此，只需在纵平面内研究。相关量定义如图 4-2 所示。其中，Oxy 为速度坐标系纵平面，Oxy 和 Ox_by_b 平面重合，G 为固定地标在纵平面的投影；L_k^{Oxy} 为 $kT_s(k=1,2,\cdots,n)$ 时刻导弹相对地标的视线 L_k 在纵平面的投影；η_k 为 L_k^{Oxy} 与导弹速度矢量 V 的夹角，L_k^{Oxy} 位于 Ox 轴下方为正；$\xi_{k-1,k}$ 为 L_k^{Oxy} 与 L_{k-1}^{Oxy} 的夹角，可以利用体视线高度角速率 $\dot{E}_{l,k}$ 解算得到

$$\xi_{k-1,k} = \dot{E}_{l,k} \cdot T_s \tag{4-19}$$

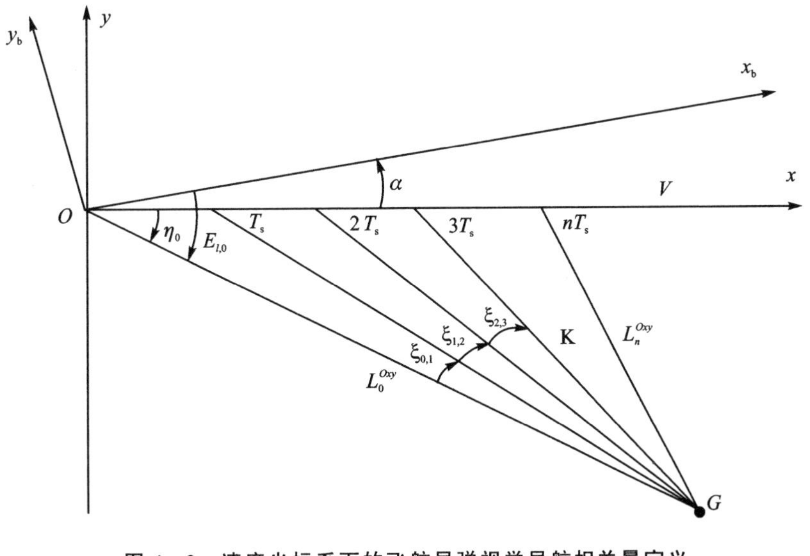

图 4-2　速度坐标系下的飞航导弹视觉导航相关量定义

速度坐标系为动坐标系，而地标固定，因此不同观测时刻地标在速度坐标系中的位置坐标也不同。设观测过程中第 $jT_s(j=1,2,\cdots,n)$ 时刻，速度坐标系为 Oxy，其中，O 代表 $O[jT_s]$，为 jT_s 时刻导弹质心的位置。于是，在 Oxy 坐标系中，第 $(k-1)T_s$ 时刻导弹质心的位置 $O[(k-1)T_s]$、第 kT_s 时刻导弹质心的位置 $O[kT_s]$ 及地标位置 $G(x_j, y_j)$ 可以构成一个圆 C_k^j，如图 4-3 所示。

圆 C_k^j 的圆心 $(x_{C_k^j}, y_{C_k^j})$ 和半径 $R_{C_k^j}$ 可以表示为

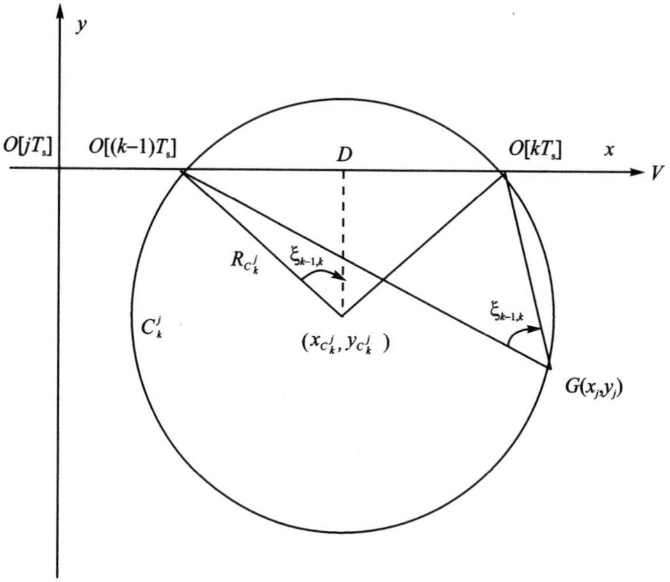

图 4-3　圆 C_k^j 的几何关系

$$x_{C_k^j} = V(k-j-1)T_s + \frac{1}{2}VT_s \tag{4-20a}$$

$$y_{C_k^j} = -\frac{VT_s}{2\tan\xi_{k-1,k}} \tag{4-20b}$$

$$R_{C_k^j} = \frac{VT_s}{2\sin\xi_{k-1,k}} \tag{4-20c}$$

当 $k=j+1$，对应圆 C_{j+1}^j 的圆心和半径可表示为

$$x_{C_{j+1}^j} = \frac{1}{2}VT_s \tag{4-21a}$$

$$y_{C_{j+1}^j} = -\frac{VT_s}{2\tan\xi_{j,j+1}} \tag{4-21b}$$

$$R_{C_{j+1}^j} = \frac{VT_s}{2\sin\xi_{j,j+1}} \tag{4-21c}$$

于是圆 C_k^j 和 C_{j+1}^j 的方程可分别表示为

$$(x_j - x_{C_k^j})^2 + (y_j - y_{C_k^j})^2 = R_{C_k^j}^2 \tag{4-22}$$

$$(x_j - x_{C_{j+1}^j})^2 + (y_j - y_{C_{j+1}^j})^2 = R_{C_{j+1}^j}^2 \tag{4-23}$$

式(4-22)减式(4-23)，两边同除以 VT_s 得

$$-2(k-j-1)x_j + (\cot\xi_{k-1,k} - \cot\xi_{j,j+1})y_j + (k-j-1)(k-j)T_sV = 0 \tag{4-24}$$

将式(4-24)写成矩阵形式可得

$$[-2(k-j-1)\quad \cot\xi_{k-1,k}-\cot\xi_{j,j+1}\quad (k-j-1)(k-j)T_s]\begin{bmatrix}x_j\\y_j\\V\end{bmatrix}=0 \tag{4-25}$$

于是,对于观测过程中的任一时刻 $jT_s(j=3,\cdots,n)$,当 $k=1,2,\cdots,n$,且 $k\neq j+1$,可以得到如下超定方程组

$$\begin{bmatrix}2j & \cot\xi_{0,1}-\cot\xi_{j,j+1} & -j(1-j)T_s\\ -2(1-j) & \cot\xi_{1,2}-\cot\xi_{j,j+1} & (1-j)(2-j)T_s\\ \vdots & \vdots & \vdots\\ -2(k-j-1) & \cot\xi_{k-1,k}-\cot\xi_{j,j+1} & (k-j-1)(k-j)T_s\\ \vdots & \vdots & \vdots\\ -2(n-j-1) & \cot\xi_{n-1,n}-\cot\xi_{j,j+1} & (n-j-1)(n-j)T_s\end{bmatrix}\begin{bmatrix}x_j\\y_j\\V\end{bmatrix}=\begin{bmatrix}0\\0\\\vdots\\0\end{bmatrix}_{(n-1)\times 1} \tag{4-26}$$

令式(4-26)的系数矩阵第一列和第二列为 $\boldsymbol{A}'_1$,第三列为 $\boldsymbol{A}'_2$,可以看出仅有$\boldsymbol{A}'_1$受到噪声影响,令 $X'_j=\left[\dfrac{x_j}{V},\dfrac{y_j}{V}\right]^{\mathrm{T}}$,利用总体最小二乘法[152]可得

$$\hat{\boldsymbol{X}}'_j=\left[\hat{\boldsymbol{X}}'_j(1)\quad \hat{\boldsymbol{X}}'_j(2)\right]^{\mathrm{T}}=\left[\boldsymbol{v}_3(2)/\boldsymbol{v}_3(1)\quad \boldsymbol{v}_3(3)/\boldsymbol{v}_3(1)\right]^{\mathrm{T}} \tag{4-27}$$

其中,$\boldsymbol{v}_3$ 为矩阵 $[\boldsymbol{A}'_2\quad \boldsymbol{A}'_1]$ 进行奇异值分解后,最小的奇异值所对应的右奇异向量,$\boldsymbol{v}_3(i)$为向量 $\boldsymbol{v}_3$ 的第 i 个元素。

这样,对于观测过程中的任一时刻 jT_s,都可以融合整个观测过程的量测信息,得到 $\boldsymbol{X}'_j$ 的估计 $\hat{\boldsymbol{X}}'_j$,进而可以得到

$$\hat{\eta}_j=\arctan\frac{y_j}{x_j}=\arctan\frac{\hat{\boldsymbol{X}}'_j(2)}{\hat{\boldsymbol{X}}'_j(1)} \tag{4-28}$$

体视线高度角 $\hat{E}_{l,j}$ 可通过成像导引头获得,于是可以估计出该时刻导弹的攻角:

$$\hat{\alpha}_j=\hat{E}_{l,j}-\hat{\eta}_j \tag{4-29}$$

4.5 平均去噪

由式(4-11)和式(4-26)可以看出,对于观测过程中的任一时刻 jT_s,尽管都融合了整个观测过程的量测信息,使得量测噪声得到很大程度的抑制,但该时刻量测误差的影响却无法消除,使得无论在弹体坐标系下还是速度坐标系下 $\hat{\alpha}_j$ 都为有偏估计。

考虑到观测过程中,导弹平飞攻角不变,利用平均去噪思想对 $\hat{\alpha}_j$ 进行处理,可得

$$\hat{\alpha}=\frac{1}{n}\sum_{j=1}^{n}\hat{\alpha}_j \tag{4-30}$$

另一方面短时间 INS 俯仰姿态常值量测误差也可以合理地认为近似不变，由式(4-6)可得

$$\Delta\vartheta \approx \frac{1}{n}\sum_{j=1}^{n}\hat{\vartheta}_j - \hat{\alpha} + \frac{1}{n}\sum_{j=1}^{n}w_{\alpha,j} - \frac{1}{n}\sum_{j=1}^{n}w_{\vartheta,j} \tag{4-31}$$

又由于量测噪声为高斯白噪声，于是可得

$$\Delta\vartheta \approx \frac{1}{n}\sum_{j=1}^{n}\hat{\vartheta}_j - \hat{\alpha} \tag{4-32}$$

这样，就估计得到了飞航导弹 INS 俯仰姿态常值量测误差。

4.6 仿真分析

仿真的目的是验证基于地标被动观测的 INS 俯仰姿态误差修正方法的有效性，仿真条件如下：地标进入导弹视场的初始时刻，地标在弹体坐标系中的位置为(3 500，250，3000)^{T}(单位：m)，弹体坐标系及相关量定义如图 4-1 所示；导弹平飞攻角 $\alpha=2.5°$；导弹巡航速度 $V=250$ m/s；采样周期 20 ms；观测次数 $n=100$；体视线角及角速率由于没有引入惯性视线重构误差，其量测精度要较表 1-1 中的惯性视线量测精度高很多，设其量测误差为白噪声，量测误差的标准差为(σ_{A_z}，σ_{E_l}，$\sigma_{\dot{A}_z}$，$\sigma_{\dot{E}_l}$) = (0.15°，0.15°，0.08(°)/s，0.08(°)/s)；对观测过程中的任一时刻 jT_s，都可以融合整个观测过程的量测信息，分别利用 4.3 节和 4.4 节方法估计出 α_j，仿真结果如图 4-4 所示。

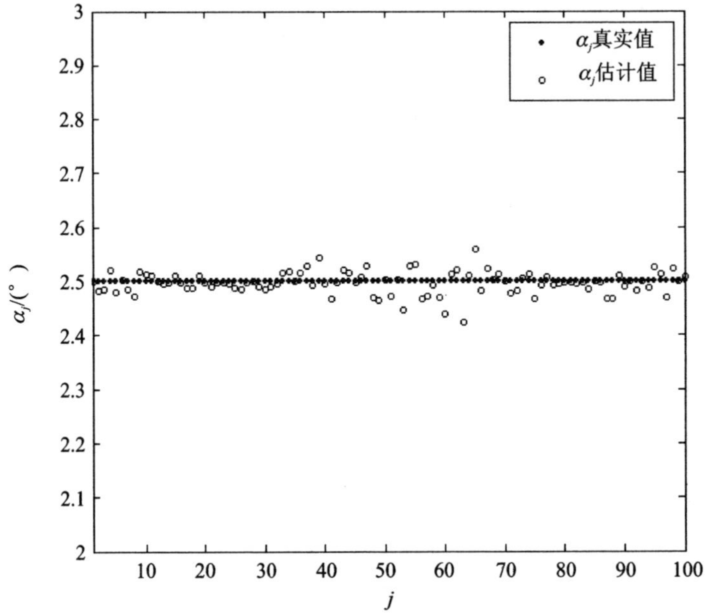

(a) 弹体坐标系下α_j的估计结果

图 4-4　各采样时刻的攻角估计结果

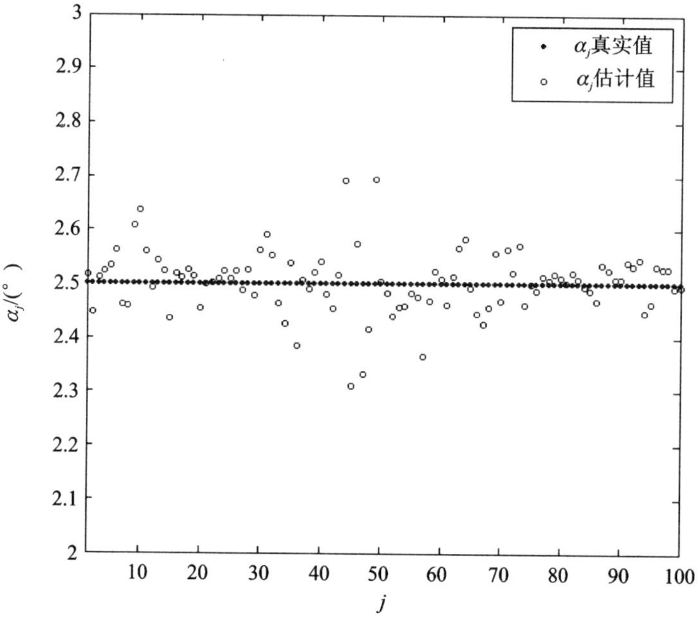

(b) 速度坐标系下α_j的估计结果

图 4-4　各采样时刻的攻角估计结果(续)

由图 4-4 可以看出：弹体坐标系下，α_j 的估计精度不低于 0.08°；速度坐标系下，攻角的估计精度不低于 0.22°。程序采用 Matlab 7.0 编写，在主频为 Pentium 2.80 GHz、内存 512 M 的计算机上进行仿真，弹体坐标系下，由于需要进行迭代求解，运算耗时较长(大约需要 1.05 s)，估计精度高；速度坐标系下，估计精度较弹体坐标系下有所降低，但其不需要迭代求解，仅需 0.4 s 就能将各个采样时刻的攻角估计出来。

为进一步提高攻角估计精度，利用式(4-30)对 α_j 进行平均去噪处理，并定义 $\delta=\left\{1-\left|\dfrac{\hat{\alpha}-\alpha}{\alpha}\right|\right\}\times100\%$来衡量攻角估计的准确度，计算结果如表 4-1 所列。

表 4-1　攻角估计值及准确度

	弹体坐标系下	速度坐标系下
$\hat{\alpha}/(°)$	2.502 3	2.504 4
$\delta/\%$	99.91	99.82

4.7　本章小结

本章提出了飞行器视觉辅助 INS 俯仰姿态误差估计的方法，为解决飞航导弹等飞行器长时间飞行后俯仰姿态估计精度不高的问题提供了一种新的思路。该方法具有如下特点：

(1) 无需改变导弹的巡航路径，以飞行线路上的任意未知点地标为参考，可实现性强。

(2) 将俯仰姿态误差估计问题转化为攻角估计问题，提出了弹体坐标系和速度坐标系下的两种攻角估计方法。仿真结果表明：两种方法都能有效估计出飞行器 INS 俯仰姿态量测误差，提高 INS 姿态估计精度。

(3) 利用平均去噪的思想提高了误差估计精度，处理方法简单，计算量小。

第 5 章　基于未知地标被动观测的弹群 INS 定位误差协同修正

5.1　概　述

考虑到相同性能的多套 INS 在相同环境下工作时，其误差近似呈零均值高斯分布，因此工作在同一位置的多套 INS 通过对输出取加权平均的办法可以在一定程度上抵消异向误差，提高定位精度[124,157]。然而在多数情况下，一枚导弹仅装配一套 INS，上述思路很难实施。未来战争是体系与体系的对抗，多导弹协同作战是未来战争的发展趋势[154-156]，且同一弹群中的各枚导弹往往装配相同性能的 INS。从体系感知的角度考虑，可将上述思路应用到一个弹群，实现弹群 INS 误差协同修正，达到与加权平均类似的效果。

国内外采用上述思路进行研究的文献不多见。参考文献[157]基于编队成员相互进行一维测距的方法来实现机群组网定位，但该方法需要各成员两两之间均有测距和数据通信，机载数据链负荷较大。参考文献[122]研究了基于不相关误差模型的协同导航，然而该方法需要成员间的三维距离信息分量，对于弹群来说，三维测距实现难度大。参考文献[124]研究了基于相对导航的多平台 INS 误差联合修正方法，该方法要求长机始终在僚机视野之内，不适用于弹群 INS 误差修正。

针对上述问题，考虑到弹群中各枚导弹 INS 定位误差基本上服从零均值高斯分布这一特性，本章提出了一种利用成像导引头对航路上任一未知点地标被动观测的弹群 INS 定位误差协同修正方法。首先，从理论上证明了 INS 定位误差基本上服从零均值高斯分布；其次，融合弹群中各枚导弹相对于地标的视线角量测信息及 INS 位置量测信息，利用最小二乘思想对未知地标进行协同定位；再次，基于估计得到的地标位置，利用各枚导弹相对于地标的视线角和方位角速率量测信息及 INS 速度量测信息，反过来修正弹群中各枚导弹的 INS 定位误差。最后，仿真验证了方法的有效性。

5.2　INS 误差特性

设 n 枚导弹编队飞行，kT 时刻，第 $i(i=1,2,\cdots,n)$ 枚导弹的真实速度为 $\boldsymbol{v}_i(kT)=[v_{ei}(kT),v_{ni}(kT),v_{ui}(kT)]^{\mathrm{T}}$，其分量分别表示东向、北向和天向速度；加速度为 $\boldsymbol{a}_i(kT)=[a_{ei}(kT),a_{ni}(kT),a_{ui}(kT)]^{\mathrm{T}}$，其分量分别表示东向、北向和天向加速度；$T$ 为采样间隔，k 为非负整数，表示采样次数。导弹的速度方程为

$$\boldsymbol{v}_i[(k+1)T]=\boldsymbol{v}_i(kT)+\boldsymbol{a}_i(kT)T \tag{5-1}$$

设 kT 时刻第 i 枚导弹的 INS 速度估计为 $\hat{\boldsymbol{v}}_i(kT)=[\hat{v}_{ei}(kT),\hat{v}_{ni}(kT),\hat{v}_{ui}(kT)]^{\mathrm{T}}$，加速度估计为 $\hat{\boldsymbol{a}}_i(kT)=[\hat{a}_{ei}(kT),\hat{a}_{ni}(kT),\hat{a}_{ui}(kT)]^{\mathrm{T}}$，则可得 INS 速度估计方程为

$$\hat{\boldsymbol{v}}_i[(k+1)T]=\hat{\boldsymbol{v}}_i(kT)+\hat{\boldsymbol{a}}_i(kT)T \tag{5-2}$$

kT 时刻 INS 估计的加速度 $\hat{\boldsymbol{a}}_i(kT)$ 与真实加速度 $\boldsymbol{a}_i(kT)$ 存在如下关系：

$$\hat{\boldsymbol{a}}_i(kT)=\boldsymbol{a}_i(kT)+\boldsymbol{w}_i(kT) \tag{5-3}$$

式中，$\boldsymbol{w}_i(kT)=[w_{ei}(kT),w_{ni}(kT),w_{ui}(kT)]^{\mathrm{T}}$ 为 INS 加速度估计误差，其各分量均服从正态分布

$$w_{ei}(kT)\sim N(0,\sigma_{ei}^2(kT))$$
$$w_{ni}(kT)\sim N(0,\sigma_{ni}^2(kT))$$
$$w_{ui}(kT)\sim N(0,\sigma_{ui}^2(kT))$$

记作

$$\boldsymbol{w}_i(kT)\sim N(0,\boldsymbol{\sigma}_{vi}^2(kT))$$

其中，$\boldsymbol{\sigma}_{vi}^2(kT)=[\sigma_{ei}^2(kT),\sigma_{ni}^2(kT),\sigma_{ui}^2(kT)]^{\mathrm{T}}$。

由式(5-2)、式(5-3)可得

$$\hat{\boldsymbol{v}}_i(kT)=\hat{\boldsymbol{v}}_i(0)+T\sum_{l=0}^{k-1}\boldsymbol{a}_i(lT)+T\sum_{l=0}^{k-1}\boldsymbol{w}_i(lT) \tag{5-4}$$

由于初始时刻 INS 没有误差累积，可合理地认为 $\hat{\boldsymbol{v}}_i(0)\approx\boldsymbol{v}_i(0)$，将其代入式(5-4)可以得到

$$\hat{\boldsymbol{v}}_i(kT)=\boldsymbol{v}_i(kT)+\delta\boldsymbol{v}_i(kT) \tag{5-5}$$

式中，$\delta\boldsymbol{v}_i(kT)=T\sum\limits_{l=0}^{k-1}\boldsymbol{w}_i(lT)\sim N(0,kT^2\boldsymbol{\sigma}_{vi}^2(kT))$。

按照上述思路，进一步可得 kT 时刻第 i 枚导弹 INS 定位误差为

$$\delta\boldsymbol{x}_i(kT)=T\sum_{l=0}^{k-1}\delta\boldsymbol{v}_i(kT)\sim N(0,\boldsymbol{\sigma}_i^2(kT)) \tag{5-6}$$

式中，$\boldsymbol{\sigma}_i^2(kT)=kT^4\boldsymbol{\sigma}_{vi}^2(kT)$。

可以看出，kT 时刻第 i 枚导弹的 INS 定位误差服从零均值高斯分布。

5.3 基于未知地标被动观测的弹群 INS 定位误差协同修正方法

5.3.1 基本原理

基于未知地标被动观测的多导弹协同 INS 误差修正示意图如图 5-1 所示。

图 5-1 中以 3 枚导弹($k=i,j,p$)编队为例，在以地标附近某点为原点的东北

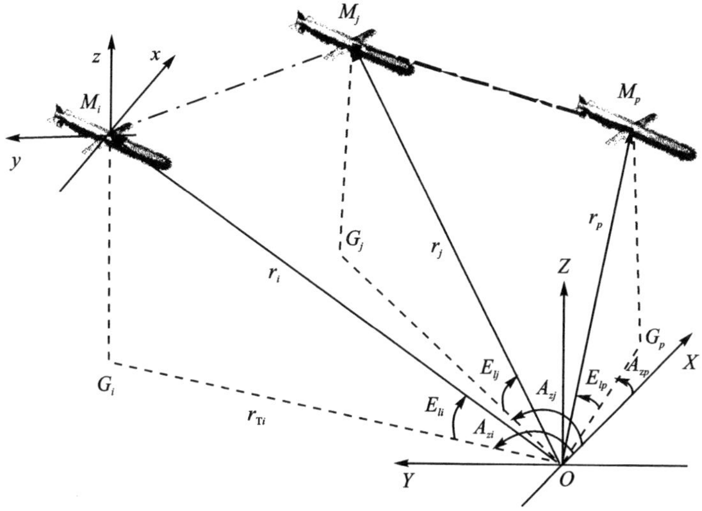

图 5-1　基于未知地标被动观测的多导弹协同 INS 误差修正示意图

天局部坐标系中，设第 k 枚导弹的位置为 $\boldsymbol{x}_k=(x_k,y_k,z_k)^{\mathrm{T}}$，未知地标的真实位置为 $\boldsymbol{x}_{\mathrm{T}}=(x_{\mathrm{T}},y_{\mathrm{T}},z_{\mathrm{T}})^{\mathrm{T}}$；$OXYZ$ 是以地标中心 O 为原点的东北天坐标系，M_kxyz 是以导弹质心 M_k 为原点的东北天坐标系，r_k 为弹目距离，$r_{\mathrm{T}k}$ 为弹目距离在地标水平面 OXY 的投影分量，G_k 为导弹质心 M_k 在地标水平面 OXY 中的投影。M_iM_j 和 M_jM_p 组成了 3 枚导弹的弹间单连通数据链，负责弹间通信，此处主要用于传输各枚导弹的 INS 信息和视觉量测信息。在 $OXYZ$ 坐标系中，导弹与地标间的观测视线为 $\boldsymbol{OM}_k=(x_k-x_{\mathrm{T}})\boldsymbol{i}+(y_k-y_{\mathrm{T}})\boldsymbol{j}+(z_k-z_{\mathrm{T}})\boldsymbol{k}$，定义视线方位角 A_{zk} 为视线 OG_k 与 OX 轴的夹角，位于 OX 轴的左侧为正；视线高度角 E_{lk} 为视线$\boldsymbol{OM}_k$ 与 OG_k 的夹角，位于 OG_k 的上方为正。为了便于研究，考虑 $A_{zk}\in(0,90°)$，$E_{lk}\in(0,90°)$的简单情形(实际应用时需要具体考虑视线角所在象限)，在 $OXYZ$ 坐标系中，视线方位角 A_{zk} 和视线高度角 E_{lk} 可表示为

$$A_{zk}=\arctan[(y_k-y_{\mathrm{T}})/(x_k-x_{\mathrm{T}})] \tag{5-7}$$

$$E_{lk}=\arctan[(z_k-z_{\mathrm{T}})/r_{\mathrm{T}k}] \tag{5-8}$$

式中，$r_{\mathrm{T}k}=\sqrt{(x_k-x_{\mathrm{T}})^2+(y_k-y_{\mathrm{T}})^2}$。

设 v_{ek}、v_{nk} 分别为导弹东向和北向的速度分量，方位角速率 $\dot{A}_{zk}$ 可表示为

$$\dot{A}_{zk}=(v_{ek}\sin A_{zk}-v_{nk}\cos A_{zk})/r_{\mathrm{T}k} \tag{5-9}$$

基于未知地标被动观测的弹群 INS 定位误差协同修正方法分为如下两个步骤：

(1) 多导弹协同定位未知地标

弹群中的各枚导弹对进入视场的某未知地标进行被动观测，基于各枚导弹的视线角量测信息和 INS 位置量测信息对未知地标定位。地标位置的估计值融合了弹群中所有导弹的 INS 位置量测值，这相当于对弹群中的所有 INS 定位误差进行了加

权平均。

(2) 基于地标位置估计值的 INS 定位误差修正

在步骤(1)的基础上,以估计得到的地标位置为参考,利用各枚导弹相对于地标的视线角和方位角速率量测信息及 INS 速度量测信息,反过来修正弹群各枚导弹的 INS 定位误差。

5.3.2 多导弹协同未知地标定位

弹群中各枚导弹利用其成像导引头对进入视场的某未知地标进行观测,以第 k ($k=1,2,\cdots,n$)枚导弹为例,导弹相对于地标的观测视线方向矢量 $\boldsymbol{l}_k$ 可以表示为

$$\boldsymbol{l}_k=\hat{\boldsymbol{l}}_k+\delta\boldsymbol{l}_k \tag{5-10}$$

式中,$\hat{\boldsymbol{l}}_k=[\cos\hat{E}_{lk}\cos\hat{A}_{zk},\cos\hat{E}_{lk}\sin\hat{A}_{zk},\sin\hat{E}_{lk}]^{\mathrm{T}}$ 为视线方向矢量的解算值;

$$\delta\boldsymbol{l}_k\approx\begin{bmatrix}\cos\hat{E}_{lk}\sin\hat{A}_{zk}\cdot\delta A_{zk}+\sin\hat{E}_{lk}\cos\hat{A}_{zk}\cdot\delta E_{lk}\\ \cos\hat{E}_{lk}\cos\hat{A}_{zk}\cdot\delta A_{zk}+\sin\hat{E}_{lk}\sin\hat{A}_{zk}\cdot\delta E_{lk}\\ \cos\hat{E}_{lk}\cdot\delta E_{lk}\end{bmatrix}$$

为由方位角量测误差 $\delta\boldsymbol{A}_{zk}$ 和高度角量测误差 δE_{lk} 所引起的观测视线方向矢量 $\boldsymbol{l}_k$ 的解算误差。

由于导弹的真实位置 $\boldsymbol{x}_k$ 不可得,只能用 INS 估计位置 $\boldsymbol{x}_{\mathrm{I}k}$ 代替,它们之间存在如下关系:

$$\boldsymbol{x}_k=\boldsymbol{x}_{\mathrm{I}k}+\delta\boldsymbol{x}_k \quad \boldsymbol{x}_{\mathrm{I}k}\in\mathbf{R}^3,\delta\boldsymbol{x}_k\in\mathbf{R}^3 \tag{5-11}$$

则从 INS 估计位置 $\boldsymbol{x}_{\mathrm{I}k}$ 处沿着解算视线方向矢量 $\hat{\boldsymbol{l}}_k$ 观测该地标的视线可以表示为

$$\boldsymbol{L}_k(\lambda_k)=\boldsymbol{x}_{\mathrm{I}k}+\lambda_k\hat{\boldsymbol{l}}_k,\quad \lambda_k>0 \tag{5-12}$$

由于 INS 定位误差和观测视线方向矢量解算误差的存在,使得未知地标 $\boldsymbol{x}_{\mathrm{T}}$ 不位于观测视线 $\boldsymbol{L}_k(\lambda_k)$上,$\boldsymbol{x}_{\mathrm{T}}$ 到 $\boldsymbol{L}_k(\lambda_k)$的距离的平方可以表示为

$$\boldsymbol{F}_k(\boldsymbol{x}_{\mathrm{T}})=\min_{\lambda_k}\|\boldsymbol{x}_{\mathrm{T}}-\boldsymbol{L}_k(\lambda_k)\|^2=\min_{\lambda_k}f(\lambda_k) \tag{5-13}$$

式中,

$$f(\lambda_k)=\boldsymbol{x}_{\mathrm{T}}^{\mathrm{T}}\boldsymbol{x}_{\mathrm{T}}-2\boldsymbol{x}_{\mathrm{T}}^{\mathrm{T}}\boldsymbol{x}_{\mathrm{I}k}+\boldsymbol{x}_{\mathrm{I}k}^{\mathrm{T}}\boldsymbol{x}_{\mathrm{I}k}+(\lambda_k)^2\hat{\boldsymbol{l}}_k^{\mathrm{T}}\hat{\boldsymbol{l}}_k+2\lambda_k\hat{\boldsymbol{l}}_k^{\mathrm{T}}\boldsymbol{x}_{\mathrm{I}k}-2\lambda_k\hat{\boldsymbol{l}}_k^{\mathrm{T}}\boldsymbol{x}_{\mathrm{T}}$$

又 $\hat{\boldsymbol{l}}_k^{\mathrm{T}}\hat{\boldsymbol{l}}_k\approx1$,可得当 $\lambda_k=\hat{\boldsymbol{l}}_k^{\mathrm{T}}\boldsymbol{x}_{\mathrm{T}}-\hat{\boldsymbol{l}}_k^{\mathrm{T}}\boldsymbol{x}_{\mathrm{I}k}$ 时,$f(\lambda_k)$取得极小值,为

$$\boldsymbol{F}_k(\boldsymbol{x}_{\mathrm{T}})\approx(\boldsymbol{x}_{\mathrm{T}}-\boldsymbol{x}_{\mathrm{I}k})^{\mathrm{T}}(\boldsymbol{I}-\hat{\boldsymbol{l}}_k\hat{\boldsymbol{l}}_k^{\mathrm{T}})(\boldsymbol{x}_{\mathrm{T}}-\boldsymbol{x}_{\mathrm{I}k}) \tag{5-14}$$

则地标位置 $\boldsymbol{x}_{\mathrm{T}}$ 到弹群中所有导弹观测视线 $\boldsymbol{L}_k(\lambda_k)$($k=1,2,\cdots,n$)的距离平方和可以表示为

$$E(\boldsymbol{x}_{\mathrm{T}})=\sum_{k=1}^{n}\boldsymbol{F}_k(\boldsymbol{x}_{\mathrm{T}})\approx\sum_{k=1}^{n}(\boldsymbol{x}_{\mathrm{T}}-\boldsymbol{x}_{\mathrm{I}k})^{\mathrm{T}}(\boldsymbol{I}-\hat{\boldsymbol{l}}_k\hat{\boldsymbol{l}}_k^{\mathrm{T}})(\boldsymbol{x}_{\mathrm{T}}-\boldsymbol{x}_{\mathrm{I}k}) \tag{5-15}$$

根据最小二乘原理,未知地标位置 $\boldsymbol{x}_{\mathrm{T}}$ 的最优估计 $\hat{\boldsymbol{x}}_{\mathrm{T}}$ 应该满足到 n 条观测视线

的距离平方和最小，取得极小值时有

$$\left.\frac{\partial E(\boldsymbol{x}_{\mathrm{T}})}{\partial \boldsymbol{x}_{\mathrm{T}}}\right|_{\boldsymbol{x}_{\mathrm{T}}=\hat{\boldsymbol{x}}_{\mathrm{T}}}=0$$

即[146]

$$\sum_{k=1}^{n}(\boldsymbol{I}-\hat{\boldsymbol{l}}_k\hat{\boldsymbol{l}}_k^{\mathrm{T}})(\hat{\boldsymbol{x}}_{\mathrm{T}}-\boldsymbol{x}_{\mathrm{I}k})=\boldsymbol{O}_{3\times 1} \tag{5-16}$$

式(5－16)可以写成如下形式：

$$\hat{\boldsymbol{A}}\hat{\boldsymbol{x}}_{\mathrm{T}}=\hat{\boldsymbol{b}} \tag{5-17}$$

式中，

$$\hat{\boldsymbol{A}}=\sum_{k=1}^{n}(\boldsymbol{I}-\hat{\boldsymbol{l}}_k\hat{\boldsymbol{l}}_k^{\mathrm{T}})$$

$$\hat{\boldsymbol{b}}=\sum_{i=1}^{n}(\boldsymbol{x}_{\mathrm{I}k}-\hat{\boldsymbol{l}}_k\hat{\boldsymbol{l}}_k^{\mathrm{T}}\boldsymbol{x}_{\mathrm{I}k})$$

可以由弹群中各枚导弹的视线角量测信息和 INS 位置量测信息解算得到。

由式(5－17)可以解算得到弹群对未知地标位置的估计值

$$\hat{\boldsymbol{x}}_{\mathrm{T}}=\hat{\boldsymbol{A}}^{-1}\hat{\boldsymbol{b}} \tag{5-18}$$

将式(5－10)、式(5－11)代入式(5－17)可得

$$\boldsymbol{A}=\hat{\boldsymbol{A}}+\delta\boldsymbol{A} \tag{5-19a}$$

$$\boldsymbol{b}=\hat{\boldsymbol{b}}+\delta\boldsymbol{b} \tag{5-19b}$$

式中，

$$\boldsymbol{A}=\sum_{k=1}^{n}(\boldsymbol{I}-\boldsymbol{l}_k\boldsymbol{l}_k^{\mathrm{T}});$$

$$\delta\boldsymbol{A}\approx-\sum_{k=1}^{n}(\delta\boldsymbol{l}_k\hat{\boldsymbol{l}}_k^{\mathrm{T}}+\hat{\boldsymbol{l}}_k(\delta\boldsymbol{l}_k)^{\mathrm{T}});$$

$$\boldsymbol{b}=\sum_{k=1}^{n}(\boldsymbol{x}_k-\boldsymbol{l}_k\boldsymbol{l}_k^{\mathrm{T}}\boldsymbol{x}_k);$$

$$\delta\boldsymbol{b}\approx\sum_{k=1}^{n}[(\boldsymbol{I}-\hat{\boldsymbol{l}}_k\hat{\boldsymbol{l}}_k^{\mathrm{T}})\delta\boldsymbol{x}_k-(\delta\boldsymbol{l}_k\hat{\boldsymbol{l}}_k^{\mathrm{T}}+\hat{\boldsymbol{l}}_k(\delta\boldsymbol{l}_k)^{\mathrm{T}})\boldsymbol{x}_{\mathrm{I}k}]。$$

其中，$\boldsymbol{A}$ 和 $\boldsymbol{b}$ 分别表示理想状态下(视线角量测误差和 INS 定位误差都为零)的真实值；$\delta\boldsymbol{A}$ 和 $\delta\boldsymbol{b}$ 表示对应误差，表达式中忽略了高阶误差项。

又由于理想状态下，所有观测视线必定交于地标位置 $\boldsymbol{x}_{\mathrm{T}}$ 这一点，可得

$$\boldsymbol{x}_{\mathrm{T}}=\boldsymbol{A}^{-1}\boldsymbol{b} \tag{5-20}$$

将式(5－19)代入式(5－20)可得

$$\boldsymbol{x}_{\mathrm{T}}=(\hat{\boldsymbol{A}}+\delta\boldsymbol{A})^{-1}(\hat{\boldsymbol{b}}+\delta\boldsymbol{b}) \tag{5-21}$$

由于 $\delta\boldsymbol{A}$ 比 $\boldsymbol{A}$ 中的元素小得多，可得

$$(\hat{\boldsymbol{A}}+\delta\boldsymbol{A})^{-1}\approx\hat{\boldsymbol{A}}^{-1}-\hat{\boldsymbol{A}}^{-1}\delta\boldsymbol{A}\hat{\boldsymbol{A}}^{-1} \tag{5-22}$$

将式(5-22)代入式(5-21)可得

$$\boldsymbol{x}_{\mathrm{T}}\approx\hat{\boldsymbol{A}}^{-1}\hat{b}+\hat{\boldsymbol{A}}^{-1}\delta b-\hat{\boldsymbol{A}}^{-1}\delta\boldsymbol{A}\hat{\boldsymbol{A}}^{-1}\hat{b}-\hat{\boldsymbol{A}}^{-1}\delta\boldsymbol{A}\hat{\boldsymbol{A}}^{-1}\delta\boldsymbol{b}=\hat{\boldsymbol{x}}_{\mathrm{T}}+\delta\boldsymbol{x}_{\mathrm{T}} \tag{5-23}$$

式中，$\hat{\boldsymbol{x}}_{\mathrm{T}}=\hat{\boldsymbol{A}}^{-1}\hat{\boldsymbol{b}}$；$\delta\boldsymbol{x}_{\mathrm{T}}\approx\hat{\boldsymbol{A}}^{-1}\delta\boldsymbol{b}-\hat{\boldsymbol{A}}^{-1}\delta\boldsymbol{A}\hat{\boldsymbol{A}}^{-1}\hat{\boldsymbol{b}}$。

考虑到成像导引头视觉量测精度远远优于 INS 定位精度，当导弹成像导引头视线角量测精度很高时，由式(5-10)可得 $\delta\boldsymbol{l}_k\rightarrow\boldsymbol{0}$，进而可得 $\delta\boldsymbol{A}\rightarrow\boldsymbol{O}_{3\times3}$，于是有

$$\delta\boldsymbol{x}_{\mathrm{T}}\approx\hat{\boldsymbol{A}}^{-1}\sum_{k=1}^{n}(\boldsymbol{I}-\hat{\boldsymbol{l}}_k\hat{\boldsymbol{l}}_k^{\mathrm{T}})\delta\boldsymbol{x}_k \tag{5-24}$$

可见，多弹协同定位未知地标的误差可以表示为弹群中各枚导弹 INS 定位误差的加权平均。

5.3.3 基于地标位置估计值的 INS 定位误差修正

以式(5-18)估计得到的地标位置 $\hat{\boldsymbol{x}}_{\mathrm{T}}$ 为参考，利用各枚导弹相对于地标的视线角和方位角速率量测信息及 INS 速度估计信息，反过来修正弹群中各枚导弹的 INS 定位误差。以第 $k(k=1,2,\cdots,n)$ 枚导弹为例，考虑到成像导引头视觉量测精度远远优于 INS 定位精度，视觉量测误差可忽略不计，设 $\hat{v}_{ek}$ 和 $\hat{v}_{nk}$ 分别为其 INS 东向、北向速度估计值，有

$$v_{ek}=\hat{v}_{ek}+\delta v_{ek} \tag{5-25a}$$

$$v_{nk}=\hat{v}_{nk}+\delta v_{nk} \tag{5-25b}$$

式中，δv_{ek} 和 δv_{nk} 为 INS 东、北向速度估计误差。

将式(5-25)代入式(5-9)可得

$$r_{\mathrm{T}k}=\hat{r}_{\mathrm{T}k}+\delta r_{\mathrm{T}k} \tag{5-26}$$

式中，

$$\hat{r}_{\mathrm{T}k}\approx(\hat{v}_{ek}\sin A_{zk}-\hat{v}_{nk}\cos A_{zk})/\dot{A}_{zk}$$

$$\delta r_{\mathrm{T}k}\approx(\sin A_{zk}\cdot\delta v_{ek}-\cos A_{zk}\cdot\delta v_{nk})/\dot{A}_{zk}$$

由式(5-7)、式(5-8)、式(5-18)和式(5-26)可得

$$\hat{x}_k=\hat{x}_{\mathrm{T}}+\hat{r}_{\mathrm{T}k}\cos A_{zk} \tag{5-27a}$$

$$\hat{y}_k=\hat{y}_{\mathrm{T}}+\hat{r}_{\mathrm{T}k}\sin A_{zk} \tag{5-27b}$$

$$\hat{z}_k=\hat{z}_{\mathrm{T}}+\hat{r}_{\mathrm{T}k}\tan E_{lk} \tag{5-27c}$$

这样，就估计出了导弹编队中任意成员的三维位置，实现了导弹编队的 INS 误差修正。

误差修正后，编队中第 k 枚导弹的误差修正精度为

$$\delta x'_k\approx\delta x_{\mathrm{T}}+\delta r_{\mathrm{T}k}\cos A_{zk} \tag{5-28a}$$

$$\delta y'_k\approx\delta y_{\mathrm{T}}+\delta r_{\mathrm{T}k}\sin A_{zk} \tag{5-28b}$$

$$\delta z'_k \approx \delta z_\mathrm{T} + \delta r_{\mathrm{T}k}\tan E_{lk} \tag{5-28c}$$

考虑到 INS 速度估计精度远高于位置估计精度，因此，式(5 - 28)可进一步简化为

$$\delta \boldsymbol{x}'_k \approx \delta \boldsymbol{x}_\mathrm{T},\quad k=1,2,\cdots,n \tag{5-29}$$

可见，协同 INS 定位误差修正后，弹群中各枚导弹的 INS 定位误差基本相同，均接近地标的定位误差，即实现了弹群中各枚导弹 INS 定位误差的加权平均。

5.4　INS 定位误差修正性能分析

由 5.3 节的推导过程及式(5 - 24)和式(5 - 29)，可以得出如下结论：

(1) 弹群 INS 定位误差协同修正的性能取决于弹群中各枚导弹的误差特性。弹群中各枚导弹 INS 定位初始误差经式(5 - 24)加权平均后，其值越趋近于零，弹群中各枚导弹的 INS 定位误差分布越好，协同修正效果也越好。弹群中各枚导弹 INS 定位误差分布最理想的情况是加权平均后其值恰好为零，此时，能够实现 INS 定位误差的完全修正。协同误差修正后，从某单枚导弹来看，其 INS 定位精度可能会出现降低的情况；但从整个弹群的角度来讲，其 INS 定位精度应该有所改善，至少不会变差。

(2) 由式(5 - 10)和式(5 - 27)可以看出，不同的视线角量测精度既会对未知地标的定位精度产生影响，也会使得协同误差修正后各枚导弹的 INS 定位误差有细微差别。但由于 INS 初始定位误差一般较大，而视觉装置的量测精度一般较高，因此视线角量测精度对弹群 INS 定位误差协同修正结果影响不大，从工程应用的角度来看，甚至可以忽略。

(3) 弹群 INS 定位误差协同修正的本质在于以视觉量测作为手段，以未知地标作为“中介点”，使得原本朝着任意方向发散的弹群中各枚导弹的 INS 定位误差进行相互牵制。虽然不能从本质上完全消除弹群 INS 定位误差，但可以抑制 INS 定位误差的发散速度，使得各枚导弹的 INS 定位误差都趋于平均值。

(4) 根据 INS 定位误差基本上是服从零均值高斯分布的特点，随着参与协同误差修正的导弹数目的增多，INS 定位误差的零均值特性能够更好地体现出来。因此，理论上弹群中导弹数目越多，INS 定位误差协同修正效果越好。

为了进一步阐释本章方法的有效性，下面从统计学的角度，证明弹群 INS 定位误差协同修正所能达到的理想性能。协同误差修正前，弹群中第 $k(k=1,2,\cdots,n)$ 枚导弹的 INS 初始定位误差服从零均值高斯分布，即

$$\delta \boldsymbol{x}_k \sim N(0,\boldsymbol{\sigma}_k^2) \tag{5-30}$$

式中，$\boldsymbol{\sigma}_k^2=[\sigma_{k,x}^2\quad \sigma_{k,y}^2\quad \sigma_{k,z}^2]^\mathrm{T}$；$\sigma_{k,x}^2$，$\sigma_{k,y}^2$ 和 $\sigma_{k,z}^2$ 分别为第 k 枚导弹的 INS 东、北、天方向的定位误差方差。

下面以东向位置误差为例，从概率分布的角度，研究多弹协同误差修正后，其误差分布的方差变化特点，北向和天向误差分布的方差变化特点与东向相似。设弹群 INS 东向定位误差的协方差矩阵为 $\boldsymbol{P}_x$，则有

$$\boldsymbol{P}_x = \begin{bmatrix} \sigma_{1,x}^2 & \cdots & \sigma_{1k,x} & \cdots & \sigma_{1n,x} \\ \vdots & \ddots & \vdots & \vdots & \vdots \\ \sigma_{k1,x} & \cdots & \sigma_{k,x}^2 & \cdots & \sigma_{kn,x} \\ \vdots & \vdots & \vdots & \ddots & \vdots \\ \sigma_{n1,x} & \cdots & \sigma_{nk,x} & \cdots & \sigma_{n,x}^2 \end{bmatrix} \tag{5-31}$$

式中，$\sigma_{kl,x}=\sigma_{lk,x}=\mathrm{Cov}(\delta x_k \quad \delta x_l)$，$k=1,2,\cdots,n$，$l=1,2,\cdots,n$ 且 $k\neq l$。

设 $\boldsymbol{e}_k=\boldsymbol{I}-\boldsymbol{l}_{k,x}\boldsymbol{l}_{k,x}^{\mathrm{T}}$，由式(5－24)、式(5－29)可得

$$\delta x'_k=\left(\sum_{k=1}^{n}\boldsymbol{e}_k\cdot\delta x_k\right)\Big/\sum_{k=1}^{n}\boldsymbol{e}_k \tag{5-32}$$

导弹编队进行协同误差修正，可得

$$\sigma'^2_{k,x}=D[\delta x'_k]=\left(\sum_{k=1}^{n}\sum_{l=1}^{n}\boldsymbol{e}_k\boldsymbol{e}_l\cdot\sigma_{kl,x}\right)\Big/\left(\sum_{k=1}^{n}\boldsymbol{e}_k\right)^2 \tag{5-33}$$

又协同误差修正时弹群中各枚导弹东向定位误差不相关，其协方差为零，即对任意 $k=1,2,\cdots,n$，$l=1,2,\cdots,n$ 且 $k\neq l$，都有 $\sigma_{kl,x}=0$。于是，弹群中各枚导弹的方差可以表示为

$$\sigma'^2_{k,x}=\left(\sum_{k=1}^{n}\boldsymbol{e}_k^2\cdot\sigma_{k,x}^2\right)\Big/\left(\sum_{k=1}^{n}\boldsymbol{e}_k\right)^2 \tag{5-34}$$

为了简化问题，可设 $\sigma_{1,x}^2\approx\sigma_{2,x}^2\approx\cdots\approx\sigma_{n,x}^2=\sigma_x^2$，于是式(5－34)可以写成如下形式：

$$\sigma'^2_{k,x}=\varepsilon_e\sigma_x^2 \tag{5-35}$$

式中，

$$\frac{1}{n}\leqslant\varepsilon_e=\left(\sum_{k=1}^{n}\boldsymbol{e}_k^2\right)\Big/\left(\sum_{k=1}^{n}\boldsymbol{e}_k\right)^2<1。$$

由式(5－29)可知，协同误差修正后，弹群中各枚导弹的定位误差变得完全相同，则它们之间的协方差可以表示为

$$\sigma_{kl,x}=\varepsilon_e\sigma_x^2=\sigma'^2_{k,x} \tag{5-36}$$

可见，协同误差修正过程，通过将主对角线上的方差分配到定位误差的协方差矩阵其他协方差上，有效减小了弹群定位方差，最好可减小到原方差的 $1/n$（其中 n 为参与协同误差修正的导弹数目）。

5.5 仿真分析

以 10 枚导弹编队为例，仿真验证本书方法的有效性及结论的正确性。设弹群中各枚导弹的 INS 位置及速度量测误差初值如表 5－1 所列。

表5-1　INS位置及速度误差初值

	δx_k/m	δy_k/m	δz_k/m	δv_{ek}/(m·s^{-1})	δv_{nk}/(m·s^{-1})
1	296	196	−120	2.2	1.8
2	198	−280	166	2	−2.4
3	−137	−272	−198	−1.4	−2.1
4	177	261	−111	1.5	2.5
5	−164	295	222	−1.4	2.3
6	−270	−200	−159	−2	−1.6
7	175	102	200	1.5	1
8	−220	230	285	−1.3	1.4
9	−242	−175	−102	−1.9	−1.5
10	187	−157	−183	1.6	−1.2

地标位于弹群的正前方，第1～5枚导弹从左侧观测地标，第6～10枚导弹从右侧观测地标，各枚导弹的成像导引头方位角量测误差均为幅值0.7°的白噪声；高度角量测误差均为幅值0.5°的白噪声；方位角速率量测误差均为幅值0.15(°)/s的白噪声。

10枚导弹基于各自的视线角量测信息和INS位置量测信息(见表5-1)对未知地标进行协同定位，仿真得到地标的估计精度为(32.409 4 m，−30.902 6 m，18.495 4 m)。由于地标位置的估计过程中融合了弹群中各枚导弹的INS信息，相当于对弹群中各枚导弹的INS定位误差进行了加权平均，如式(5-24)所示，因此，地标的估计精度远高于表5-1中各枚导弹的INS定位精度。

以估计得到的地标位置为参考，利用各枚导弹相对于地标的视线角和方位角速率量测信息及INS速度量测信息(见表5-1)，反过来修正弹群各枚导弹的INS定位误差。10枚导弹协同误差修正前后定位精度变化情况分别如图5-2、图5-3和图5-4所示，协同误差修正后弹群中各枚导弹的INS定位精度如表5-2所列。

表5-2　协同误差修正后弹群INS定位精度

	$\delta x'_k$/m	$\delta y'_k$/m	$\delta z'_k$/m
1	31.439 8	−27.242 2	21.798 6
2	40.002 1	−27.141 9	22.488 0
3	30.586 9	−28.054 8	21.763 5
4	21.310 6	−30.988 2	19.486 2
5	19.906 7	−30.909 2	19.096 8
6	43.388 1	−38.174 6	22.369 9
7	28.992 2	−22.049 2	21.180 0
8	35.344 7	−29.446 2	21.742 9
9	41.701 7	−30.645 3	21.237 4
10	37.423 2	−29.830 7	20.739 1

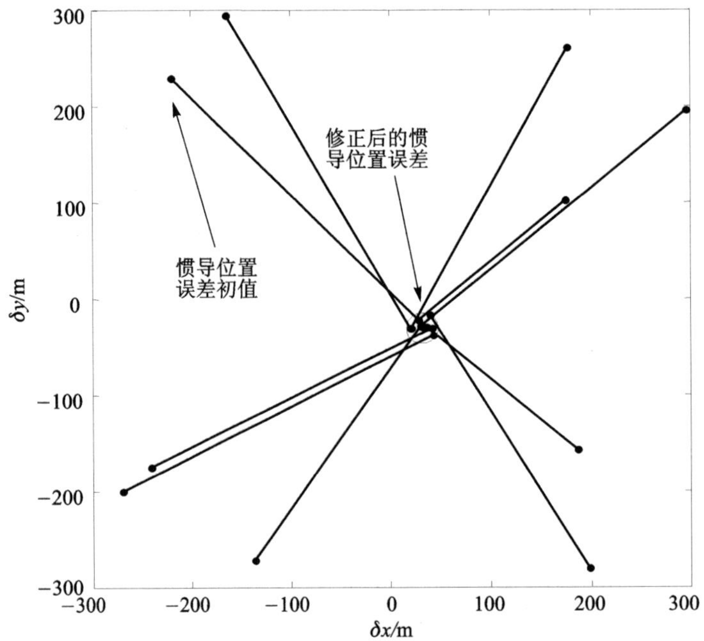

(a) 整体效果图

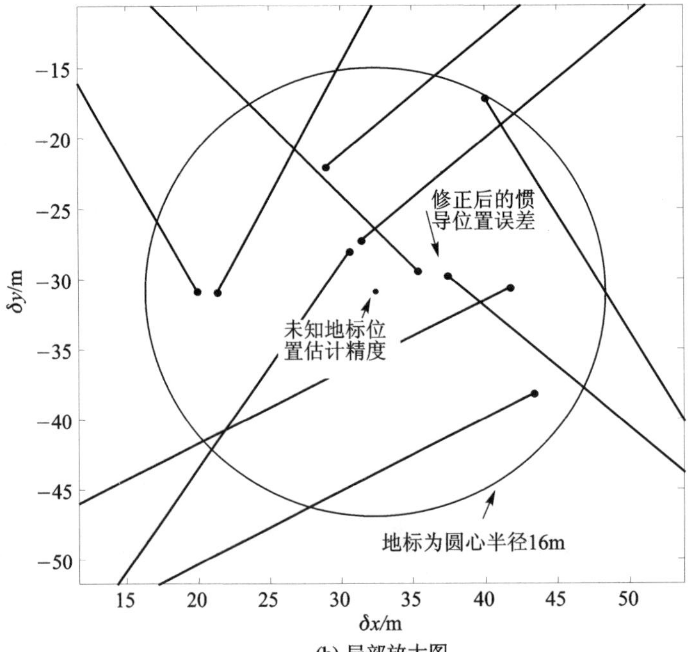

(b) 局部放大图

图 5－2　协同误差修正前后 *OXY* 平面定位精度变化情况图

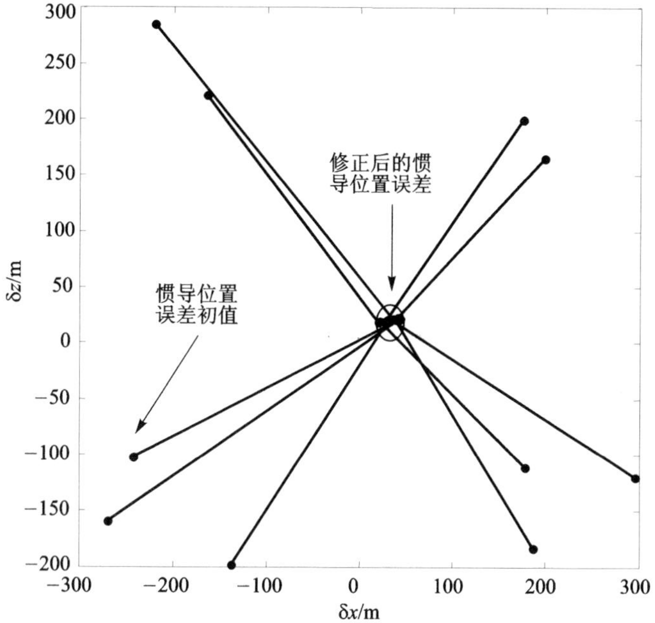

(a) 整体效果图

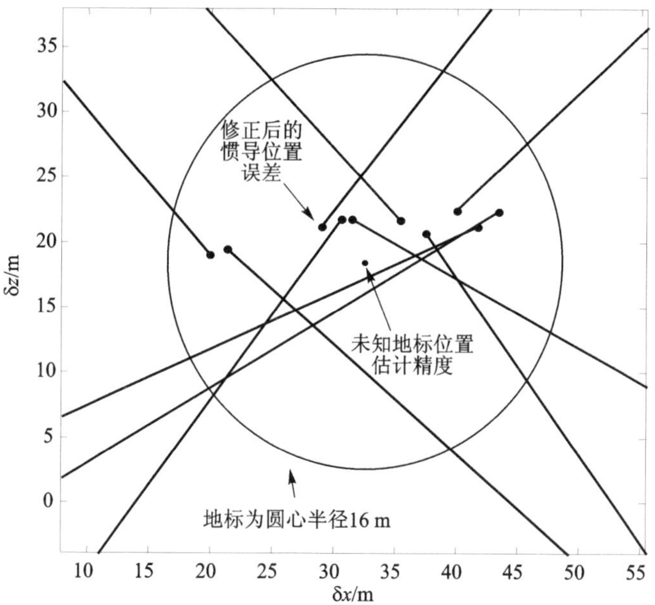

(b) 局部放大图

图 5 - 3　协同误差修正前后 *OXZ* 平面定位精度变化情况图

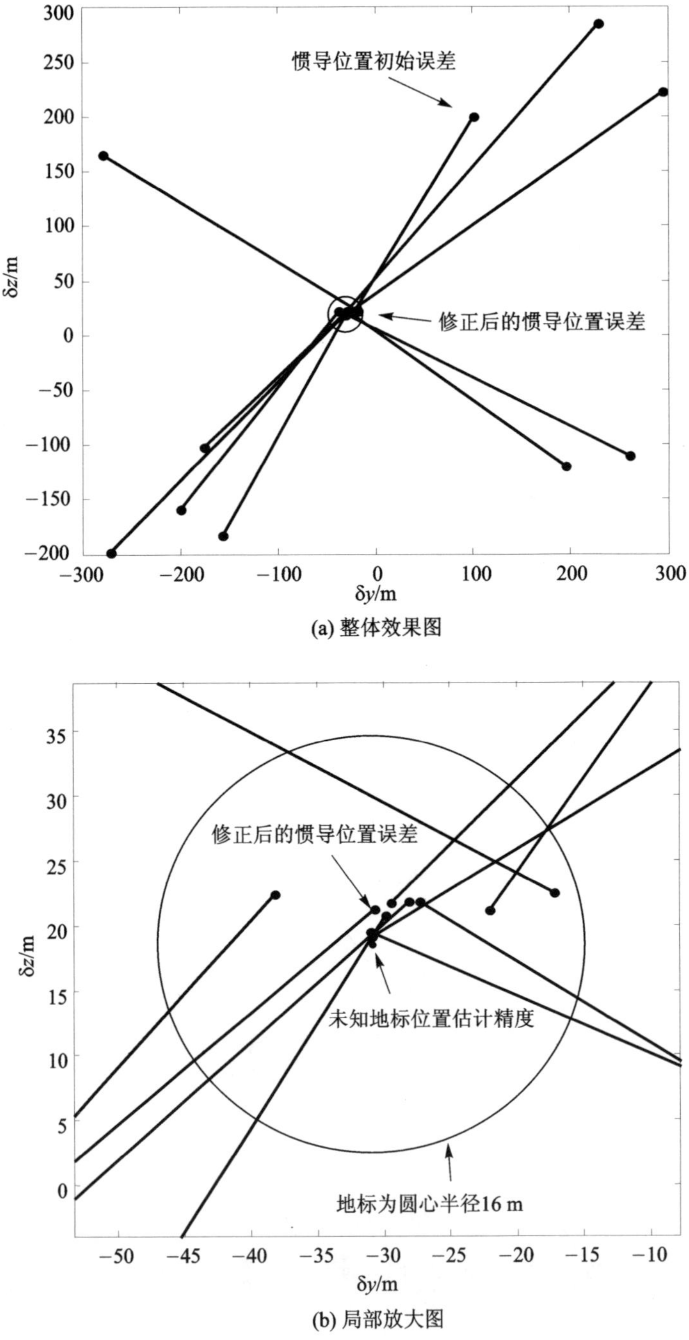

图 5-4　协同误差修正前后 *OYZ* 平面定位精度变化情况图

由图 5-2、图 5-3、图 5-4 和表 5-2 可以看出，由于弹群中各枚导弹 INS 速度量测误差、成像导引头视线角量测误差和方位角速率量测误差的影响，使得地标的估计精度不能完全准确地传递到各枚导弹，但协同 INS 误差修正后，弹群中各枚导弹的 INS 定位误差均接近地标的定位误差（以 OXY 平面为例，如图 5-2(b)所示，各枚导弹的定位误差均分布在以估计得到的未知点地标位置为圆心、以 16 m 为半径的圆内）。与表 5-1 中的初始定位误差相比较，弹群 INS 定位精度得到显著提高，证明了方法的有效性。

5.6　本章小结

针对弹群协同编队飞行过程中 INS 存在定位误差发散的问题，在无绝对信息可供参考的情况下，本章提出了一种利用成像导引头对航路上任一未知地标进行被动观测的弹群 INS 定位误差协同修正方法。该方法具有如下特点：

(1) 该方法只需要成像导引头提供的视觉测量信息和 INS 导航信息，既不需要地标先验信息，也不需要额外提供测距雷达的测距信息或者高度表的高度信息或者大气系统提供的速度信息。

(2) 考虑到弹群 INS 定位误差基本上服从零均值高斯分布，且成像导引头视觉量测精度远优于 INS 定位精度，所以，尽管 INS 定位误差修正精度与弹群的初始惯导位置误差分布有关，但该方法仍可有效减缓弹群的 INS 定位误差发散速度。

(3) 弹群 INS 定位误差协同修正后，各成员的 INS 定位精度变得基本相同，短时间内再进行连续协同修正，INS 定位精度基本不再提高。因此，即使弹群飞行航路上可供参考的地标稀少，也不影响弹群 INS 误差协同修正的效果。

(4) 与参考文献[157]相比较，该方法既不需要无线电测距，也无需弹群各成员两两之间都有数据通信。与参考文献[122]相比较，该方法不需要成员间的三维距离信息，工程可实现性强。与参考文献[124]相比较，该方法仅需弹群中各成员对航路上任一未知地标进行观测，符合弹群特点，易于实现。仿真结果表明，该方法利用成像导引头视觉量测精度优于 INS 定位精度的特点，将弹群中各枚导弹的视觉量测信息和 INS 量测信息有效融合，提高了无 GPS 时弹群协同编队飞行的 INS 定位精度。

该方法可以推广应用到无人机、水下航行器等其他领域，用于在 GPS 不可用时提高编队的 INS 定位精度。

第6章 基于已知地标被动观测的多弹协同INS误差修正

6.1 概 述

攻击方为增大突防概率，常常采用编队形式进行突防，多导弹协同作战是未来战争的发展趋势。第5章研究了在没有绝对信息可供参考情况下的基于未知点地标被动观测的弹群INS定位误差协同修正方法，可以在一定程度上减缓弹群INS定位误差的发散速度，但无法实现INS定位误差的完全修正，且也不能修正INS速度误差。当存在已知地标可供参考时，如何利用弹载成像导引头实现多弹协同INS位置和速度误差修正是一个很有意义的研究问题。

成像导引头可提供相对于航路附近位置已知地标的视线信息，但不能提供弹目距离信息，因此，为了实现三维精确定位，常用的方法是补充高度信息。由于大地起伏的影响，无线电高度表不可用，气压高度表在飞行高度较低时误差较大。导弹INS速度误差虽然要比位置误差的发散速度慢，但长时间飞行后，速度估计精度也往往不能满足要求。导弹编队飞行过程中，通过弹载数据链可以获得各枚导弹之间的相对距离信息[118,154]。根据信息融合理论，通过将多个同样目标的传感（观测）信息进行有效融合总是能改善测量（观测）精度，因此多飞行器编队飞行中，利用不同飞行器所携带的多个同构或异构观测用传感器对地标的高精度观测可以成为解决此类问题的一个有效手段。在不需要弹目距离信息或高度表信息或空速管信息的前提下，如何充分利用各枚导弹已有的INS信息、成像导引头提供的视线角和视线角速度信息以及通过弹载数据链获得的各枚导弹之间的相对距离信息，对INS的位置和速度误差进行多弹协同修正，是本章要解决的问题。

已经有学者针对协同导航问题进行了研究。参考文献[158-160]对机器人协同定位问题进行了研究；参考文献[126-132]对自主水下航行器协同定位问题进行了研究；参考文献[161-163]对无人机协同定位问题进行了研究。但由于飞行器有着自身的特点，以上这些方法难以直接推广应用于导弹的导航与定位。

现阶段关于多导弹协同导航的研究还非常少，仅见于参考文献[118-120]。参考文献[118]研究了领弹和攻击弹协同定位的方法，攻击弹通过数据链获得领弹的位置信息及其与领弹之间的伪距值，采用卡尔曼滤波方法融合伪距值与惯导输出，获得攻击弹的精确定位信息。参考文献[119]针对领航—跟随编队飞行控制模式以及领航弹具有惯导系统和精确目标传感器而跟随弹只有惯导系统的编队特点，研究采用特定的互定位方案和弹载传感器，解决导弹自主飞行编队的互定位问题，并仿真验证了导弹编队的互定位方法和方案的可行性。参考文献[120]介绍了基于仅测角的导弹自主飞行编队的互定位问题。但参考文献[118-120]都假定领弹的位置信息是精确已知的，且都是针对导弹编队飞行的互定位问题。基于地标被动观测的多弹协同视觉导航的文献国内外还未见报道。

针对上述问题，本章围绕基于已知地标被动观测和弹间测距的多弹协同 INS 误差修正这一主题，重点研究了以下三方面的内容：

(1) 针对 3 枚以上导弹编队飞行的情形，提出了三弹基于视觉及弹间一维距离和速度信息的 INS 误差修正方法。在不需要弹目距离或高度信息的前提下，利用编队中各枚导弹的弹间一维测距信息、一维速度信息以及成像导引头相对于已知地标的的视线角和视线角速率信息，研究 INS 位置和速度误差估计方法。

(2) 针对仅有 2 枚导弹编队飞行的情形，提出了两弹基于视觉及弹间三维测距信息的 INS 误差两阶段修正方法。第一阶段：在无绝对信息可供参考的情况下，研究了两枚导弹利用相互之间的三维测距信息进行协同 INS 误差修正，使得两枚导弹的 INS 误差达到一致性；第二阶段：在第一阶段的基础上，当存在已知地标可供参考时，提出了一种仅基于编队中两枚导弹相对于该地标的视线角和视线角速率量测信息的协同 INS 误差修正方法。

(3) 分析了参与协同 INS 误差修正的各枚弹相对于地标的几何构形对 INS 位置误差估计精度的影响。

6.2 三弹基于视觉及弹间一维距离和速度信息的 INS 误差修正方法

基于已知地标被动观测及弹间一维相对距离和速度的多弹(不少于 3 枚)INS 位置和速度误差修正方法概括起来，主要分为以下几个步骤：

(1) 建立导弹与导弹之间、导弹与地标之间的相对关系方程(包括方位角、高度角、一维相对距离和速度方程)；

(2) 利用 INS 信息表示出导弹与导弹之间的一维相对距离、相对速度、导弹与地标之间的方位角和高度角，将它们与相应的量测信息相减，建立量测方程；

(3) 对建立的量测方程在导弹的 INS 估计位置和速度处进行线性化处理；

(4) 假设受导引头视场的限制，导弹编队最多能获得 n 次量测数据，并假设量测噪声均为高斯白噪声。利用平均去噪的思想可滤除量测噪声的影响，通过一定的数学处理方法与技巧应用，即可估计出 INS 位置和速度误差；

(5) 利用估计出的 INS 位置和速度误差对 INS 的位置和速度估计进行补偿，得到新的 INS 位置和速度；

(6) 如果新的 INS 位置和速度与上一次(补偿之前)的 INS 位置和速度趋于一致,则结束;否则,转步骤(3)继续进行迭代处理。

6.2.1 量测信息及处理

基于地标被动观测的多导弹(不少于 3 枚)协同导航原理如图 6-1 所示。

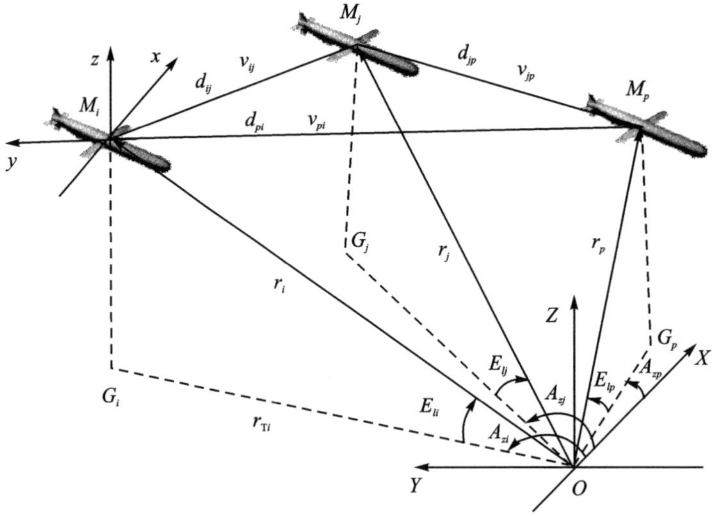

图 6-1 基于已知地标被动观测和弹间测距的多导弹协同 INS 误差修正示意图

图 6-1 中以 3 枚导弹($k=i,j,p$)为例,$OXYZ$ 是以已知地标中心 O 为原点的东北天坐标系,M_kxyz 是以导弹质心 M_k 为原点的东北天坐标系,r_k 为弹目距离,r_{Tk} 为弹目距离在地标水平面 OXY 的投影分量,G 为导弹质心 M 在地标水平面 OXY 中的投影。在 $OXYZ$ 坐标系中,设第 k 枚导弹的位置为$(x_k,y_k,z_k)^{\mathrm{T}}$,导弹与地标间的观测视线为 $\boldsymbol{OM}_k=x_k\boldsymbol{i}+y_k\boldsymbol{j}+z_k\boldsymbol{k}$,定义视线方位角 A_{zk} 为视线 $\boldsymbol{OM}_k$ 与 OX 轴的夹角,位于 OX 轴的左侧为正;视线高度角 E_{lk} 为视线 $\boldsymbol{OM}_k$ 与 OG 的夹角,位于 OG 的上方为正。为了便于研究,考虑 $A_{zk}\in(0,90°)$,$E_{lk}\in(0,90°)$的简单情形(实际应用时需要具体考虑视线角所在象限),在 $OXYZ$ 坐标系中,视线方位角 A_{zk} 和视线高度角 E_{lk} 可表示为

$$A_{zk}=\arctan(y_k/x_k) \tag{6-1}$$

$$E_{lk}=\arctan(z_k/r_{Tk}) \tag{6-2}$$

式中,$r_{Tk}=\sqrt{x_k^2+y_k^2}$。

设 v_{ek}、v_{nk}、v_{uk} 分别为第 k 枚导弹的东北天方向的速度分量,则其方位角速率 $\dot{A}_{zk}$ 和高度角速率 $\dot{E}_{lk}$ 可表示为

$$\dot{A}_{zk}=(v_{ek}y_k-v_{nk}x_k)/r_{Tk}^2 \tag{6-3}$$

$$\dot{E}_{lk}=\frac{(v_{ek}x_k+v_{nk}y_k)\cdot z_k+v_{uk}r_{Tk}^2}{r_k^2 r_{Tk}} \tag{6-4}$$

式中，$r_k=\sqrt{x_k^2+y_k^2+z_k^2}$。

编队中第 k 和 $l(k,l=i,j,p;k\neq l)$ 两枚导弹之间的一维相对距离和一维相对速度的大小可以表示为

$$d_{kl}=\sqrt{(x_k-x_l)^2+(y_k-y_l)^2+(z_k-z_l)^2} \tag{6-5}$$

$$v_{kl}=\sqrt{(v_{ek}-v_{el})^2+(v_{nk}-v_{nl})^2+(v_{uk}-v_{ul})^2} \tag{6-6}$$

设导弹编队中有 $n(n\geqslant 3)$ 枚导弹，在中制导段飞行过程中，第 k 枚导弹利用其成像导引头对进入视场的已知地标进行连续、被动观测，观测过程中任意采样时刻 $t_i(i=1,2,\cdots,m)$，都能够获得导弹相对于被测地标的一组观测信息 $[A_{zk}^{m}(t_i),E_{lk}^{m}(t_i),\dot{A}_{zk}^{m}(t_i),\dot{E}_{lk}^{m}(t_i)]^{T}$；同时，可以获得各弹之间的一维相对距离和一维相对速度的大小量测信息 $[d_{kl}^{m}(t_i),v_{kl}^{m}(t_i)]^{T}$，于是可得观测序列

$$\boldsymbol{Z}_k^{m}(t_i)=[A_{zk}^{m}(t_i),E_{lk}^{m}(t_i),\dot{A}_{zk}^{m}(t_i),\dot{E}_{lk}^{m}(t_i),d_{kl}^{m}(t_i),v_{kl}^{m}(t_i)]^{T} \tag{6-7}$$

式中，上标 m 表征量测信息。

定义观测过程中任意采样时刻 t_i，第 k 枚导弹相对于被测地标的真实状态为 $\boldsymbol{X}_k(t_i)=[x_k(t_i),y_k(t_i),z_k(t_i),v_{ek}(t_i),v_{nk}(t_i),v_{uk}(t_i)]^{T}$，其 INS 估计为

$$\hat{\boldsymbol{X}}_k(t_i)=[\hat{x}_k(t_i),\hat{y}_k(t_i),\hat{z}_k(t_i),\hat{v}_{ek}(t_i),\hat{v}_{nk}(t_i),\hat{v}_{uk}(t_i)]^{T} \tag{6-8}$$

于是，将 $\hat{\boldsymbol{X}}_k(t_i)$ 代入式(6-1)～式(6-6)，可以构造出伪观测序列

$$\hat{\boldsymbol{Z}}_k(t_i)=[\hat{A}_{zk}(t_i),\hat{E}_{lk}(t_i),\hat{\dot{A}}_{zk}(t_i),\hat{\dot{E}}_{lk}(t_i),\hat{d}_{kl}(t_i),\hat{v}_{kl}(t_i)]^{T} \tag{6-9}$$

选择编队中 3 枚以上几何构形好的导弹，利用 INS 估计信息构造的伪观测序列 $\hat{\boldsymbol{Z}}_k(t_i)$ 与成像导引头获得的实际观测序列 $\boldsymbol{Z}_k^{m}(t_i)$ 构造残差，以残差作为观测量，INS 误差作为状态量，建立量测方程。

6.2.2　协同 INS 误差估计

由式(6-1)～式(6-6)可知，待求解的导弹位置及速度状态量与量测量之间的关系是非线性的，分别将其在 $\boldsymbol{X}_k=\hat{\boldsymbol{X}}_k$ 处进行泰勒级数展开，并取其一阶近似，经移项处理后，有

$$\tan\hat{A}_{zk}\approx\tan A_{zk}+a_{11}^{k}\delta x_k+a_{12}^{k}\delta y_k \tag{6-10a}$$

$$\tan\hat{E}_{lk}\approx\tan E_{lk}+a_{21}^{k}\delta x_k+a_{22}^{k}\delta y_k+a_{23}^{k}\delta z_k \tag{6-10b}$$

$$\hat{\dot{A}}_{zk}\approx\dot{A}_{zk}+a_{31}^{k}\delta x_k+a_{32}^{k}\delta y_k+a_{34}^{k}\delta v_{ek}+a_{35}^{k}\delta v_{nk} \tag{6-10c}$$

$$\hat{\dot{E}}_{lk}\approx\dot{E}_{lk}+a_{41}^{k}\delta x_k+a_{42}^{k}\delta y_k+a_{43}^{k}\delta z_k+a_{44}^{k}\delta v_{ek}+a_{45}^{k}\delta v_{nk}+a_{46}^{k}\delta v_{uk} \tag{6-10d}$$

$$\hat{d}_{kl} \approx d_{kl} + a_{51}^{k}\delta x_k + a_{51}^{l}\delta x_l + a_{52}^{k}\delta y_k + a_{52}^{l}\delta y_l + a_{53}^{k}\delta z_k + a_{53}^{l}\delta z_l \tag{6-10e}$$

$$\hat{v}_{kl} \approx v_{kl} + a_{64}^{k}\delta v_{ek} + a_{64}^{l}\delta v_{el} + a_{65}^{k}\delta v_{nk} + a_{65}^{l}\delta v_{nl} + a_{66}^{k}\delta v_{uk} + a_{66}^{l}\delta v_{ul} \tag{6-10f}$$

式中，

$\delta x_k = \hat{x}_k - x_k, \delta y_k = \hat{y}_k - y_k, \delta z_k = \hat{z}_k - z_k$；

$\delta v_{ek} = \hat{v}_{ek} - v_{ek}, \delta v_{nk} = \hat{v}_{nk} - v_{nk}, \delta v_{uk} = \hat{v}_{uk} - v_{uk}$；

$a_{11}^{k} = \left.\dfrac{\partial \tan A_z}{\partial x}\right|_{\varepsilon}, a_{12}^{k} = \left.\dfrac{\partial \tan A_z}{\partial y}\right|_{\varepsilon}$；

$a_{21}^{k} = \left.\dfrac{\partial \tan E_l}{\partial x}\right|_{\varepsilon}, a_{22}^{k} = \left.\dfrac{\partial \tan E_l}{\partial y}\right|_{\varepsilon}, a_{23}^{k} = \left.\dfrac{\partial \tan E_l}{\partial z}\right|_{\varepsilon}$；

$a_{31}^{k} = \left.\dfrac{\partial \dot{A}_z}{\partial x}\right|_{\varepsilon}, a_{32}^{k} = \left.\dfrac{\partial \dot{A}_z}{\partial y}\right|_{\varepsilon}, a_{34}^{k} = \left.\dfrac{\partial \dot{A}_z}{\partial v_e}\right|_{\varepsilon}, a_{35}^{k} = \left.\dfrac{\partial \dot{A}_z}{\partial v_n}\right|_{\varepsilon}$；

$a_{41}^{k} = \left.\dfrac{\partial \dot{E}_l}{\partial x}\right|_{\varepsilon}, a_{42}^{k} = \left.\dfrac{\partial \dot{E}_l}{\partial y}\right|_{\varepsilon}, a_{43}^{k} = \left.\dfrac{\partial \dot{E}_l}{\partial z}\right|_{\varepsilon}, a_{44}^{k} = \left.\dfrac{\partial \dot{E}_l}{\partial v_e}\right|_{\varepsilon}, a_{45}^{k} = \left.\dfrac{\partial \dot{E}_l}{\partial v_n}\right|_{\varepsilon}, a_{46}^{k} = \left.\dfrac{\partial \dot{E}_l}{\partial v_u}\right|_{\varepsilon}$；

$a_{51}^{k} = \left.\dfrac{\partial d_{kl}}{\partial x_k}\right|_{\eta}, a_{51}^{l} = \left.\dfrac{\partial d_{kl}}{\partial x_l}\right|_{\eta}, a_{52}^{k} = \left.\dfrac{\partial d_{kl}}{\partial y_k}\right|_{\eta}, a_{52}^{l} = \left.\dfrac{\partial d_{kl}}{\partial y_l}\right|_{\eta}, a_{53}^{k} = \left.\dfrac{\partial d_{kl}}{\partial z_k}\right|_{\eta}, a_{53}^{l} = \left.\dfrac{\partial d_{kl}}{\partial z_l}\right|_{\eta}$；

$a_{64}^{k} = \left.\dfrac{\partial v_{kl}}{\partial v_{ek}}\right|_{\eta}, a_{64}^{l} = \left.\dfrac{\partial v_{kl}}{\partial v_{el}}\right|_{\eta}, a_{65}^{k} = \left.\dfrac{\partial v_{kl}}{\partial v_{nk}}\right|_{\eta}, a_{65}^{l} = \left.\dfrac{\partial v_{kl}}{\partial v_{nl}}\right|_{\eta}, a_{66}^{k} = \left.\dfrac{\partial v_{kl}}{\partial v_{uk}}\right|_{\eta}, a_{66}^{l} = \left.\dfrac{\partial v_{kl}}{\partial v_{ul}}\right|_{\eta}$；

ε 表示$\boldsymbol{X}_k = \hat{\boldsymbol{X}}_k$；$\eta$ 表示 $\boldsymbol{X}_k = \hat{\boldsymbol{X}}_k$ 且 $\boldsymbol{X}_l = \hat{\boldsymbol{X}}_l$；$k, l = i, j, p$ 且 $k \neq l$。

式(6-10)进行泰勒级数展开线性化时是建立在线性化点的误差为小量，并取一阶近似的基础上的。而惯导系统的位置和速度测量误差总是存在的，在对伪观测序列进行线性化时，相应的线性化误差的影响是否能够忽略呢？由多元函数微分学可得，一个 n 元非线性函数 $f(X)$可以展开为如下的一阶泰勒级数：

$$f(X) = f(X_0) + \nabla f(X_0)\delta X + \gamma(\delta X) \tag{6-11}$$

式中，X_0 为自变量 X 的近似值，且 $\delta X = X - X_0$；$\nabla f(X_0)$为 $f(X)$的 Jacobian 矩阵；$\gamma(\delta X)$为余项，可表示如下：

$$\gamma(\delta X) = \frac{1}{2!}\delta X^{\mathrm{T}} H(X_0 + \theta\delta X)\delta X \quad 0 < \theta < 1 \tag{6-12}$$

式中，$\boldsymbol{H} = \partial_{XX}^2 f(X)$，为 $f(X)$的 Hessian 矩阵。

通常的数据处理技术只取到泰勒级数的一次项，忽略了余项 $\gamma(\delta X)$，因而会在测量模型中引入线性化误差，其边界可用下式表示[164]：

$$\frac{1}{2}\lambda_{\min} \| \delta X \|^2 \leqslant \gamma(\delta X) \leqslant \frac{1}{2}\lambda_{\max} \| \delta X \|^2 \tag{6-13}$$

式中，$\lambda_{\min}$ 和 $\lambda_{\max}$ 分别为 Hessian 矩阵 $\boldsymbol{H}_e$ 的最小和最大奇异值。

对于距离模型，如式(6-5)，其 Hessian 矩阵分别为

$$\boldsymbol{H}_{e}=\frac{1}{(d_{kl})^{3}}\begin{bmatrix}(\Delta y)^{2}+(\Delta z)^{2} & -(\Delta x)\cdot(\Delta y) & -(\Delta x)\cdot(\Delta z)\\ -(\Delta x)\cdot(\Delta y) & (\Delta x)^{2}+(\Delta z)^{2} & -(\Delta y)\cdot(\Delta z)\\ -(\Delta x)\cdot(\Delta z) & -(\Delta y)\cdot(\Delta z) & (\Delta x)^{2}+(\Delta y)^{2}\end{bmatrix} \tag{6-14}$$

式中，$\Delta\xi=\xi_{k}-\xi_{l}$，$\xi=x,y,z$。

由此可得，$\boldsymbol{H}_{e}$ 的最小奇异值 $\lambda_{\min}=0$，最大奇异值 $\lambda_{\max}=1/d_{kl}$，d_{kl} 为第 k 和 l 两枚弹之间的弹间距离。于是，由式(6-13)可得忽略余项 $\gamma(\delta X)$ 所造成的线性化误差边界为

$$0\leqslant o(\delta\boldsymbol{X}_{kl})\leqslant\frac{\|\delta\boldsymbol{X}_{kl}\|^{2}}{2d_{kl}}=\frac{\delta x_{kl}^{2}+\delta y_{kl}^{2}+\delta z_{kl}^{2}}{2d_{kl}} \tag{6-15}$$

式中，$\delta\boldsymbol{X}_{kl}=[\delta x_{kl},\delta y_{kl},\delta z_{kl}]^{\mathrm{T}}$，$\delta\zeta_{kl}=\delta\zeta_{k}-\delta\zeta_{l}$，$\zeta=x,y,z$。

同理可得，对于一维相对速度模型，如式(6-6)，泰勒级数展开时忽略二阶以上高阶项所造成的线性化误差边界为

$$0\leqslant o(\delta\boldsymbol{V}_{kl})\leqslant\frac{\|\delta V_{kl}\|^{2}}{2v_{kl}}=\frac{\delta v_{e,kl}^{2}+\delta v_{n,kl}^{2}+\delta v_{u,kl}^{2}}{2v_{kl}} \tag{6-16}$$

式中，$\delta\boldsymbol{V}_{kl}=[\delta v_{e,kl},\delta v_{n,kl},\delta v_{u,kl}]^{\mathrm{T}}$，$\delta\xi_{kl}=\delta\xi_{k}-\delta\xi_{l}$，$\xi=v_{e},v_{n},v_{u}$。

由式(6-15)和式(6-16)可以看出，线性化误差的上界与第 k 和 l 两枚导弹 INS 量测误差有关。而经过长时间误差积累，第 k 枚导弹的 INS 状态估计值 $\hat{\boldsymbol{X}}_{k}$ 往往与真实状态 $\boldsymbol{X}_{k}$ 相差较大，已不能再忽略相应的线性化误差影响，必须对其进行补偿。

将式(6-5)、式(6-6)在 η 处，即 $\boldsymbol{X}_{k}=\hat{\boldsymbol{X}}_{k}$ 且 $\boldsymbol{X}_{l}=\hat{\boldsymbol{X}}_{l}$，展成二阶泰勒级数，其二阶项可以分别表示为

$$\boldsymbol{f}_{kl}\cdot\delta\boldsymbol{X}_{kl}=\left(\frac{1}{2}\delta\boldsymbol{X}_{kl}^{\mathrm{T}}\cdot\boldsymbol{D}_{kl}\right)\cdot\delta\boldsymbol{X}_{kl} \tag{6-17a}$$

$$\boldsymbol{g}_{kl}\cdot\delta\boldsymbol{V}_{kl}=\left(\frac{1}{2}\delta V_{kl}^{\mathrm{T}}\cdot\boldsymbol{E}_{kl}\right)\cdot\delta\boldsymbol{V}_{kl} \tag{6-17b}$$

式中，$\boldsymbol{D}_{kl}=\frac{1}{(d_{kl})^{3}}\begin{bmatrix}(\Delta y_{kl})^{2}+(\Delta z_{kl})^{2} & -\Delta x_{kl}\cdot\Delta y_{kl} & -\Delta x_{kl}\cdot\Delta z_{kl}\\ -\Delta x_{kl}\cdot\Delta y_{kl} & (\Delta x_{kl})^{2}+(\Delta z_{kl})^{2} & -\Delta y_{kl}\cdot\Delta z_{kl}\\ -\Delta x_{kl}\cdot\Delta z_{kl} & -\Delta y_{kl}\cdot\Delta z_{kl} & (\Delta x_{kl})^{2}+(\Delta y_{kl})^{2}\end{bmatrix}$；

$$\boldsymbol{E}_{kl}=\frac{1}{(v_{kl})^{3}}\times\begin{bmatrix}(\Delta v_{n,kl})^{2}+(\Delta v_{u,kl})^{2} & -\Delta v_{e,kl}\cdot\Delta v_{n,kl} & -\Delta v_{e,kl}\cdot\Delta v_{u,kl}\\ -\Delta v_{e,kl}\cdot\Delta v_{n,kl} & (\Delta v_{e,kl})^{2}+(\Delta v_{u,kl})^{2} & -\Delta v_{n,kl}\cdot\Delta v_{u,kl}\\ -\Delta v_{e,kl}\cdot\Delta v_{u,kl} & -\Delta v_{n,kl}\cdot\Delta v_{u,kl} & (\Delta v_{e,kl})^{2}+(\Delta v_{n,kl})^{2}\end{bmatrix};$$

其中，$\Delta\zeta_{kl}=\hat{\zeta}_{k}-\hat{\zeta}_{l}$，$\zeta=x,y,z$；$\Delta\xi_{kl}=\hat{\xi}_{k}-\hat{\xi}_{l}$，$\xi=v_{e},v_{n},v_{u}$。

由于 $\boldsymbol{f}_{kl}$ 和 $\boldsymbol{g}_{kl}$ 中包含了状态变量，所以二阶泰勒级数展开后仍然是状态向量的非线性方程，要直接求解仍然比较困难。为了降低算法的复杂性和提高改进算法的

实用性，采用一种两步估计算法：

(1) 利用一阶泰勒级数展开，即式(6-10)，估计得到 INS 误差的粗解 $\boldsymbol{X}'$；

(2) 将得到的 $\boldsymbol{X}'$ 代入式(6-17)，估计得到 $\hat{\boldsymbol{f}}_{kl}$ 和 $\hat{\boldsymbol{g}}_{kl}$，从而得到了二阶泰勒级数展开的一阶表示形式：

$$\hat{d}_{kl} \approx d_{kl} + b_{51}^{k}\delta x_k + b_{51}^{l}\delta x_l + b_{52}^{k}\delta y_k + b_{52}^{l}\delta y_l + b_{53}^{k}\delta z_k + b_{53}^{l}\delta z_l \tag{6-18a}$$

$$\hat{v}_{kl} \approx v_{kl} + b_{64}^{k}\delta v_{ek} + b_{64}^{l}\delta v_{el} + b_{65}^{k}\delta v_{nk} + b_{65}^{l}\delta v_{nl} + b_{66}^{k}\delta v_{uk} + b_{66}^{l}\delta v_{ul} \tag{6-18b}$$

式中，

$b_{51}^{k}=a_{51}^{k}+\hat{\boldsymbol{f}}_{kl}(1)$；$b_{51}^{l}=a_{51}^{l}-\hat{\boldsymbol{f}}_{kl}(1)$；$b_{52}^{k}=a_{52}^{k}+\hat{\boldsymbol{f}}_{kl}(2)$；$b_{52}^{l}=a_{52}^{l}-\hat{\boldsymbol{f}}_{kl}(2)$；

$b_{53}^{k}=a_{53}^{k}+\hat{\boldsymbol{f}}_{kl}(3)$；$b_{53}^{l}=a_{53}^{l}-\hat{\boldsymbol{f}}_{kl}(3)$；$b_{64}^{k}=a_{64}^{k}+\hat{\boldsymbol{g}}_{kl}(1)$；$b_{64}^{l}=a_{64}^{l}-\hat{\boldsymbol{g}}_{kl}(1)$；

$b_{65}^{k}=a_{65}^{k}+\hat{\boldsymbol{g}}_{kl}(2)$；$b_{65}^{l}=a_{65}^{l}-\hat{\boldsymbol{g}}_{kl}(2)$；$b_{66}^{k}=a_{66}^{k}+\hat{\boldsymbol{g}}_{kl}(3)$；$b_{66}^{l}=a_{66}^{l}-\hat{\boldsymbol{g}}_{kl}(3)$。

这样，由式(6-10)和式(6-18)就得到了量测量的较高精度的线性化表达式。

又因为式(6-7)中的量测信息可以表示为

$$\tan A_{zk}^{\mathrm{m}} \approx \tan A_{zk} + w_{1k} \tag{6-19a}$$

$$\tan E_{lk}^{\mathrm{m}} \approx \tan E_{lk} + w_{2k} \tag{6-19b}$$

$$\dot{A}_{zk}^{\mathrm{m}} = \dot{A}_{zk} + w_{3k} \tag{6-19c}$$

$$\dot{E}_{lk}^{\mathrm{m}} = \dot{E}_{lk} + w_{4k} \tag{6-19d}$$

$$d_{kl}^{\mathrm{m}} = d_{kl} + w_{5k} \tag{6-19e}$$

$$v_{kl}^{\mathrm{m}} = v_{kl} + w_{6k} \tag{6-19f}$$

式中，$w_{1k}, w_{2k}, w_{3k}, w_{4k}, w_{5k}, w_{6k}$ 分别为第 k 枚导弹方位角、高度角、方位角速率、高度角速率、弹间一维相对距离及相对速度大小的量测噪声。

将式(6-10a)～式(6-10d)分别减去式(6-19a)～式(6-19d)，式(6-18a)、式(6-18b)分别减去式(6-19e)、式(6-19f)，可得 INS 误差估计量测方程

$$\widetilde{\boldsymbol{Z}} \approx \boldsymbol{H} \cdot \delta\boldsymbol{X} - \boldsymbol{W} \tag{6-20}$$

式中，

$\widetilde{\boldsymbol{Z}}=[\widetilde{\boldsymbol{Z}}_i, \widetilde{\boldsymbol{Z}}_j, \widetilde{\boldsymbol{Z}}_p]^{\mathrm{T}}$，$\widetilde{\boldsymbol{Z}}_k=[\tilde{z}_{1k}, \tilde{z}_{2k}, \tilde{z}_{3k}, \tilde{z}_{4k}, \tilde{z}_{5k}, \tilde{z}_{6k}]^{\mathrm{T}}$，

$\tilde{z}_{1k}=\tan\hat{A}_{zk}-\tan A_{zk}^{\mathrm{m}}$，$\tilde{z}_{2k}=\tan\hat{E}_{lk}-\tan E_{lk}^{\mathrm{m}}$，$\tilde{z}_{3k}=\hat{\dot{A}}_{zk}-\dot{A}_{zk}^{\mathrm{m}}$，$\tilde{z}_{4k}=\hat{\dot{E}}_{lk}-\dot{E}_{lk}^{\mathrm{m}}$，

$\tilde{z}_{5k}=\hat{d}_{kl}-d_{kl}^{\mathrm{m}}$，$\tilde{z}_{6k}=\hat{v}_{kl}-v_{kl}^{\mathrm{m}}$，$k, l=i, j, p$ 且 $k \neq l$；

$\delta\boldsymbol{X}=[\delta\boldsymbol{X}_i, \delta\boldsymbol{X}_j, \delta\boldsymbol{X}_p]^{\mathrm{T}}$，$\delta\boldsymbol{X}_k=[\delta x_k, \delta y_k, \delta z_k, \delta v_{ek}, \delta v_{nk}, \delta v_{uk}]$，

$$\boldsymbol{H}=\begin{bmatrix} \boldsymbol{F}_1^i & \boldsymbol{O}_{4\times 6} & \boldsymbol{O}_{4\times 6} \\ \boldsymbol{F}_{2,ij}^i & \boldsymbol{F}_{2,ij}^j & \boldsymbol{O}_{2\times 6} \\ \boldsymbol{O}_{4\times 6} & \boldsymbol{F}_1^j & \boldsymbol{O}_{4\times 6} \\ \boldsymbol{O}_{2\times 6} & \boldsymbol{F}_{2,jp}^j & \boldsymbol{F}_{2,jp}^p \\ \boldsymbol{O}_{4\times 6} & \boldsymbol{O}_{4\times 6} & \boldsymbol{F}_1^p \\ \boldsymbol{F}_{2,pi}^i & \boldsymbol{O}_{2\times 6} & \boldsymbol{F}_{2,pi}^p \end{bmatrix}_{18\times 18};$$

$$\boldsymbol{F}_1^k=\begin{bmatrix} a_{11}^k & a_{12}^k & 0 & 0 & 0 & 0 \\ a_{21}^k & a_{22}^k & a_{23}^k & 0 & 0 & 0 \\ a_{31}^k & a_{32}^k & 0 & a_{34}^k & a_{35}^k & 0 \\ a_{41}^k & a_{42}^k & a_{43}^k & a_{44}^k & a_{45}^k & a_{46}^k \end{bmatrix};$$

$$\boldsymbol{F}_{2,kl}^k=\begin{bmatrix} b_{51}^k & b_{52}^k & b_{53}^k & 0 & 0 & 0 \\ 0 & 0 & 0 & b_{61}^k & b_{62}^k & b_{63}^k \end{bmatrix};$$

$$\boldsymbol{W}=[w_1, w_2, w_3, w_4, w_5, w_6]^{\mathrm{T}}。$$

可以看出，量测方程(6－20)的状态量 $\delta\boldsymbol{X}$ 恰好为 3 枚导弹的 INS 误差，观测量 $\tilde{\boldsymbol{Z}}$ 可以由 3 枚导弹的伪观测信息 $\hat{\boldsymbol{Z}}_k$ 和实际观测信息 $\boldsymbol{Z}_k^{\mathrm{m}}$ 构造得到。

对于观测过程中任意采样时刻 t_i，由式(6－20)可得

$$\tilde{\boldsymbol{Z}}(t_i) \approx \boldsymbol{H}(t_i) \cdot \delta\boldsymbol{X}(t_i) - \boldsymbol{W}(t_i) \tag{6－21}$$

t_i 时刻，参与协同误差修正的 3 枚导弹可以获得 18 个观测分量(6 个视线角、6 个视线角速率、3 个弹间一维相对距离、3 个弹间一维相对速度)，且各个观测分量方程是相互独立的，于是可以估计出 t_i 时刻这 3 枚导弹的 INS 三维位置及速度误差。但是，由于量测噪声 $\boldsymbol{W}(t_i)$ 的影响，使得误差估计精度不高，不能满足导弹编队导航精度的要求。

考虑到观测时间很短，所以可以合理化地认为单枚导弹 INS 速度误差在观测过程中保持不变，即

$$\delta v_{ek}(t_i) \approx \delta v_{ek}, \delta v_{nk}(t_i) \approx \delta v_{nk}, \delta v_{uk}(t_i) \approx \delta v_{uk} \tag{6－22}$$

于是，由 t_i 与 t_m 时刻导弹的相对位置关系，可以得到如下约束方程：

$$\delta x_k(t_m) \approx \delta x_k(t_{\mathrm{i}}) + \delta v_{ek} \cdot (m-i)T \tag{6－23a}$$

$$\delta y_k(t_m) \approx \delta y_k(t_i) + \delta v_{nk} \cdot (m-i)T \tag{6－23b}$$

$$\delta z_k(t_m) \approx \delta z_k(t_i) + \delta v_{uk} \cdot (m-i)T \tag{6－23c}$$

将式(6－23)代入式(6－21)，可以将观测过程中任意采样时刻 t_i 的量测方程都表示成以 t_m 时刻 INS 误差为状态量的形式

$$\tilde{\boldsymbol{Z}}(t_i) \approx \boldsymbol{H}_m(t_i) \cdot \delta\boldsymbol{X}(t_m) - \boldsymbol{W}(t_i) \tag{6－24}$$

式中，

$$\boldsymbol{H}_m(t_i)=\begin{bmatrix} \boldsymbol{F}_{1m}^{i}(t_i) & \boldsymbol{O}_{4\times 6} & \boldsymbol{O}_{4\times 6} \\ \boldsymbol{F}_{2m,ij}^{i}(t_i) & \boldsymbol{F}_{2m,ij}^{j}(t_i) & \boldsymbol{O}_{2\times 6} \\ \boldsymbol{O}_{4\times 6} & \boldsymbol{F}_{1m}^{j}(t_i) & \boldsymbol{O}_{4\times 6} \\ \boldsymbol{O}_{2\times 6} & \boldsymbol{F}_{2m,jp}^{j}(t_i) & \boldsymbol{F}_{2m,jp}^{p}(t_i) \\ \boldsymbol{O}_{4\times 6} & \boldsymbol{O}_{4\times 6} & \boldsymbol{F}_{1m}^{p}(t_i) \\ \boldsymbol{F}_{2m,pi}^{i}(t_i) & \boldsymbol{O}_{2\times 6} & \boldsymbol{F}_{2m,pi}^{p}(t_i) \end{bmatrix}_{18\times 18};$$

$$\boldsymbol{F}_{1m}^{k}(t_i)=\begin{bmatrix} a_{11}^{k} & a_{12}^{k} & 0 & -a_{11}^{k}(m-i)T & -a_{12}^{k}(m-i)T & 0 \\ a_{21}^{k} & a_{22}^{k} & a_{23}^{k} & -a_{21}^{k}(m-i)T & -a_{22}^{k}(m-i)T & -a_{23}^{k}(m-i)T \\ a_{31}^{k} & a_{32}^{k} & 0 & a_{34}^{k}-a_{31}^{k}(m-i)T & a_{35}^{k}-a_{32}^{k}(m-i)T & 0 \\ a_{41}^{k} & a_{42}^{k} & a_{43}^{k} & a_{44}^{k}-a_{41}^{k}(m-i)T & a_{45}^{k}-a_{42}^{k}(m-i)T & a_{46}^{k}-a_{43}^{k}(m-i)T \end{bmatrix};$$

$$\boldsymbol{F}_{2m,kl}^{k}=\begin{bmatrix} b_{51}^{k} & b_{52}^{k} & b_{53}^{k} & -b_{51}^{k}(m-i)T & -b_{52}^{k}(m-i)T & -b_{53}^{k}(m-i)T \\ 0 & 0 & 0 & b_{61}^{k} & b_{62}^{k} & b_{63}^{k} \end{bmatrix};$$

其中，a^k 表示 $a^k(t_i)$；b^k 表示 $b^k(t_i)$。

利用平均去噪的思想，将 m 次观测得到的量测方程求和处理

$$\sum_{i=1}^{m}\tilde{\boldsymbol{Z}}(t_i)\approx\sum_{i=1}^{m}\boldsymbol{H}_m(t_i)\cdot\delta\boldsymbol{X}(t_m)-\sum_{i=1}^{m}\boldsymbol{W}(t_i) \tag{6-25}$$

又量测噪声可以认为是高斯白噪声，即

$$\left(\sum_{i=1}^{m}\boldsymbol{H}_m(t_i)\right)^{-1}\left(\sum_{i=1}^{m}\boldsymbol{W}(t_i)\right)\approx 0 \tag{6-26}$$

于是可得

$$\delta\hat{\boldsymbol{X}}(t_m)\approx\left(\sum_{i=1}^{m}\boldsymbol{H}_m(t_i)\right)^{-1}\cdot\left(\sum_{i=1}^{m}\tilde{\boldsymbol{Z}}(t_i)\right) \tag{6-27}$$

这样，就估计出了 t_m 时刻参与协同误差修正的 3 枚导弹的 INS 三维位置及速度误差，进一步可实现 INS 误差修正：

$$\hat{x}_k(t_i)\leftarrow\hat{x}_k(t_i)-\delta\hat{x}_k(t_m)+\delta\hat{v}_{ek}\cdot(m-i)T \tag{6-28a}$$

$$\hat{y}_k(t_i)\leftarrow\hat{y}_k(t_i)-\delta\hat{y}_k(t_m)+\delta\hat{v}_{nk}\cdot(m-i)T \tag{6-28b}$$

$$\hat{z}_k(t_i)\leftarrow\hat{z}_k(t_i)-\delta\hat{z}_k(t_m)+\delta\hat{v}_{uk}\cdot(m-i)T \tag{6-28c}$$

$$\hat{v}_{ek}(t_i)\leftarrow\hat{v}_{ek}(t_i)-\delta\hat{v}_{ek} \tag{6-28d}$$

$$\hat{v}_{nk}(t_i)\leftarrow\hat{v}_{nk}(t_i)-\delta\hat{v}_{nk} \tag{6-28e}$$

$$\hat{v}_{uk}(t_i)\leftarrow\hat{v}_{uk}(t_i)-\delta\hat{v}_{uk} \tag{6-28f}$$

注 6.1：t_m 时刻，仅需 $\hat{\boldsymbol{X}}_k(t_m)\leftarrow\hat{\boldsymbol{X}}_k(t_m)-\delta\hat{\boldsymbol{X}}_k(t_m)$ 就能实现 INS 误差修正；对存储于弹载计算机中所有时刻的误差都修正的目的是为迭代求解提供数据更新。

在实际应用中，考虑到 INS 初始误差较大时，单次误差估计的结果往往不能满足 INS 误差修正精度要求，需基于误差修正后的 $\hat{\boldsymbol{X}}_k(t_i)$ 重构伪观测序列 $\hat{\boldsymbol{Z}}_k(t_i)$，即

式(6－9)，利用式(6－27)进行迭代求解，直至 $\hat{\boldsymbol{X}}(t_m)\to 0$。迭代的目的是通过数据更新，使得式(6－10)和式(6－18)线性化精度提高，从而提高量测方程的建模精度和误差估计精度。

6.2.3　仿真分析

仿真条件如下：地标位置精确已知，位于弹目相对坐标系 $OXYZ$ 的原点，如图 6－1 所示；导弹编队中第 i,j,p 三枚导弹参与协同误差修正；地标进入导弹视场初始时刻，3 枚导弹在 $OXYZ$ 坐标系内的真实状态分别为(位置单位：m，速度单位：m/s)：

$$\boldsymbol{c}_i=(3500,2300,936,-250,-150,0)^{\mathrm{T}};$$

$$\boldsymbol{c}_j=(3000,2700,936,-250,-150,0)^{\mathrm{T}};$$

$$\boldsymbol{c}_p=(3000,3000,936,-250,-150,0)^{\mathrm{T}}。$$

INS 指示状态分别为(位置单位：m，速度单位：m/s)：

情形 1：

$$\hat{\boldsymbol{c}}_i=(4000,1823,1036,-240,-159,2)^{\mathrm{T}};$$

$$\hat{\boldsymbol{c}}_j=(2700,3150,1076,-256,-141,3)^{\mathrm{T}};$$

$$\hat{\boldsymbol{c}}_p=(3500,3477,1036,-240,-141,2)^{\mathrm{T}}。$$

情形 2：

$$\hat{\boldsymbol{c}}_i=(4100,1970,976,-238,-158,2)^{\mathrm{T}};$$

$$\hat{\boldsymbol{c}}_j=(2800,2150,1076,-254,-161,3)^{\mathrm{T}};$$

$$\hat{\boldsymbol{c}}_p=(2600,2540,816,-260,-161,-4)^{\mathrm{T}}。$$

考虑到成像导引头跟踪范围的约束，可观测时间为 2 s；采样周期 20 ms；量测噪声均为白噪声，方位角量测白噪声的标准差为 0.7°，高度角量测白噪声的标准差为 0.5°，视线角速率量测白噪声的标准差为 0.15(°)/s，弹间一维距离量测白噪声的标准差为 0.5 m，弹间一维速度量测白噪声的标准差为 0.2 m/s。利用本节方法，融合三枚导弹的 INS 信息、视觉信息及弹间一维距离和速度信息，进行 INS 位置和速度误差的同时估计，迭代终止阈值设置为 $(\xi_1,\xi_2,\xi_3,\xi_4)^{\mathrm{T}}=(1\ \mathrm{m},1\ \mathrm{m},1\ \mathrm{m/s},1\ \mathrm{m/s})^{\mathrm{T}}$，两种情形(情形 1 和情形 2)下得到的 $\hat{\boldsymbol{X}}(t_m)$ 估计结果分别如表 6－1 和表 6－2 所示。

由表 6－1 和表 6－2 可以看出，经过 6 次迭代后，$\hat{\boldsymbol{X}}(t_m)$ 各个分量绝对值的变化量均满足迭代终止条件，迭代结束。这样，就估计并修正了 t_m 时刻参与协同误差修正的 3 枚导弹的 INS 误差，位置误差修正精度不低于 4 m，速度误差修正精度不低于 0.4 m/s，证明了方法的有效性。

表 6-1 $\hat{X}(t_m)$估计结果及估计精度(情形 1)

		迭代次数						误差估计总量	误差真值	误差估计精度
		1	2	3	4	5	6			
$\hat{X}_i(t_m)$	δx_i/m	476.94	28.042	16.195	−5.834	7.935	0.135 82	523.41	519.8	3.613 5
	δy_i/m	−625.02	121.89	9.802 7	−3.851 1	5.266 1	0.090 449	−491.82	−494.82	3.001 2
	δz_i/m	106.64	−13.946	10.049	4.134 6	−1.908 3	0.022 312	105	103.96	1.035 2
	$\delta v_{ei}/(\mathrm{m\cdot s^{-1}})$	−9.931 3	33.944	−10.711	−10.727	7.590 1	0.031 818	10.197	10	0.196 9
	$\delta v_{ni}/(\mathrm{m\cdot s^{-1}})$	−17.566	19.057	−8.164 5	−7.068 4	5.026 2	0.021 61	−8.693 7	−9	0.306 3
	$\delta v_{ui}/(\mathrm{m\cdot s^{-1}})$	6.092 8	−7.547 1	2.440 3	3.014 8	−2.218 1	−0.012 186	1.770 5	2	−0.229 5
$\hat{X}_j(t_m)$	δx_j/m	−351.55	45.984	−9.946 6	0.820 13	6.241 2	0.142 52	−308.31	−311.88	3.567 0
	δy_j/m	333.05	141.89	−11.01	0.905 75	5.900 2	0.136 26	470.88	467.82	3.057 7
	δz_j/m	119.22	20.036	2.946 9	4.987 6	−0.971 84	0.031 001	146.25	145.94	0.305 8
	$\delta v_{ej}/(\mathrm{m\cdot s^{-1}})$	−4.583 8	11.714	−10.079	−7.595 1	4.689 2	0.024 182	−5.829 9	−6	0.170 1
	$\delta v_{nj}/(\mathrm{m\cdot s^{-1}})$	19.728	1.769 4	−9.721 5	−6.826 1	4.414 1	0.026 247	9.390 3	9	0.390 3
	$\delta v_{uj}/(\mathrm{m\cdot s^{-1}})$	1.356 5	−2.654 8	3.430 8	2.357 6	−1.667 4	−0.012 418	2.810 3	3	−0.189 7
$\hat{X}_p(t_m)$	δx_p/m	307.46	153.36	46.72	7.796 6	7.900 3	0.139 28	523.37	519.8	3.574 3
	δy_p/m	259.07	171.42	50.238	8.601 6	8.382 5	0.149 82	497.87	494.82	3.050 0
	δz_p/m	32.182	44.017	21.583	7.941 7	−1.089 3	0.031 057	104.67	103.96	0.705 7
	$\delta v_{ep}/(\mathrm{m\cdot s^{-1}})$	12.029	12.748	−11.448	−8.844 7	5.699 8	0.023 675	10.209	10	0.208 7
	$\delta v_{np}/(\mathrm{m\cdot s^{-1}})$	0.436 41	21.168	−9.731 4	−8.544 1	6.025 4	0.029 634	9.384 1	9	0.384 1
	$\delta v_{up}/(\mathrm{m\cdot s^{-1}})$	10.148	−11.066	2.279 2	2.526	−2.033 9	−0.012 316	1.841 2	2	−0.158 8

表 6-2 $\hat{X}(t_m)$ 估计结果及估计精度(情形 2)

		迭代次数						误差估计总量	误差真值	误差估计精度
		1	2	3	4	5	6			
$\hat{X}_i(t_m)$	δx_i/m	380.70	158.884 0	85.811 59	−12.652 42	13.851 49	0.144 927	626.74	623.76	2.980 7
	δy_i/m	−518.492 13	132.167 27	40.963 38	−6.336 85	6.978 051	0.072 809	−344.647	−345.84	1.192 5
	δz_i/m	1.571 836 93	20.381 78	22.234 91	3.237 665 4	−3.111 768	−0.023 471	44.29	43.96	0.331 0
	$\delta v_{ei}/(\mathrm{m\cdot s^{-1}})$	−6.283 912 4	29.125 67	−10.569 09	−14.242 78	14.527 02	0.145 345	12.70	12	0.702 2
	$\delta v_{ni}/(\mathrm{m\cdot s^{-1}})$	−14.670 672	13.404 59	−6.294 397	−7.201 151	7.346 895	0.073 282	−7.341	−8	0.658 6
	$\delta v_{ui}/(\mathrm{m\cdot s^{-1}})$	8.400 344 32	−7.572 830	1.059 036	3.140 105 7	−3.213 541	−0.033 313	1.779 8	2	−0.220 2
$\hat{X}_j(t_m)$	δx_j/m	−421.993 58	134.006 4	82.003 70	−8.558 878	10.070 28	0.036 206	−204.435 78	−207.92	3.484 2
	δy_j/m	−703.418 64	52.258 94	81.881 08	−8.114 790	9.462 308	0.034 870	−567.896	−571.78	3.883 8
	δz_j/m	44.992 090 4	69.446 55	32.222 63	4.057 491 4	−3.559 307	−0.002 953	147.156 5	145.94	1.216 5
	$\delta v_{ej}/(\mathrm{m\cdot s^{-1}})$	−21.348 108	29.266 00	−11.507 82	−10.790 26	10.760 75	0.035 649	−3.583 79	−4	0.416 2
	$\delta v_{nj}/(\mathrm{m\cdot s^{-1}})$	−19.042 793	15.361 07	−6.955 675	−10.006 90	9.996 341	0.034 047	−10.613 9	−11	0.386 1
	$\delta v_{uj}/(\mathrm{m\cdot s^{-1}})$	20.256 692 9	−19.364 91	1.822 698	3.626 794 1	−3.686 826	−0.014 063	2.640 38	3	−0.359 6
$\hat{X}_p(t_m)$	δx_p/m	−622.061 57	100.420 2	105.505 5	−10.218 51	10.529 94	0.065 891	−415.758 5	−419.8	4.041 5
	δy_p/m	−690.534 54	98.096 26	114.261 5	−10.768 72	11.088 15	0.070 656	−477.786 6	−481.78	3.993 4
	δz_p/m	−178.866 40	10.968 11	40.271 54	3.818 466 3	−3.738 141	−0.011 876	−127.558	−127.92	0.361 7
	$\delta v_{ep}/(\mathrm{m\cdot s^{-1}})$	−28.440 233	30.262 89	−11.513 11	−11.254 05	11.253 95	0.065 993	−9.624 56	−10	0.375 4
	$\delta v_{np}/(\mathrm{m\cdot s^{-1}})$	−40.129 977	36.746 07	−7.199 563	−11.683 29	11.690 55	0.069 955	−10.506	−11	0.493 7
	$\delta v_{up}/(\mathrm{m\cdot s^{-1}})$	14.194 682 7	−18.840 10	0.492 008	3.842 375 3	−3.857 505	−0.024 653	−4.193 197 7	−4	−0.193 2

6.3 两弹基于视觉及弹间三维测距信息的INS误差两阶段修正方法

针对仅有2枚导弹编队飞行的情形，本节提出了一种基于弹间三维测距和已知地标被动观测的两弹协同INS误差两阶段修正方法。首先，当无绝对信息可供参考时，利用两枚导弹间的相互三维距离和距离变化率量测信息，使两枚导弹的INS误差达到一致性；然后，在两枚导弹INS误差相同的基础上，当存在已知地标可供参考时，仅利用两枚导弹对该地标进行连续、被动观测所获得的视线角和视线角速率量测信息，就能实现编队中所有导弹的INS位置和速度误差的同时修正。最后，仿真验证了该方法能够有效解决飞航导弹INS位置和速度误差发散的问题。

6.3.1 第一阶段协同误差修正

设第 i 和 j 枚导弹在 kT 时刻进行协同误差修正，导弹可以提供的量测信息有：

(1) 第 i 枚导弹的INS速度估计信息 $\hat{\boldsymbol{v}}_i(kT)$ 和位置估计信息

$$\hat{\boldsymbol{x}}_i(kT)=[\hat{x}_i(kT)\quad \hat{y}_i(kT)\quad \hat{z}_i(kT)]^{\mathrm{T}};$$

(2) 第 j 枚导弹的INS速度估计信息 $\hat{\boldsymbol{v}}_j(kT)$ 和位置估计信息

$$\hat{\boldsymbol{x}}_j(kT)=[\hat{x}_j(kT)\quad \hat{y}_j(kT)\quad \hat{z}_j(kT)]^{\mathrm{T}};$$

(3) 第 i 和 j 枚导弹间的三维距离和距离变化率

$$\hat{\boldsymbol{d}}_{ij}(kT)=[d_{ij,x}(kT)\quad d_{ij,y}(kT)\quad d_{ij,z}(kT)]^{\mathrm{T}};$$

$$\dot{\hat{\boldsymbol{d}}}_{ij}(kT)=[\dot{d}_{ij,x}(kT)\quad \dot{d}_{ij,y}(kT)\quad \dot{d}_{ij,z}(kT)]^{\mathrm{T}}。$$

则可由 $\hat{\boldsymbol{x}}_j(kT)$ 和 $\hat{\boldsymbol{d}}_{ij}(kT)$ 估计出 kT 时刻第 i 枚导弹的位置

$$\hat{\boldsymbol{x}}_{i_j}(kT)=\hat{\boldsymbol{x}}_j(kT)+\hat{\boldsymbol{d}}_{ij}(kT) \tag{6-29}$$

考虑到弹间相对距离量测精度远高于INS位置估计精度，可忽略弹间相对位距离测误差，有

$$\hat{\boldsymbol{d}}_{ij}(kT)\approx \boldsymbol{d}_{ij}(kT)=\boldsymbol{x}_i(kT)-\boldsymbol{x}_j(kT) \tag{6-30}$$

由式(6-29)和式(6-30)可得

$$\hat{\boldsymbol{x}}_{i_j}(kT)\approx \hat{\boldsymbol{x}}_j(kT)+[\boldsymbol{x}_i(kT)-\boldsymbol{x}_j(kT)] \tag{6-31}$$

这样，kT 时刻第 i 枚导弹得到了两个状态估计值：INS估计位置 $\hat{\boldsymbol{x}}_i(kT)$ 和基于第 j 枚导弹的INS和弹间相对距离估计得到的位置 $\hat{\boldsymbol{x}}_{i_j}(kT)$。协同误差修正就是融合这两个状态估计信息，以达到抑制INS位置估计误差的效果。

将 $\hat{\boldsymbol{x}}_i(kT)$ 和 $\hat{\boldsymbol{x}}_{i_j}(kT)$ 进行加权平均，设其权值分别为 e_i 和 e_j（e_i 和 e_j 为大于零的实数），这样就得到了 kT 时刻协同误差修正后第 i 枚导弹的位置估计

$$\hat{\boldsymbol{x}}_i'(kT)=\frac{e_i\hat{\boldsymbol{x}}_i(kT)+e_j\hat{\boldsymbol{x}}_{i_j}(kT)}{e_i+e_j} \tag{6-32}$$

进一步可得协同误差修正后的位置估计精度

$$\begin{aligned}\delta\boldsymbol{x}_i'(kT)&=\hat{\boldsymbol{x}}_i'(kT)-\boldsymbol{x}_i(kT)\\&=\frac{e_i[\hat{\boldsymbol{x}}_i(kT)-\boldsymbol{x}_i(kT)]+e_j[\hat{\boldsymbol{x}}_j(kT)-\boldsymbol{x}_j(kT)]}{e_i+e_j}\\&=\frac{e_i\cdot\delta\boldsymbol{x}_i(kT)+e_j\cdot\delta\boldsymbol{x}_j(kT)}{e_i+e_j}\end{aligned} \tag{6-33}$$

同理可得，kT 时刻协同误差修正后第 j 枚导弹的位置估计精度

$$\delta\boldsymbol{x}_j'(kT)=\frac{e_i\cdot\delta\boldsymbol{x}_i(kT)+e_j\cdot\delta\boldsymbol{x}_j(kT)}{e_i+e_j}=\delta\boldsymbol{x}_i'(kT) \tag{6-34}$$

按照同样的思路可得

$$\delta\boldsymbol{v}_i'(kT)=\delta\boldsymbol{v}_j'(kT)$$

不难看出，协同误差修正可以一定程度上减缓 INS 估计误差的发散速度，且使编队中两枚导弹的 INS 误差达到一致。

6.3.2 第二阶段 INS 误差修正方法

第一阶段协同误差修正使得编队中各枚导弹的 INS 误差具有一致性。在此基础上，当存在已知地标可供参考时，仅利用两枚导弹相对于该地标的视线角和视线角速率量测信息就能实现 INS 位置和速度误差的修正，其示意图如图 6－2 所示（图 6－2 中相关量定义与图 6－1 相同，此处不再赘述）。

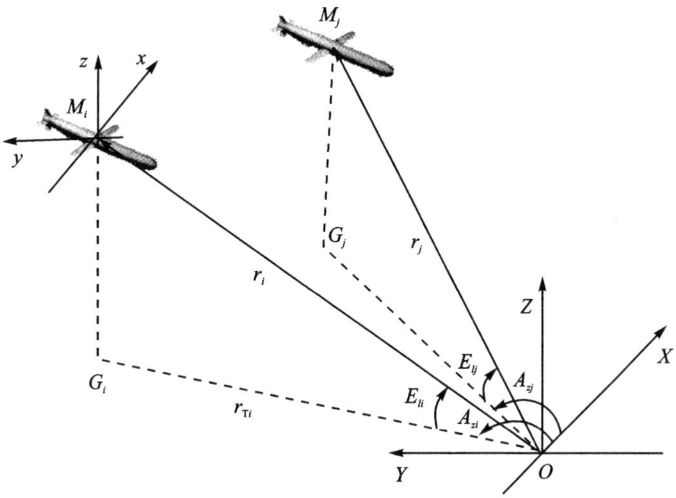

图 6－2　两弹协同 INS 误差修正示意图

下面采用与 6.2 节类似的方法，利用第 i 枚导弹的 INS 估计信息构造的伪观测

序列 $\hat{\boldsymbol{Z}}_i(t_k)$ 与成像导引头获得的实际观测序列 $\boldsymbol{Z}_i^{\mathrm{m}}(t_k)$ 构造残差，以残差作为观测量，INS 误差作为状态量，建立 INS 误差估计量测方程

$$\widetilde{\boldsymbol{Z}}_i \approx \boldsymbol{H}_i \cdot \delta\boldsymbol{X}_i - \boldsymbol{W}_i \tag{6-35}$$

式中，

$\widetilde{\boldsymbol{Z}}_i=[\widetilde{z}_{1i},\widetilde{z}_{2i},\widetilde{z}_{3i},\widetilde{z}_{4i}]^{\mathrm{T}}$，$\widetilde{z}_{1i}=\tan\hat{A}_{zi}-\tan A_{zi}^{\mathrm{m}}$，$\widetilde{z}_{2i}=\tan\hat{E}_{li}-\tan E_{li}^{\mathrm{m}}$，

$\widetilde{z}_{3i}=\dot{\hat{A}}_{zi}-\dot{A}_{zi}^{\mathrm{m}}$，$\widetilde{z}_{4i}=\dot{\hat{E}}_{li}-\dot{E}_{li}^{\mathrm{m}}$；$\delta\boldsymbol{X}_i=[\delta x_i,\delta y_i,\delta z_i,\delta v_{\mathrm{e}i},\delta v_{\mathrm{n}i},\delta v_{\mathrm{u}i}]^{\mathrm{T}}$；

$$\boldsymbol{W}_i=[w_{1i},w_{2i},w_{3i},w_{4i}]^{\mathrm{T}};\boldsymbol{H}_i=\begin{bmatrix} a_{11}^i & a_{12}^i & 0 & 0 & 0 & 0\\ a_{21}^i & a_{22}^i & a_{23}^i & 0 & 0 & 0\\ a_{31}^i & a_{32}^i & 0 & a_{34}^i & a_{35}^i & 0\\ a_{41}^i & a_{42}^i & a_{43}^i & a_{44}^i & a_{45}^i & a_{46}^i \end{bmatrix}。$$

对于观测过程中任意采样时刻 t_k，由式(6-35)可得

$$\widetilde{\boldsymbol{Z}}_i(t_k) \approx \boldsymbol{H}_i(t_k) \cdot \delta\boldsymbol{X}_i(t_k) - \boldsymbol{W}_i(t_k) \tag{6-36}$$

考虑到观测时间很短，所以可以合理化地认为导弹 INS 速度误差在观测过程中保持不变，即

$$\delta v_{\mathrm{e}i}(t_k) \approx \delta v_{\mathrm{e}i},\delta v_{\mathrm{n}i}(t_k) \approx \delta v_{\mathrm{n}i},\delta v_{\mathrm{u}i}(t_k) \approx \delta v_{\mathrm{u}i} \tag{6-37}$$

于是，由 t_k 与 t_m 时刻导弹的相对位置关系，可以得到如下约束方程：

$$\delta x_i(t_m) \approx \delta x_i(t_k) + \delta v_{\mathrm{e}i} \cdot (m-k)T \tag{6-38a}$$

$$\delta y_i(t_m) \approx \delta y_i(t_k) + \delta v_{\mathrm{n}i} \cdot (m-k)T \tag{6-38b}$$

$$\delta z_i(t_m) \approx \delta z_i(t_k) + \delta v_{\mathrm{u}i} \cdot (m-k)T \tag{6-38c}$$

将式(6-38)代入式(6-36)，可以将观测过程中任意采样时刻 t_k 的量测方程都表示成以 t_m 时刻 INS 误差为状态量的形式

$$\widetilde{\boldsymbol{Z}}_i(t_k) \approx \boldsymbol{H}_i^m(t_k) \cdot \delta\boldsymbol{X}_i(t_m) - \boldsymbol{W}_i(t_k) \tag{6-39}$$

式中，

$$\boldsymbol{H}_i^m=\begin{bmatrix} a_{11}^i & a_{12}^i & 0 & -a_{11}^i\cdot(m-k)T & -a_{12}^i\cdot(m-k)T & 0\\ a_{21}^i & a_{22}^i & a_{23}^i & -a_{21}^i\cdot(m-k)T & -a_{22}^i\cdot(m-k)T & -a_{23}^i\cdot(m-k)T\\ a_{31}^i & a_{32}^i & 0 & a_{34}^i-a_{31}^i\cdot(m-k)T & a_{35}^i-a_{32}^i\cdot(m-k)T & 0\\ a_{41}^i & a_{42}^i & a_{43}^i & a_{44}^i-a_{41}^i\cdot(m-k)T & a_{45}^i-a_{42}^i\cdot(m-k)T & a_{46}^i-a_{43}^i\cdot(m-k)T \end{bmatrix}。$$

由于 INS 误差量 $\delta\boldsymbol{X}_i(t_m)$ 是 6 维向量，而第 i 枚导弹相对于被测地标的量测量 $\widetilde{\boldsymbol{Z}}_i(t_k)$ 仅为 4 维向量，因此，式(6-39)无法直接估计出导弹所有的 INS 误差量。

考虑到第一阶段协同误差修正已经使得编队中两枚导弹的 INS 误差具有一致性，即：

$$\delta\boldsymbol{X}_i(t_m)=\delta\boldsymbol{X}(t_m)\quad(i=1,2) \tag{6-40}$$

若融合编队中第 i 和第 j ($j=1,2,\cdots,n$ 且 $j\neq i$) 枚导弹的视觉量测信息，则

式(6 - 39)可改写为

$$\tilde{\boldsymbol{Z}}(t_k) \approx \boldsymbol{H}^m(t_k) \cdot \delta\boldsymbol{X}(t_m) - \boldsymbol{W}(t_k) \tag{6-41}$$

式中，

$$\tilde{\boldsymbol{Z}}(t_k)=[\tilde{\boldsymbol{Z}}_i(t_k),\tilde{\boldsymbol{Z}}_j(t_k)]^{\mathrm{T}};\boldsymbol{H}^m(t_k)=\begin{bmatrix}\boldsymbol{H}_i^m(t_k)\\ \boldsymbol{H}_j^m(t_k)\end{bmatrix};\boldsymbol{W}(t_k)=[\boldsymbol{W}_i(t_k),\boldsymbol{W}_j(t_k)]^{\mathrm{T}}。$$

由式(6 - 41)可以看出，量测量 $\tilde{\boldsymbol{Z}}(t_k)$增加至 8 维向量，而 INS 误差量 $\boldsymbol{X}(t_m)$却没有改变(仍为 6 维向量)，因此可以利用最小二乘法估计出导弹编队的 INS 位置和速度误差。

利用平均去噪的思想，将 m 次观测得到的量测方程求和处理

$$\sum_{k=1}^{m}\tilde{\boldsymbol{Z}}(t_k) \approx \sum_{k=1}^{m}\boldsymbol{H}^m(t_k) \cdot \delta\boldsymbol{X}(t_m) - \sum_{k=1}^{m}\boldsymbol{W}(t_k) \tag{6-42}$$

又量测噪声可以认为是白噪声，可以合理地认为

$$A^{-1} \cdot \left(\sum_{k=1}^{m}\boldsymbol{H}_m(t_k)\right)^{\mathrm{T}}\left(\sum_{k=1}^{m}\boldsymbol{W}(t_k)\right) \approx 0 \tag{6-43}$$

于是利用最小二乘求解可得

$$\delta\hat{X}(t_m) \approx A^{-1}\boldsymbol{b} \tag{6-44}$$

式中，

$$\boldsymbol{A}=\left(\sum_{k=1}^{m}\boldsymbol{H}_m(t_k)\right)^{\mathrm{T}}\left(\sum_{k=1}^{m}\boldsymbol{H}_m(t_k)\right);$$

$$\boldsymbol{b}=\left(\sum_{k=1}^{m}\boldsymbol{H}_m(t_k)\right)^{\mathrm{T}}\left(\sum_{k=1}^{m}\tilde{\boldsymbol{Z}}(t_k)\right)。$$

这样，就估计出了 t_m 时刻，第 $i(i=1,2,\cdots,n)$枚导弹的 INS 位置和速度误差。

利用 $\delta\hat{\boldsymbol{X}}(t_m)$对 INS 估计数据进行更新，原理及过程与 6.2 节中相似，即式(6 - 28)，在此不再赘述。

6.3.3　仿真分析

假设两枚导弹编队飞行，飞行速度为$(-250,-100,0)^{\mathrm{T}}$(单位：m/s)，飞行过程中各枚导弹可以相互测量相对位置及位置变化率，量测误差忽略不计。表 6 - 3 对比给出了第一阶段误差修正前后导弹编队 INS 的估计精度。

表 6 - 3　第一阶段误差修正前后 INS 的估计精度对比

		$\delta\hat{x}_i$/m	$\delta\hat{y}_i$/m	$\delta\hat{z}_i$/m	$\delta\hat{v}_{ei}/(\mathrm{m}\cdot\mathrm{s}^{-1})$	$\delta\hat{v}_{ni}/(\mathrm{m}\cdot\mathrm{s}^{-1})$	$\delta\hat{v}_{ui}/(\mathrm{m}\cdot\mathrm{s}^{-1})$
修正前	第 1 枚	472	−500	75	10	−8	3
	第 2 枚	−400	690	59	−6	14	5
修正后		72	190	67	4	6	4

由表 6-3 可以看出，经过第一阶段 INS 误差修正，抵消了编队中两枚导弹的 INS 异向误差，平均了编队中两枚导弹的 INS 同向误差，使得编队中两枚导弹的 INS 误差达到一致，且较修正前的导弹 INS 位置和速度误差得到抑制。因此，在无绝对信息可供参考的情形下，两弹进行第一阶段 INS 误差修正，可以在一定程度上减缓 INS 误差的发散速度。

在第一阶段误差修正的基础上，即编队中各枚导弹的 INS 误差具有一致性，t_1 时刻两枚导弹对进入视场的某已知地标开始进行观测，$\delta \boldsymbol{X}_i(t_1)=\delta \boldsymbol{X}(t_1)=(72\ \mathrm{m}, 190\ \mathrm{m}, 67\ \mathrm{m}, 4\ \mathrm{m/s}, 6\ \mathrm{m/s}, 4\ \mathrm{m/s})^{\mathrm{T}}$，$i=1,2$。成像导引头方位角量测误差为幅值 0.7°的白噪声；高度角量测误差为幅值 0.5°的白噪声；视线角速率量测误差为幅值 0.15(°)/s 的白噪声。受成像导引头视场的约束，设可观测时间为 2 s，采样周期 20 ms，即 $n=100$；迭代终止阈值设置为 $(\xi_1,\xi_2,\xi_3,\xi_4)^{\mathrm{T}}=(1\ \mathrm{m}, 1\ \mathrm{m}, 1\ \mathrm{m/s}, 1\ \mathrm{m/s})^{\mathrm{T}}$。$\delta\hat{\boldsymbol{X}}(t_m)$ 估计结果如表 6-4 所示。

表 6-4　$\delta\hat{\boldsymbol{X}}(t_m)$ 估计结果及估计精度

	迭代次数 d			$\delta\hat{\boldsymbol{X}}(t_m)$	$\delta\boldsymbol{X}(t_m)$	$\boldsymbol{\delta}$
	1	2	3			
δx_i/m	77.611	−0.426 52	0.000 390 69	77.184 6	79.920 0	−2.735 4
δy_i/m	204.28	−4.537 2	−0.001 453 3	199.740 0	201.880 0	−2.140 0
δz_i/m	74.323	−1.735 7	−0.000 146 61	72.587 3	74.920 0	−2.332 7
$\delta v_{ei}/(\mathrm{m\cdot s^{-1}})$	5.554 1	−0.700 75	0.000 786 81	4.854 2	4.000 0	0.854 2
$\delta v_{ni}/(\mathrm{m\cdot s^{-1}})$	8.230 5	−1.578 8	−0.001 384 8	6.650 3	6.000 0	0.650 3
$\delta v_{ui}/(\mathrm{m\cdot s^{-1}})$	3.518	0.177 11	0.000 742 94	3.695 9	4.000 0	−0.304 1

设第 d 次迭代估计的 INS 误差量为 $\delta\hat{\boldsymbol{X}}^d(t_m)(d=1,2\cdots,n)$，由表 6-4 可以看出，迭代 3 次以后，第 3 次迭代得到的 INS 误差量 $\delta\hat{\boldsymbol{X}}^3(t_m)$ 的各个分量的绝对值都小于设定的阈值 $\xi_i(i=1,2,3,4)$，迭代终止。将 3 次迭代得到的 INS 误差估计量 $\delta\hat{\boldsymbol{X}}^d(t_m)(d=1,2,3)$ 进行累加，即得到 t_m 时刻 INS 误差估计值 $\delta\hat{\boldsymbol{X}}(t_m)$。

表 6-4 中 $\boldsymbol{\delta}=\delta\hat{\boldsymbol{X}}(t_m)-\delta\boldsymbol{X}(t_m)$ 表示 INS 误差估计的精度。其中，$\delta\boldsymbol{X}(t_m)$ 表示 t_m 时刻的 INS 误差的真值，由 $\delta\boldsymbol{X}(t_1)$ 和式(6-38)可得，$\delta\boldsymbol{X}(t_m)=(79.92\ \mathrm{m}, 201.88\ \mathrm{m}, 74.92\ \mathrm{m}, 4\ \mathrm{m/s}, 6\ \mathrm{m/s}, 4\ \mathrm{m/s})^{\mathrm{T}}$。

由表 6-4 可以看出，经过第二阶段误差修正，INS 位置和速度误差的估计精度分别不低于 3 m 和 1 m/s。

综合表 6-3 和表 6-4，可以得出如下结论：

(1) 第一阶段误差修正使得编队中各枚导弹的 INS 误差具有一致性，这一方面在一定程度上抑制了 INS 误差发散，另一方面为第二阶段误差修正奠定了基础。

(2) 与现有的方法相比较，第二阶段 INS 误差修正具有如下特点：导弹数目要求低（不少于两枚）；地标数目和特性要求低（单个点地标）；仅需导弹相对于地标的视觉信息，且仅需 2 s 甚至更短时间的观测数据；能够实现导弹编队 INS 位置和速度误差的同时修正。

6.4　几何构形

在成像导引头和无线电测距量测精度确定的情况下，如何使几何精度因子（GDOP）的数值尽量减小，是提高导弹 INS 误差修正精度的一个重要途径。而 GDOP 是由参与协同误差修正的导弹数量及导弹与地标间的几何关系决定的，因此，如何从导弹编队中选择用于进行误差修正的导弹，成为影响 INS 误差修正精度的关键。

由式(6－27)可得，$\hat{\boldsymbol{X}}(t_m)$是一个 18 维状态量，不容易直接对其进行精度分析。其实，量测模型(6－20)已经确定了一个三棱锥，只要确定其中一个顶点，其余三个顶点也可以被确定。基于地标协同修正多导弹 INS 误差的最优几何构形等同于多导弹协同定位地标的最优几何构形。因此，在讨论几何构形问题时，可以把问题转化为多导弹协同定位地标的问题。为了简化问题，将分别在水平方向和高程方向进行研究。

6.4.1　水平位置精度因子(HDOP)

在水平方向，仅需视线方位角就能实现地标水平分量的定位，与高度角无关。

如图 6－1 所示，设在以地标附近某点为原点的东北天局部坐标系中，地标的位置为 $\boldsymbol{x}_{\mathrm{T}}=(x_{\mathrm{T}},y_{\mathrm{T}},z_{\mathrm{T}})^{\mathrm{T}}$，对于第 $k(k=1,2,\cdots,n)$ 枚导弹，导弹对地标进行观测，有非线性量测方程

$$\tan A_{zk}=\frac{y_{\mathrm{T}}-y_k}{x_{\mathrm{T}}-x_k}\tag{6-45}$$

由于存在量测误差，式(6－45)只是近似成立。

式(6－45)变形可以写成

$$x_{\mathrm{T}}\sin A_{zk}-y_{\mathrm{T}}\cos A_{zk}=x_k\sin A_{zk}-y_k\cos A_{zk}\tag{6-46}$$

对于参与协同 INS 误差修正的 n 枚导弹，式(6－46)写成矩阵的形式可得：

$$\boldsymbol{A}\boldsymbol{x}_{\mathrm{T}}=\boldsymbol{B}\tag{6-47}$$

式中

$$\boldsymbol{A}=\begin{bmatrix}\sin A_{z1} & -\cos A_{z1}\\ \sin A_{z2} & -\cos A_{z2}\\ \vdots & \vdots\\ \sin A_{zn} & -\cos A_{zn}\end{bmatrix},\ \boldsymbol{B}=\begin{bmatrix}b_1\\ b_2\\ \vdots\\ b_n\end{bmatrix}=\begin{bmatrix}x_1\sin A_{z1}-y_1\cos A_{z1}\\ x_2\sin A_{z2}-y_2\cos A_{z2}\\ \vdots\\ x_n\sin A_{zn}-y_n\cos A_{zn}\end{bmatrix}。$$

式(6－47)的最小二乘解为

$$\boldsymbol{x}_{\mathrm{LS}}=(\boldsymbol{A}^{\mathrm{T}}\boldsymbol{A})^{-1}\boldsymbol{A}^{\mathrm{T}}\boldsymbol{B} \tag{6-48}$$

由式(6－48)可知，若 $\boldsymbol{x}_{\mathrm{LS}}$ 存在，需要

$$\boldsymbol{A}^{\mathrm{T}}\boldsymbol{A}=\boldsymbol{F} \tag{6-49}$$

可逆，于是可得

$$F^{-1}=\frac{1}{\det\boldsymbol{F}}\begin{bmatrix} f_{11} & f_{12} \\ f_{21} & f_{22} \end{bmatrix} \tag{6-50}$$

式中，$\det\boldsymbol{F}$ 表示 $\boldsymbol{F}$ 的行列式，且

$$f_{11}=\sum_{k=1}^{n}\cos^2 A_{zk},\ f_{22}=\sum_{k=1}^{n}\sin^2 A_{zk},$$

$$f_{12}=f_{21}=\sum_{k=1}^{n}\sin A_{zk}\cos A_{zk},\ \det\boldsymbol{F}=\sum_{k=1}^{n-1}\sum_{l=k+1}^{n}\sin^2\Delta A_{z,kl}$$

式中，$\Delta A_{z,kl}=A_{z,k}-A_{z,l}$。

式(6－50)表明，若参与协同 INS 误差修正的所有导弹的弹目视线方位角均为 0 或 π，将导致 $\boldsymbol{F}$ 奇异，进而使得式(6－48)的最小二乘解不存在。这种情况下，参与协同 INS 误差修正的所有导弹在水平面的投影呈直线分布，且地标位于该直线上。所以，在工程实践中，$\boldsymbol{x}_{\mathrm{LS}}$ 可以合理地认为是存在的。

考虑到量测误差的影响，(6－47)可以进一步写为

$$\boldsymbol{A}\boldsymbol{x}_{\mathrm{T}}=\boldsymbol{B}+\boldsymbol{e} \tag{6-51}$$

式中，$\boldsymbol{e}$ 为 $\boldsymbol{B}$ 的误差。

令 $\boldsymbol{A}_z=(A_{z1},A_{z2},\cdots,A_{zn})^{\mathrm{T}}$，有

$$\frac{\mathrm{d}\boldsymbol{B}}{\mathrm{d}\boldsymbol{A}_z}=\mathrm{diag}\left(\frac{\mathrm{d}b_1}{A_{z1}},\frac{\mathrm{d}b_2}{A_{z2}},\cdots,\frac{\mathrm{d}b_n}{A_{zn}}\right) \tag{6-52}$$

式中，

$$\frac{\mathrm{d}b_k}{A_{zk}}=x_k\cos A_{zk}+y_k\sin A_{zk}。$$

假设式(6－52)中 $\mathrm{d}\boldsymbol{B}\approx\boldsymbol{e}$，则

$$\boldsymbol{e}=\begin{bmatrix} e_1 \\ e_2 \\ \vdots \\ e_n \end{bmatrix}=\begin{bmatrix} (x_1\cos A_{z1}+y_1\sin A_{z1})\mathrm{d}A_{z1} \\ (x_2\cos A_{z2}+y_2\sin A_{z2})\mathrm{d}A_{z2} \\ \vdots \\ (x_n\cos A_{zn}+y_n\sin A_{zn})\mathrm{d}A_{zn} \end{bmatrix} \tag{6-53}$$

假设所有导弹的成像导引头方位角量测标准差均为 σ_{A_z}，则 $\boldsymbol{e}$ 的协方差为

$$\boldsymbol{P}_e=\mathrm{E}[\boldsymbol{e}\boldsymbol{e}^{\mathrm{T}}]=\mathrm{diag}(\boldsymbol{g}_1,\boldsymbol{g}_1,\cdots,\boldsymbol{g}_n)\sigma_{A_z}^2 \tag{6-54}$$

式中，$g_k=(x_k\cos A_{zk}+y_k\sin A_{zk})^2$，且 $g_k\sigma_{A_z}^2$ 为 e_k 的方差。

显然，$\mathrm{E}[\boldsymbol{e}]=0$，且 $\boldsymbol{e}$ 中各误差分量之间相互独立。但由式(6－54)可得 $\boldsymbol{e}$ 中各误差分量的方差并不相同。由 Gauss-Markov 定理[149]可知，式(6－48)求得的最小二

乘解并不是方差最小意义下的最优估计。

由式(6-48)和(6-51)可得，最小二乘解 $\boldsymbol{x}_{\mathrm{LS}}$ 的定位误差为

$$\Delta\boldsymbol{x}_{\mathrm{LS}}=\boldsymbol{x}_{\mathrm{LS}}-\boldsymbol{x}_{\mathrm{T}}=\boldsymbol{F}^{-1}\boldsymbol{A}^{\mathrm{T}}\boldsymbol{B}-\boldsymbol{F}^{-1}\boldsymbol{F}\boldsymbol{x}_{\mathrm{T}}=\boldsymbol{F}^{-1}\boldsymbol{A}^{\mathrm{T}}(-\boldsymbol{e}) \tag{6-55}$$

则定位误差协方差为

$$\begin{aligned}\boldsymbol{P}_{x_{\mathrm{LS}}}&=\mathrm{E}\left[\Delta\boldsymbol{x}_{\mathrm{LS}}\Delta\boldsymbol{x}_{\mathrm{LS}}^{\mathrm{T}}\right]=\boldsymbol{F}^{-1}\boldsymbol{A}^{\mathrm{T}}\boldsymbol{P}_{e}(\boldsymbol{F}^{-1}\boldsymbol{A}^{\mathrm{T}})^{\mathrm{T}}\\&=\frac{\sigma_{A_z}^{2}}{(\det\boldsymbol{F})^{2}}\begin{bmatrix}l_{11}&l_{12}\\l_{21}&l_{22}\end{bmatrix}\overset{\text{def}}{=\!=}\frac{\sigma_{A_z}^{2}\boldsymbol{L}}{(\det\boldsymbol{F})^{2}}\end{aligned} \tag{6-56}$$

式中，

$$l_{11}=\sum_{k=1}^{n}(f_{11}\sin A_{zk}-f_{12}\cos A_{zk})^{2}g_{k};$$

$$l_{12}=l_{21}=\sum_{k=1}^{n}\left[(f_{11}\sin A_{zk}-f_{12}\cos A_{zk})(f_{21}\sin A_{zk}-f_{22}\cos A_{zk})g_{k}\right];$$

$$l_{22}=\sum_{k=1}^{n}(f_{21}\sin A_{zk}-f_{22}\cos A_{zk})^{2}g_{k}。$$

因此，几何精度因子(GDOP)可以表示为

$$G_{n}=\sqrt{\mathrm{tr}(\boldsymbol{P}_{x_{\mathrm{LS}}})}=\frac{\sigma_{A_z}}{\det\boldsymbol{F}}\sqrt{l_{11}+l_{22}}=\frac{\sqrt{(f_{11}^{2}+f_{21}^{2})\omega_{1}+(f_{12}^{2}+f_{22}^{2})\omega_{2}-2nf_{12}\omega_{3}}}{\det\boldsymbol{F}\sigma_{A_z}^{-1}} \tag{6-57}$$

式中，

$$\omega_{1}=\sum_{k=1}^{n}\sin^{2}A_{zk}g_{k};\omega_{2}=\sum_{k=1}^{n}\cos^{2}A_{zk}g_{k};\omega_{3}=\sum_{k=1}^{n}\sin A_{zk}\cos A_{zk}g_{k}。$$

式(6-57)表明多弹协同定位地标的精度与三个因素有关：成像导引头的量测精度、导弹的数目及导弹的位置。

由于导弹成像导引头属于前视装置，因此，地标一定位于导弹编队在水平面投影的闭合区域之外。参考文献[166]，假定编队中各枚导弹的成像导引头测量精度相同，可以得到如下结论：

(1) 只有以地标位置为原点建立坐标系且各枚导弹与地标距离相等时，即地标位于所有参与协同误差修正的导弹形成的外接圆的圆心，可以达到方差最小意义下的最优估计，此时的 HDOP 为

$$G_{n}=r_{\mathrm{T}}\sigma_{A_z}\sqrt{\frac{n}{\det\boldsymbol{F}}}\quad(n\geqslant 3) \tag{6-58}$$

式中，r_{T} 为外接圆的半径；σ_{A_z} 为方位角量测标准差；n 为参与协同误差修正的导弹数量；$\det\boldsymbol{F}=\sum_{j=1}^{n-1}\sum_{p=j+1}^{n}\sin^{2}\Delta A_{z,jp}$；$\Delta A_{z,jp}=A_{z,p}-A_{z,j}$。

(2) 在结论(1)的基础上，当相邻导弹视线方位角夹角相同，且满足最优夹角

$$\begin{cases}\Delta A_{z,12}=\Delta A_{z,23}=\cdots=\Delta A_{z,(n-1)n}=\dfrac{1}{n-2}\cdot\dfrac{\pi}{2}\\ \Delta A_{z,n1}=\dfrac{n-1}{n-2}\cdot\dfrac{\pi}{2}\end{cases} \tag{6-59}$$

此时,参与协同误差修正的 n 枚导弹呈最佳配置,其 HDOP 为

$$G_n=2r_{\mathrm{T}}\sigma_{A_z}/\sqrt{n}\ (n\geqslant 3) \tag{6-60}$$

由于导弹成像导引头视场范围有限,设其为 $[-A_z^{\max},A_z^{\max}]$,则由式(6-59)可得如下约束条件

$$n\geqslant\frac{\pi-8A_z^{\max}}{\pi-4A_z^{\max}},n\geqslant 3\text{ 且为正整数} \tag{6-61}$$

例如,设某型导弹成像导引头视场范围为 $[-\pi/3,\pi/3]$,由式(6-61)可得,$n\geqslant 5$。因此,虽然 3 枚导弹就能够实现定位,但为了达到最优的几何构形,要求参与协同定位的导弹数量不少于 5 枚。

6.4.2 高程精度因子(VDOP)

在 6.4.1 小节导弹在水平面的投影到地标的距离 r_{T} 确定的基础上,下面讨论在高程方向,由多枚导弹的高度角定位地标高度的最优几何构形。对参与协同误差修正的第 $j(j=1,2,\cdots,n,n\geqslant 3)$ 枚导弹,导弹观测地标的高度角可以表示为

$$\tan E_{lj}=\frac{z_j-z_{\mathrm{T}}}{r_{\mathrm{T}}} \tag{6-62}$$

式中,z_{T} 表示地标高度。

式(6-62)可改写为

$$z_{\mathrm{T}}\cos E_{lj}=z_j\cos E_{lj}-r_{\mathrm{T}}\sin E_{lj} \tag{6-63}$$

对于参与协同误差修正的所有 n 枚导弹,式(6-63)可以写成如下矩阵形式

$$\boldsymbol{a}z_{\mathrm{T}}=\boldsymbol{b} \tag{6-64}$$

式中,$\boldsymbol{a}=[E_{l1},E_{l2},\cdots,E_{ln}]^{\mathrm{T}}$;$\boldsymbol{b}=\begin{bmatrix}z_1\cos E_{l1}-r_{\mathrm{T}}\sin E_{l1}\\ z_2\cos E_{l2}-r_{\mathrm{T}}\sin E_{l2}\\ \vdots\\ z_n\cos E_{ln}-r_{\mathrm{T}}\sin E_{ln}\end{bmatrix}\overset{\text{def}}{=\!=}\begin{bmatrix}b_1\\ b_2\\ \vdots\\ b_n\end{bmatrix}$。

式(6-64)的解为

$$z_{\mathrm{T}}=(\boldsymbol{a}^{\mathrm{T}}\boldsymbol{a})^{-1}\boldsymbol{a}^{\mathrm{T}}\boldsymbol{b} \tag{6-65}$$

由式(6-65)可知,要 z_{T} 存在,必须 $\boldsymbol{a}^{\mathrm{T}}\boldsymbol{a}=\sum_{j=1}^{n}\cos^2E_{lj}\neq 0$。若参与协同误差修正的所有 n 枚导弹在空间呈直线分布,则弹间距离信息不独立,系统不可观测。为此,要求参与协同误差修正的导弹不共线。这样,参与协同误差修正的所有 n 枚导弹不可能全部位于地标的正上方,因此,z_{T} 的解存在。

当考虑量测误差时，式(6-64)应修改为

$$\boldsymbol{a}z_{\mathrm{T}}=\boldsymbol{b}+\boldsymbol{e} \tag{6-66}$$

式中，$\boldsymbol{e}$ 为等效的量测误差。

令 $\boldsymbol{E}_l=(E_{l1},E_{l2},\cdots,E_{ln})^{\mathrm{T}}$，有

$$\frac{\mathrm{d}\boldsymbol{b}}{\mathrm{d}\boldsymbol{E}_l}=\mathrm{diag}\left(\frac{\mathrm{d}b_1}{\mathrm{d}E_{l1}},\frac{\mathrm{d}b_2}{\mathrm{d}E_{l2}},\cdots,\frac{\mathrm{d}b_n}{\mathrm{d}E_{ln}}\right)$$

$$\frac{\mathrm{d}b_j}{\mathrm{d}E_{lj}}=-z_j\sin E_{lj}-r_{\mathrm{T}}\cos E_{lj}$$

则

$$\boldsymbol{e}\approx\mathrm{d}\boldsymbol{b}=\begin{bmatrix}(-z_1\sin E_{l1}-r_{\mathrm{T}}\cos E_{l1})\cdot\mathrm{d}E_{l1}\\(-z_2\sin E_{l2}-r_{\mathrm{T}}\cos E_{l2})\cdot\mathrm{d}E_{l2}\\\vdots\\(-z_n\sin E_{ln}-r_{\mathrm{T}}\cos E_{ln})\cdot\mathrm{d}E_{ln}\end{bmatrix}$$

利用最小二乘法，可以估计得到式(6-66)的解

$$\hat{z}_{\mathrm{T}}=(\boldsymbol{a}^{\mathrm{T}}\boldsymbol{a})^{-1}\boldsymbol{a}^{\mathrm{T}}(\boldsymbol{b}+\boldsymbol{e}) \tag{6-67}$$

由式(6-65)和式(6-67)可得 $\hat{z}_{\mathrm{T}}$ 的定位误差为

$$\Delta\boldsymbol{z}_{\mathrm{T}}=\hat{\boldsymbol{z}}_{\mathrm{T}}-\boldsymbol{z}_{\mathrm{T}}=(\boldsymbol{a}^{\mathrm{T}}\boldsymbol{a})^{-1}\boldsymbol{a}^{\mathrm{T}}(\boldsymbol{e}) \tag{6-68}$$

则定位误差的方差可以表示为

$$\boldsymbol{P}_{\hat{z}_{\mathrm{T}}}=\mathrm{E}[\Delta\boldsymbol{z}_{\mathrm{T}}\Delta\boldsymbol{z}_{\mathrm{T}}^{\mathrm{T}}]=(\boldsymbol{a}^{\mathrm{T}}\boldsymbol{a})^{-1}\boldsymbol{a}^{\mathrm{T}}\boldsymbol{P}_e((\boldsymbol{a}^{\mathrm{T}}\boldsymbol{a})^{-1}\boldsymbol{a}^{\mathrm{T}})^{\mathrm{T}} \tag{6-69}$$

假设所有导弹成像导引头高度角量测误差标准差均为 σ_{E_l}，则 $\boldsymbol{e}$ 的协方差为

$$\boldsymbol{P}_e=\boldsymbol{E}[\boldsymbol{e}\boldsymbol{e}^{\mathrm{T}}]=\mathrm{diag}(g_1,g_2,\cdots,g_n)^{\mathrm{T}}\sigma_{E_l}^2 \tag{6-70}$$

式中，$g_j=(z_j\sin E_{l,j}+r_{\mathrm{T}}\cos E_{l,j})^2=r_{\mathrm{T}}^2/\cos^2E_{l,j}$。

将式(6-70)代入式(6-69)可得

$$\boldsymbol{P}_{\hat{z}_{\mathrm{T}}}=n\sigma_{E_l}^2r_{\mathrm{T}}^2\left(\sum_{j=1}^{n}\cos^2E_{lj}\right)^{-2} \tag{6-71}$$

于是，VDOP 为

$$H_n=\frac{\sqrt{n}\,r_{\mathrm{T}}\sigma_{E_l}}{\sum\limits_{j=1}^{n}\cos^2E_{lj}}\quad(n\geqslant 3) \tag{6-72}$$

当编队中各导弹飞行高度相同时，由于各导弹在水平面的投影到地标的距离 r_{T} 相同，因此 $E_{l,j}=E_l(j=1,2,\cdots,n)$，则 VDOP 可以简化为

$$H_n=\frac{r_{\mathrm{T}}\sigma_{E_l}}{\sqrt{n}\cdot\cos^2E_l}\quad(n\geqslant 3) \tag{6-73}$$

可得，在其他条件相同的情况下，导弹飞行高度越低，高度定位精度越高。

6.5 本章小结

针对多导弹编队飞行过程中，INS 单独使用时存在位置和速度估计误差发散的问题，提出了基于单个已知点地标被动观测和弹间测距的多弹协同 INS 误差修正方法。

6.2 节提出了一种基于 INS 信息、成像导引头提供的导弹相对于已知地标的视线角和视线角速率信息以及弹间一维相对距离和相对速度信息的多导弹(不少于 3 枚)协同 INS 误差修正方法。该方法具有如下特点：

(1) 基于地标被动观测的多导弹协同误差修正方法，在不需要弹目距离信息或高度表信息或空速管信息的前提下，利用 INS 信息、视觉信息及弹间一维距离和速度信息，实现了导弹编队 INS 位置和速度误差的同时修正。

(2) 以 INS 误差作为状态量，以导弹观测序列与 INS 估计信息解算的伪观测序列构造观测量，线性求解 INS 误差，并利用平均去噪思想提高估计精度，处理方法简单，计算量小。

6.3 节针对仅有两枚导弹编队的情形，提出了一种两弹协同 INS 误差两阶段修正方法。该方法具有如下特点：

(1) 第一阶段误差修正使得编队中两枚导弹的 INS 误差具有一致性，这一方面在一定程度上抑制了 INS 误差发散，另一方面为第二阶段误差修正奠定了基础。

(2) 与现有的方法相比较，第二阶段 INS 误差修正具有如下特点：导弹数目要求低(两枚以上即可)；地标数目和特性要求低(单个点地标即可)；仅需导弹相对于地标的视觉信息，且仅需 2 s 甚至更短时间的观测数据；能够实现导弹编队 INS 位置和速度误差的同时修正。

采用 6.2 和 6.3 节思路解决此类问题，国内外文献未见报道。

最后，6.4 节分析了参与协同误差修正的各枚导弹相对于被测地标的几何构形对 INS 误差修正精度的影响，从理论上推导了 HDOP 和 VDOP，给出了参与协同误差修正的各枚导弹相对于被测地标的最优几何构形，对于提高导弹编队 INS 误差修正精度具有一定的参考意义。

第7章　飞行器中制导段惯性视线重构及精度分析

7.1　概　述

惯性视线角和视线角速率信息是飞行器视觉辅助INS误差修正的关键输入信息，其误差直接影响INS误差的修正精度。但飞航导弹等飞行器装备的捷联式成像导引头，不能够直接获得导弹相对于地标的惯性视线，需要依托体视线进行重构[167-168]。因此，有必要研究视线角、视线角速率在地理系、导航系、弹体系及视线系间的转换方法、传递关系、传递精度及误差因素，并通过分析视线角、视线角速率量测误差在地球系、地理系、弹体系、SINS的数学平台系、视线系（LOS系）之间转换时的传递关系，确定这些误差对基于成像导引头的INS导航误差修正精度的影响。

已有学者在惯性视线重构及精度分析方面进行了研究。参考文献[169]针对末制导段目标跟踪的特点，给出了末制导段惯性视线重构的近似误差传递公式。参考文献[170]提出了一种惯性视线重构滤波器的设计方案，有效提高了捷联寻的器惯性视线信息的提取精度，为捷联成像寻的系统的惯性视线重构开辟了一种新的处理途径。但是现有文献都是针对末制导段惯性视线重构进行的研究，中末制导特点不同，因此，相关结论不能保证适用于中制导段。

本章针对飞航导弹等飞行器中制导段视觉导航惯性视线重构的特点，首先，根据体视线和弹体姿态到惯性视线的映射关系，给出了惯性视线的重构过程；其次，从增益范数的角度分析了导弹与地标间的相对关系及弹体姿态对惯性视线重构精度的影响；然后，基于映射函数的雅可比矩阵，研究了惯导姿态量测误差和捷联成像导引头体视线角量测误差对惯性视线重构精度的影响，推导出了中制导段惯性视线重构的误差传递近似公式；最后，仿真验证了文中公式和结论的正确性。

根据这些理论分析结果，结合对INS导航误差修正精度的要求，可以反过来对这些装置的精度提出要求。

7.2　惯性视线重构

7.2.1　惯性视线重构的特点

末制导段，导弹捷联成像导引头搜索到目标后，对目标进行跟踪，导弹需要通过机动使弹体纵轴跟踪视线的变化，以保证目标始终位于导引头有效视场内，这就决定了体视线角较小。与末制导段不同，中制导段视觉导航惯性视线重构存在如下特点：

① 成像导引头对地标进行连续被动观测时，导弹无须改变原来的巡航状态。

② 考虑到中制导段导弹多为水平飞行，所以俯仰角和滚转姿态角较小。

③ 由于弹体纵轴不指向地标，所以视觉导航过程中，体视线角不断变大，直至地标超出捷联成像导引头视场。

7.2.2 惯性视线重构的过程

与惯性视线重构相关的坐标系定义如下：

(1) 导航坐标系（$OX_nY_nZ_n$）

坐标系原点选在导弹的质心，OX_n 轴指向正东，OY_n 轴指向正北，OZ_n 轴沿垂线方向指向天，与 OX_n、OY_n 构成右手直角坐标系。

(2) 弹体坐标系（$OX_bY_bZ_b$）

弹体坐标系固连在弹体上。坐标系原点位于导弹的质心，OX_b 沿弹体纵轴指向前，OZ_b 轴沿弹体横轴指向右，OY_b 轴沿弹体的竖轴指向上，与 OX_b、OZ_b 构成右手坐标系。

(3) 体视线坐标系（$OX_cY_cZ_c$）

原点选在导引头光学中心，OX_c 沿着光学中心与目标质心的连线，指向地标，OY_c 在导弹的纵向对称平面内，垂直于 OX_c 指向上，OZ_c 与 OX_c、OY_c 构成右手直角坐标系。

(4) 视线坐标系（$OX_lY_lZ_l$）

原点位于导引头光学中心，OX_l 沿着光学中心与目标质心的连线，指向地标，OY_l 在包含 OX_l 轴的铅平面内，垂直于 OX_l 指向上，OZ_l 轴与 OX_l 轴、OY_l 轴组成右手直角坐标系。

上述四种坐标系的关系如图 7－1 所示。

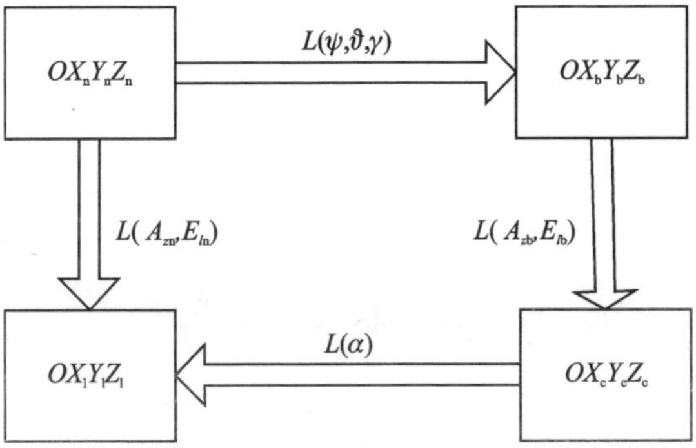

图 7－1 相关坐标系间的转换关系

图7-1中，ψ、ϑ、γ分别为导弹的偏航、俯仰、滚转姿态角，A_{zb}、E_{lb}分别为弹体坐标系中捷联成像导引头测得的体视线方位角和高度角，A_{zn}、E_{ln}为在导航坐标系中需要重构的惯性视线方位角和高度角。由于体视线坐标系和视线坐标系具有相同的纵轴（即OX_c轴与OX_l轴重合），所以视线坐标系绕OX_l轴旋转α即可得到体视线坐标系。

导弹对地标进行观测，利用捷联成像导引头测得的导弹相对于被测地标的体视线方位角A_{zb}和体视线高度角E_{lb}，可以得到弹体坐标系下的单位视线方向向量$\boldsymbol{\rho}_b$为

$$\boldsymbol{\rho}_b = [\cos E_{lb}\cos A_{zb} \quad \sin E_{lb} \quad -\cos E_{lb}\sin A_{zb}]^T \tag{7-1}$$

利用采样时刻弹体的姿态（ψ，ϑ，γ），可以构建从弹体系到导航坐标系的姿态转换矩阵$\boldsymbol{C}_b^n$为

$$\boldsymbol{C}_b^n = \begin{bmatrix} l_1 & m_1 & n_1 \\ l_2 & m_2 & n_2 \\ l_3 & m_3 & n_3 \end{bmatrix}$$
$$= \begin{bmatrix} \cos\psi\cos\vartheta & -\cos\psi\sin\vartheta\cos\gamma+\sin\psi\sin\gamma & \cos\psi\sin\vartheta\sin\gamma+\sin\psi\cos\gamma \\ \sin\vartheta & \cos\vartheta\cos\gamma & -\cos\vartheta\sin\gamma \\ -\sin\psi\cos\vartheta & \sin\psi\sin\vartheta\cos\gamma+\cos\psi\sin\gamma & -\sin\psi\sin\vartheta\sin\gamma+\cos\psi\cos\gamma \end{bmatrix} \tag{7-2}$$

应用$\boldsymbol{C}_b^n$对$\boldsymbol{\rho}_b$进行变换，可得导航坐标下的单位视线方向向量

$$\boldsymbol{\rho}_n = \boldsymbol{C}_b^n \cdot \boldsymbol{\rho}_b = [a_1, a_2, a_3]^T \tag{7-3}$$

式中，

$$a_1 = l_1\cos E_{lb}\cos A_{zb} + m_1\sin E_{lb} - n_1\cos E_{lb}\sin A_{zb} \tag{7-3a}$$
$$a_2 = l_2\cos E_{lb}\cos A_{zb} + m_2\sin E_{lb} - n_2\cos E_{lb}\sin A_{zb} \tag{7-3b}$$
$$a_3 = l_3\cos E_{lb}\cos A_{zb} + m_3\sin E_{lb} - n_3\cos E_{lb}\sin A_{zb} \tag{7-3c}$$

根据体视线和弹体姿态到惯性视线的映射关系，解算得到惯性视线方位角A_{zn}和高度角E_{ln}：

$$[A_{zn}, E_{ln}] = [-\arctan\{a_3/a_1\} \quad \arctan\{a_2/(a_1^2+a_3^2)^{\frac{1}{2}}\}] \tag{7-4}$$

7.3　误差因素分析

由式（7-4）可知，弹体姿态误差和成像导引头测角误差将直接影响导航坐标系中惯性视线角解算的精度。通常，误差传递的增益可用传递映射算子的Jacobian矩阵来描述，而算子矩阵的Euclidean-2诱导范数（$\|A\| := \|A\|_2$）从H_∞意义上给出了传递算子的增益上限。

根据式（7-4）可求得惯性视线角$[A_{zn}, E_{ln}]^T$对弹体姿态角$[\psi, \vartheta, \gamma]^T$的Jacobian

矩阵：

$$\boldsymbol{J}_a=\begin{bmatrix}\dfrac{\partial A_{zn}}{\partial\psi} & \dfrac{\partial A_{zn}}{\partial\vartheta} & \dfrac{\partial A_{zn}}{\partial\gamma}\\ \dfrac{\partial E_{ln}}{\partial\psi} & \dfrac{\partial E_{ln}}{\partial\vartheta} & \dfrac{\partial E_{ln}}{\partial\gamma}\end{bmatrix}=\boldsymbol{A}_1\cdot\boldsymbol{A}_2\cdot\boldsymbol{A}_3 \tag{7-5}$$

式中，

$$\boldsymbol{A}_1=\begin{bmatrix}\dfrac{\partial A_{zn}}{\partial a_1} & \dfrac{\partial A_{zn}}{\partial a_2} & \dfrac{\partial A_{zn}}{\partial a_3}\\ \dfrac{\partial E_{ln}}{\partial a_1} & \dfrac{\partial E_{ln}}{\partial a_2} & \dfrac{\partial E_{ln}}{\partial a_3}\end{bmatrix};\boldsymbol{A}_2=\begin{bmatrix}\dfrac{\partial \boldsymbol{C}_b^n}{\partial\psi} & \dfrac{\partial \boldsymbol{C}_b^n}{\partial\vartheta} & \dfrac{\partial \boldsymbol{C}_b^n}{\partial\gamma}\end{bmatrix};$$

$$\boldsymbol{A}_3=\begin{bmatrix}\boldsymbol{\rho}_b & \boldsymbol{O}_{3\times1} & \boldsymbol{O}_{3\times1}\\ \boldsymbol{O}_{3\times1} & \boldsymbol{\rho}_b & \boldsymbol{O}_{3\times1}\\ \boldsymbol{O}_{3\times1} & \boldsymbol{O}_{3\times1} & \boldsymbol{\rho}_b\end{bmatrix}。$$

$\boldsymbol{A}_1$ 是由导航坐标空间内弹目之间位置关系决定的，用惯性视线角可将其表示为：

$$\boldsymbol{A}_1=\frac{1}{\sqrt{a_1^2+a_2^2+a_3^2}}\begin{bmatrix}-\sin A_{zn}\sec E_{ln} & 0 & -\cos A_{zn}\sec E_{ln}\\ -\cos A_{zn}\sin E_{ln} & \cos E_{ln} & \sin A_{zn}\sin E_{ln}\end{bmatrix} \tag{7-6}$$

考虑到惯性视线角满足 $A_{zn}\in\left(-\dfrac{\pi}{2},\dfrac{\pi}{2}\right)$，$E_{ln}\in\left(-\dfrac{\pi}{2},\dfrac{\pi}{2}\right)$，则可计算

$$\|\boldsymbol{A}_1\|=(a_1^2+a_3^2)^{-\frac{1}{2}}=\cos A_{zb}\cos E_{lb}\sec E_{ln} \tag{7-7}$$

$\boldsymbol{A}_2$ 是由弹体姿态角构成的 3×9 矩阵，通过计算可知

$$\|\boldsymbol{A}_2\|=\sqrt{2+|\sin\vartheta|} \tag{7-8}$$

$\boldsymbol{A}_3$ 是由体视线角构成的 9×3 矩阵，同样考虑 $A_{zb}\in\left(-\dfrac{\pi}{2},\dfrac{\pi}{2}\right)$，$E_{lb}\in\left(-\dfrac{\pi}{2},\dfrac{\pi}{2}\right)$，计算可得

$$\|\boldsymbol{A}_3\|=\sec A_{zb}\sec E_{lb} \tag{7-9}$$

则误差传递算子 $\boldsymbol{J}_a$ 的增益满足：

$$\|\boldsymbol{J}_a\|\leqslant\|\boldsymbol{A}_1\|\cdot\|\boldsymbol{A}_2\|\cdot\|\boldsymbol{A}_3\|=\sec E_{ln}\sqrt{2+|\sin\vartheta|} \tag{7-10}$$

可见，惯性视线高度角 E_{ln} 对弹体姿态误差传递增益的上限起主导作用，弹目在惯性空间越接近同一水平面，弹体俯仰姿态角越小，越有利于提高导航视线角的解算精度。

同理，惯性视线角 $[A_{zn},E_{ln}]^{\mathrm{T}}$ 对体视线角 $[A_{zb},E_{lb}]^{\mathrm{T}}$ 的 Jacobian 矩阵为

$$\boldsymbol{J}_\lambda=\begin{bmatrix}\dfrac{A_{zn}}{A_{zb}} & \dfrac{A_{zn}}{E_{lb}}\\ \dfrac{E_{ln}}{A_{zb}} & \dfrac{E_{ln}}{E_{lb}}\end{bmatrix}=\boldsymbol{A}_1\cdot\boldsymbol{A}_4\cdot\boldsymbol{A}_5 \tag{7-11}$$

式中，$\boldsymbol{A}_4$ 为弹体姿态变量构成的参数矩阵，其范数为1；$\boldsymbol{A}_5$ 为捷联成像导引头测量得到的体视线角构成的参数矩阵，可分解为

$$A_5=\begin{bmatrix}\sec A_{zb}\sec E_{lb} & 0\\ 0 & \sec A_{zb}\end{bmatrix}\cdot\begin{bmatrix}1 & 0\\ 0 & \sec A_{zb}\end{bmatrix}\cdot\left(\begin{bmatrix}\sin A_{zb}\sin E_{lb}\sec^3 A_{zb} & 0\\ 0 & 0\end{bmatrix}+\begin{bmatrix}0 & \sec E_{lb}\\ -1 & 0\end{bmatrix}\right) \tag{7-12}$$

其范数满足：

$$\|\boldsymbol{A}_5\|\leqslant\sec^2 A_{zb}\sec E_{lb}(|\sin A_{zb}\sin E_{lb}|\sec^3 A_{zb}+\sec E_{lb}) \tag{7-13}$$

故可知从体视线测量误差到惯性视线角传递算子的增益满足：

$$\begin{aligned}\|\boldsymbol{J}_\lambda\| &\leqslant \|\boldsymbol{A}_1\|\cdot\|\boldsymbol{A}_4\|\cdot\|\boldsymbol{A}_5\| = \\ &\sec E_{ln}\sec A_{zb}(\sec^3 A_{zb}|\sin A_{zb}\sin E_{lb}|+\sec E_{lb})\end{aligned} \tag{7-14}$$

7.4 误差传递关系

由7.3节可以看出，捷联成像导引头的体视线角量测误差和惯导系统提供的弹体姿态误差是影响惯性视线重构的主要因素。根据误差传递理论，从输入到输出的雅可比矩阵可近似作为输入误差到输出误差的传递算子。基此得到惯性视线重构的误差传递公式

$$\begin{bmatrix}\Delta A_{zn}\\ \Delta E_{ln}\end{bmatrix}=\boldsymbol{D}_1\begin{bmatrix}\Delta\psi\\ \Delta\vartheta\\ \Delta\gamma\end{bmatrix}+\boldsymbol{D}_2\begin{bmatrix}\Delta A_{zb}\\ \Delta E_{lb}\end{bmatrix} \tag{7-15}$$

式中，

$$\boldsymbol{D}_1=\begin{bmatrix}\dfrac{\partial A_{zn}}{\partial\psi} & \dfrac{\partial A_{zn}}{\partial\vartheta} & \dfrac{\partial A_{zn}}{\partial\gamma}\\ \dfrac{\partial E_{ln}}{\partial\psi} & \dfrac{\partial E_{ln}}{\partial\vartheta} & \dfrac{\partial E_{ln}}{\partial\gamma}\end{bmatrix},\boldsymbol{D}_2=\begin{bmatrix}\dfrac{\partial A_{zn}}{\partial A_{zb}} & \dfrac{\partial A_{zn}}{\partial E_{lb}}\\ \dfrac{\partial E_{ln}}{\partial A_{zb}} & \dfrac{\partial E_{ln}}{\partial E_{lb}}\end{bmatrix};$$

ΔA_{zn}、ΔE_{ln} 分别为惯性视线方位角和惯性视线高度角重构误差；ΔA_{zb}、ΔE_{lb} 分别为体视线方位角和体视线高度角量测误差；$\Delta\psi$、$\Delta\vartheta$、$\Delta\gamma$ 分别为导弹惯导系统的偏航、俯仰和倾斜姿态量测误差。

为便于分析，根据中制导段飞航导弹惯性视线重构的特点，可合理化地认为

$$\left.\begin{aligned}\sin\vartheta\approx 0\\ \cos\vartheta\approx 1\end{aligned}\right\} \tag{7-16a}$$

$$\left.\begin{aligned}\sin\gamma\approx 0\\ \cos\gamma\approx 1\end{aligned}\right\} \tag{7-16b}$$

下面分别求解惯导姿态量测误差传递算子 $\boldsymbol{D}_1$ 和体视线角量测误差传递算子 $\boldsymbol{D}_2$。

7.4.1 惯导姿态量测误差传递算子

$\frac{\partial A_{zn}}{\partial \boldsymbol{\rho}_n}$和$\frac{\partial E_{ln}}{\partial \boldsymbol{\rho}_n}$由惯性空间内弹目之间位置关系决定，根据式(7-4)将其表示为

$$\frac{\partial A_{zn}}{\partial \boldsymbol{\rho}_n} = \begin{bmatrix} \frac{\partial A_{zn}}{\partial a_1} & \frac{\partial A_{zn}}{\partial a_2} & \frac{\partial A_{zn}}{\partial a_3} \end{bmatrix} = \frac{1}{\cos E_{ln}} [-\sin A_{zn} \quad 0 \quad -\cos A_{zn}] \tag{7-17}$$

$$\frac{\partial E_{ln}}{\partial \boldsymbol{\rho}_n} = \begin{bmatrix} \frac{\partial E_{ln}}{\partial a_1} & \frac{\partial E_{ln}}{\partial a_2} & \frac{\partial E_{ln}}{\partial a_3} \end{bmatrix} = [-\cos A_{zn}\sin E_{ln} \quad \cos E_{ln} \quad \sin A_{zn}\sin E_{ln}] \tag{7-18}$$

$\frac{\partial \boldsymbol{\rho}_n}{\partial \psi}$、$\frac{\partial \boldsymbol{\rho}_n}{\partial \vartheta}$和$\frac{\partial \boldsymbol{\rho}_n}{\partial \gamma}$描述了惯性单位视线方向向量与弹体姿态($\psi,\vartheta,\gamma$)间的关系，由式(7-2)和式(7-3)可得

$$\frac{\partial \boldsymbol{\rho}_n}{\partial \psi} = \begin{bmatrix} \frac{\partial a_1}{\partial \psi} & \frac{\partial a_2}{\partial \psi} & \frac{\partial a_3}{\partial \psi} \end{bmatrix}^T = [-\cos E_{lb}\sin A_{zn} \quad 0 \quad -\cos E_{lb}\cos A_{zn}]^T \tag{7-19}$$

$$\frac{\partial \boldsymbol{\rho}_n}{\partial \vartheta} = \begin{bmatrix} \frac{\partial a_1}{\partial \vartheta} & \frac{\partial a_2}{\partial \vartheta} & \frac{\partial a_3}{\partial \vartheta} \end{bmatrix}^T = [-\sin E_{lb}\cos\psi \quad \cos E_{lb}\cos A_{zb} \quad \sin E_{lb}\sin\psi]^T \tag{7-20}$$

$$\frac{\partial \boldsymbol{\rho}_n}{\partial \gamma} = \begin{bmatrix} \frac{\partial a_1}{\partial \gamma} & \frac{\partial a_2}{\partial \gamma} & \frac{\partial a_3}{\partial \gamma} \end{bmatrix}^T = [\sin E_{lb}\sin\psi \quad \cos E_{lb}\sin A_{zb} \quad \sin E_{lb}\cos\psi]^T \tag{7-21}$$

由式(7-17)~式(7-21)可得

$$\frac{\partial A_{zn}}{\partial \psi} = \frac{\partial A_{zn}}{\partial \boldsymbol{\rho}_n} \cdot \frac{\partial \boldsymbol{\rho}_n}{\partial \psi} = \frac{\cos E_{lb}}{\cos E_{ln}} \tag{7-22}$$

$$\frac{\partial A_{zn}}{\partial \vartheta} = \frac{\partial A_{zn}}{\partial \boldsymbol{\rho}_n} \cdot \frac{\partial \boldsymbol{\rho}_n}{\partial \vartheta} = \frac{\sin E_{lb}\sin A_{zb}}{\cos E_{ln}} \tag{7-23}$$

$$\frac{\partial A_{zn}}{\partial \gamma} = \frac{\partial A_{zn}}{\partial \boldsymbol{\rho}_n} \cdot \frac{\partial \boldsymbol{\rho}_n}{\partial \gamma} = -\frac{\sin E_{lb}\cos A_{zb}}{\cos E_{ln}} \tag{7-24}$$

$$\frac{\partial E_{ln}}{\partial \psi} = \frac{\partial E_{ln}}{\partial \boldsymbol{\rho}_n} \cdot \frac{\partial \boldsymbol{\rho}_n}{\partial \psi} = 0 \tag{7-25}$$

$$\frac{\partial E_{ln}}{\partial \vartheta} = \frac{\partial E_{ln}}{\partial \boldsymbol{\rho}_n} \cdot \frac{\partial \boldsymbol{\rho}_n}{\partial \vartheta} = \cos A_{zb} \tag{7-26}$$

$$\frac{\partial E_{ln}}{\partial \gamma} = \frac{\partial E_{ln}}{\partial \boldsymbol{\rho}_n} \cdot \frac{\partial \boldsymbol{\rho}_n}{\partial \gamma} = \sin A_{zb} \tag{7-27}$$

于是，由式(7-15)、式(7-22)~式(7-27)可得惯性视线重构的惯导姿态量测误差传递算子

$$\boldsymbol{D}_1=\begin{bmatrix}\dfrac{\cos E_{lb}}{\cos E_{ln}} & \dfrac{\sin E_{lb}\sin A_{zb}}{\cos E_{ln}} & -\dfrac{\sin E_{lb}\cos A_{zb}}{\cos E_{ln}}\\ 0 & \cos A_{zb} & \sin A_{zb}\end{bmatrix} \tag{7-28}$$

7.4.2 体视线角量测误差传递算子

$\dfrac{\partial \boldsymbol{\rho}_n}{\partial A_{zb}}$和$\dfrac{\partial \boldsymbol{\rho}_n}{\partial E_{lb}}$描述了惯性单位视线方向向量与体视线角($A_{zb}$,$E_{lb}$)间的关系，由式(7-2)和式(7-3)可得

$$\frac{\partial \boldsymbol{\rho}_n}{\partial A_{zb}}=\begin{bmatrix}\partial a_1/\partial A_{zb}\\ \partial a_2/\partial A_{zb}\\ \partial a_3/\partial A_{zb}\end{bmatrix}=\begin{bmatrix}-\cos E_{lb}\sin A_{zn}\\ 0\\ -\cos E_{lb}\cos A_{zn}\end{bmatrix} \tag{7-29}$$

$$\frac{\partial \boldsymbol{\rho}_n}{\partial E_{lb}}=\begin{bmatrix}\partial a_1/\partial E_{lb}\\ \partial a_2/\partial E_{lb}\\ \partial a_3/\partial E_{lb}\end{bmatrix}=\begin{bmatrix}-\sin E_{lb}\cos A_{zn}\\ \cos E_{lb}\\ \sin E_{lb}\sin A_{zn}\end{bmatrix} \tag{7-30}$$

由式(7-17)、式(7-18)、式(7-29)、式(7-30)可得

$$\frac{\partial A_{zn}}{\partial A_{zb}}=\frac{\partial A_{zn}}{\partial \boldsymbol{\rho}_n}\cdot\frac{\partial \boldsymbol{\rho}_n}{\partial A_{zb}}=\frac{\cos E_{lb}}{\cos E_{ln}} \tag{7-31}$$

$$\frac{\partial A_{zn}}{\partial E_{lb}}=\frac{\partial A_{zn}}{\partial \boldsymbol{\rho}_n}\cdot\frac{\partial \boldsymbol{\rho}_n}{\partial E_{lb}}=0 \tag{7-32}$$

$$\frac{\partial E_{ln}}{\partial A_{zb}}=\frac{\partial E_{ln}}{\partial \boldsymbol{\rho}_n}\cdot\frac{\partial \boldsymbol{\rho}_n}{\partial A_{zb}}=0 \tag{7-33}$$

$$\frac{\partial E_{ln}}{\partial E_{lb}}=\frac{\partial E_{ln}}{\partial \boldsymbol{\rho}_n}\cdot\frac{\partial \boldsymbol{\rho}_n}{\partial E_{lb}}=1 \tag{7-34}$$

于是，由式(7-15)、式(7-31)～式(7-34)可得体视线角量测误差传递算子

$$\boldsymbol{D}_2=\begin{bmatrix}\dfrac{\cos E_{lb}}{\cos E_{ln}} & 0\\ 0 & 1\end{bmatrix} \tag{7-35}$$

7.4.3 误差传递公式

由式(7-15)、式(7-28)、式(7-35)可以得到飞航导弹中制导段惯性视线重构的误差传递近似公式

$$\begin{bmatrix}\Delta A_{zn}\\ \Delta E_{ln}\end{bmatrix}=\begin{bmatrix}\dfrac{\cos E_{lb}}{\cos E_{ln}} & \dfrac{\sin E_{lb}\sin A_{zb}}{\cos E_{ln}} & -\dfrac{\sin E_{lb}\cos A_{zb}}{\cos E_{ln}}\\ 0 & \cos A_{zb}\cos\vartheta & \sin A_{zb}\cos\vartheta\end{bmatrix}\begin{bmatrix}\Delta\psi\\ \Delta\vartheta\\ \Delta\gamma\end{bmatrix}+\begin{bmatrix}\dfrac{\cos E_{lb}}{\cos E_{ln}} & 0\\ 0 & \cos\vartheta\end{bmatrix}\begin{bmatrix}\Delta A_{zb}\\ \Delta E_{lb}\end{bmatrix} \tag{7-36}$$

将式(7-16)代入式(7-4)可得

$$E_{ln} \approx E_{lb} \tag{7-37}$$

于是,式(7-36)可以写为

$$\begin{bmatrix}\Delta A_{zn}\\ \Delta E_{ln}\end{bmatrix}=\begin{bmatrix}1 & \tan E_{lb}\sin A_{zb} & -\tan E_{lb}\cos A_{zb}\\ 0 & \cos A_{zb} & \sin A_{zb}\end{bmatrix}\begin{bmatrix}\Delta\psi\\ \Delta\vartheta\\ \Delta\gamma\end{bmatrix}+\begin{bmatrix}1 & 0\\ 0 & 1\end{bmatrix}\begin{bmatrix}\Delta A_{zb}\\ \Delta E_{lb}\end{bmatrix} \tag{7-38}$$

由式(7-38)可以看出,飞航导弹等飞行器中制导段惯性视线重构误差传递具有如下特点:

① 捷联成像导引头体视线方位角和高度角量测误差分别以单位增益传入到惯性方位角和高度角的解算中。

② 惯导航向姿态量测误差以单位增益传入到惯性方位角的解算中,但不影响惯性高度角的解算。

③ 惯导俯仰、滚转姿态量测误差对惯性方位角和高度角的重构都产生影响,体视线角对误差的传递起主要作用,较小的体视线高度角可有效提高惯性方位角的计算精度,而体视线方位角可以调节俯仰和滚转两个通道的姿态量测误差传递比重。

另外,当 ϑ、γ、A_{zb}、E_{lb} 均为小角度时,式(7-38)与参考文献[169]中的近似误差传递公式都可以化简为

$$\begin{bmatrix}\Delta A_{zn}\\ \Delta E_{ln}\end{bmatrix}=\begin{bmatrix}1 & 0\\ 0 & 1\end{bmatrix}\begin{bmatrix}\Delta\psi\\ \Delta\vartheta\end{bmatrix}+\begin{bmatrix}1 & 0\\ 0 & 1\end{bmatrix}\begin{bmatrix}\Delta A_{zb}\\ \Delta E_{lb}\end{bmatrix} \tag{7-39}$$

即当体视线角为小角度时,本书得到的惯性视线重构误差传递关系与参考文献[169]得到的结果相吻合。

设惯导姿态量测误差 $\Delta\psi$、$\Delta\vartheta$、$\Delta\gamma$ 和体视线角量测误差 ΔA_{zb}、ΔE_{lb} 均为不相关噪声,其方差分别为 P_{ψ}、P_{ϑ}、P_{γ}、$P_{A_{zb}}$、$P_{E_{lb}}$,则根据式(7-38)和误差协方差分析原理[171],可以得到惯性视线重构误差标准差的近似估值为:

$$\hat{\sigma}_{A_{zn}}=\sqrt{P_{\psi}+\tan^2 E_{lb}\sin^2 A_{zb}P_{\vartheta}+\tan^2 E_{lb}\cos^2 A_{zb}P_{\gamma}+P_{A_{zb}}} \tag{7-40}$$

$$\hat{\sigma}_{E_{ln}}=\sqrt{\cos^2 A_{zb}P_{\vartheta}+\sin^2 A_{zb}P_{\gamma}+P_{E_{lb}}} \tag{7-41}$$

7.5 仿真分析

仿真的目的是验证误差传递近似公式(7-38)和本章相关结论的正确性,仿真条件如下:

弹体姿态角的真实值为$(\psi,\vartheta,\gamma)=(30°,2.5°,0.5°)$;

惯导姿态量测误差为白噪声,其标准差为$(\sigma_{\psi},\sigma_{\vartheta},\sigma_{\gamma})=(0.6°,0.2°,0.2°)$;

捷联成像导引头体视线角量测范围为$\boldsymbol{A}_{zb}\in[-45°,45°]$,$\boldsymbol{E}_{lb}\in(2.5°,30°]$;

体视线角量测误差为白噪声，其标准差为$(\boldsymbol{\sigma}_{A_{zb}}, \boldsymbol{\sigma}_{E_{lb}}) = (0.3°, 0.2°)$。

分别用蒙特卡洛方法[172]和式(7－40)、式(7－41)对惯性视线重构误差的标准差进行计算，观察重构误差标准差随体视线方位角和体视线高度角的变化趋势，如图 7－2 所示。其中，图(a)和图(b)分别为应用蒙特卡洛方法对惯性方位角和惯性高度角重构误差标准差的实验结果，图(c)和图(d)为直接应用式(7－40)、式(7－41)得到的近似计算结果。

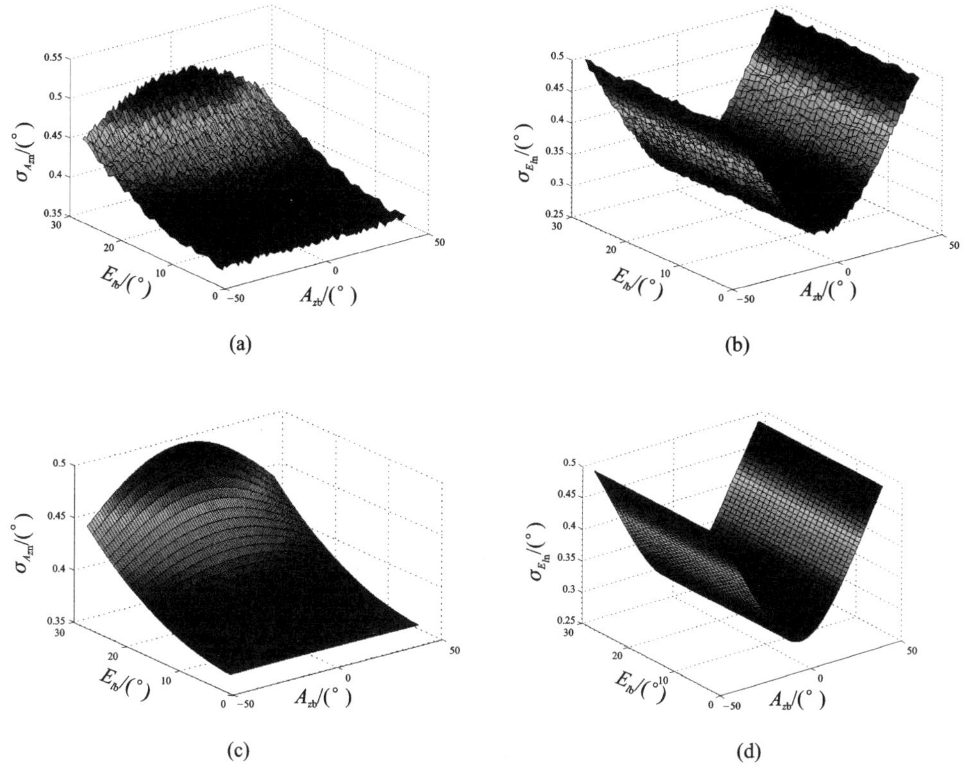

图 7－2　惯性视线重构误差随体视线角变化趋势

由图 7－2 可以看出：

① 惯性视线重构误差标准差的近似估值从大小和变化趋势上均与蒙特卡洛的计算结果相符。

② 较小的体视线高度角可有效提高惯性方位角的计算精度，而惯性高度角的重构精度则对体视线高度角的变化不敏感。

③ 体视线方位角对惯性方位角和高度角的重构精度都产生影响，它可以调节俯仰和滚转两个通道的姿态量测误差传递比重。

为了衡量近似公式(7－38)的计算的准确度，定义：

$$\delta_{A_z}=\left\{1-\frac{|\hat{\sigma}_{A_{zn}}-\sigma_{A_{zn}}|}{\sigma_{A_{zn}}}\right\}\times 100\ \%$$

$$\delta_{E_l}=\left\{1-\frac{|\hat{\sigma}_{E_{ln}}-\sigma_{E_{ln}}|}{\sigma_{E_{ln}}}\right\}\times 100\ \%$$

来度量误差标准差的近似计算精度，其中 $\sigma_{A_{zn}}$ 和 $\sigma_{E_{ln}}$ 为应用蒙特卡洛方法所得到的实验结果。表 7－1 给出了不同体视线方位角和体视线高度角仿真条件下的惯性视线误差的近似估计精度。

表 7－1　惯性视线重构误差的近似估计精度

		1	2	3	4	5
仿真条件	$A_{zb}/(°)$	10	20	30	40	45
	$E_{lb}/(°)$	6.5	11.5	16.5	21.5	26.5
惯性方位角标准差及估计精度	$\sigma_{A_{zn}}/(°)$	0.375 91	0.377 47	0.394 01	0.403 67	0.429 32
	$\hat{\sigma}_{A_{zn}}/(°)$	0.366 81	0.378 62	0.393 15	0.406 63	0.423 93
	$\delta_{A_z}/\%$	97.58	99.70	99.78	99.27	98.74
惯性高度角标准差及估计精度	$\sigma_{E_{ln}}/(°)$	0.302 42	0.346 83	0.408 5	0.458 25	0.472 14
	$\hat{\sigma}_{E_{ln}}/(°)$	0.299 41	0.342 68	0.4	0.460 67	0.489 9
	$\delta_{E_l}/\%$	99.00	98.80	97.92	99.47	96.24

可以看出，飞航导弹中制导段视觉导航时，应用误差传递公式(7－38)进行惯性视线误差的近似计算精度可达 96 %以上。

7.6 本章小结

针对飞航导弹等飞行器中制导段视觉辅助导航过程中惯性视线重构的特点，研究了中制导段惯性视线重构过程和误差传递关系，推导得到了中制导段惯性视线重构的误差传递近似公式，得出以下结论：

① 与末制导段不同，中制导段惯性视线重构不能再将体视线角作为小角度近似。

② 体视线角量测误差以单位增益传入到惯性视线重构中。体视线角是影响惯导姿态量测误差传递增益的主要因素，体视线高度角越小，惯性方位角的重构精度越高；体视线方位角可以调节俯仰和滚转两个通道的姿态量测误差传递比重。

③ 利用误差传递近似公式估计得到的惯性视线重构误差标准差从大小和变化趋势上均与蒙特卡洛的计算结果相符，近似计算精度可达 96 %以上。

根据这些理论分析结果，结合飞行器视觉导航误差修正精度的要求，可以反过来对惯导系统和捷联成像导引头的量测精度以及导弹相对于地标的几何构形提出要求。

第 8 章 偏置攻击导引方案

8.1 任务描述

(1) 偏置攻击导引控制流程研究;
(2) 偏置攻击导引控制方案研究;
(3) 偏置攻击导引约束条件分析;
(4) 偏置攻击导引容错方案研究。

8.2 偏置攻击导引控制流程

(1) 初始段:导弹发射后,按照典型的飞行控制方案飞至预定的飞行高度。

(2) 平飞段:在纵平面内导弹在设定的高度上等高飞行,在侧平面内导弹按照预设航路飞行;在典型飞行控制方案的基础上,惯导系统实时接收偏置导引系统根据有效地标解算出的修正指令,实现对惯测装置的误差修正。

(3) 攻击段:在接近目标上空时,导弹转入自动导引末制导段,导弹在纵平面内按照带落角约束的末制导律由平飞转入俯冲(或先爬升再俯冲),在侧平面内,导弹按照设计的修正比例导引的形式飞向目标。

下面推导适用于满足角度攻击要求的末制导律。为了简化制导问题,将导弹—目标的相对运动关系分解为纵向平面内和侧向平面内的相对运动关系。

8.3 带落角约束的纵平面变结构导引律设计

在纵向平面内导弹—目标相对运动方程为

$$\left.\begin{aligned}\dot{r}_1 &= -v_1\cos(q_1-\theta)-v_{T1}\cos(q_1-\theta_T)\\ r_1\dot{q}_1 &= v_1\sin(q_1-\theta)+v_{T1}\sin(q_1-\theta_T)\end{aligned}\right\} \tag{8-1}$$

式中:r_1 为纵向平面内导弹与目标的相对距离;q_1 为纵向平面内的视线角,即视线高低角;v_1、v_{T1} 分别为纵向平面内导弹、目标的运动速度大小,$v_1=V_m$,V_m 为导弹速度大小;θ、θ_T 分别为导弹、目标的弹道倾角。

对于导弹的纵向运动,末端落角约束实际上是满足导弹命中目标时刻($t=t_f$,t_f 表示终端时刻)的弹道倾角要求,即 $\lim\limits_{t\to t_f}\theta(t)=\theta^*$,其中 θ^* 表示弹道倾角的期望值。

末端要求导弹垂直命中目标,即 $\theta^* = -90°$。对于导弹制导问题,视线角速率为零代表了理想状态,即通过使 $\dot{q}_1 = 0$,可保证脱靶量为零。则由式(8-1)的第 2 个方程可得,终端时刻存在如下关系:

当 $t = t_f$ 时,

$$r_1\dot{q}_1 = v_1\sin(q_1 - \theta) + v_{T1}\sin(q_1 - \theta_T) = 0 \tag{8-2}$$

由制导几何关系可知:$|q_1 - \theta^*| < 90°$,则由式(8-2)可解得

$$q_1 = \theta^* + \sin^{-1}\left[\frac{v_{T1}}{v_1}\sin(q_1 - \theta_T)\right] \quad (t = t_f) \tag{8-3}$$

考虑目标静止,即 $v_{T1} = 0$,由此可得:$\lim\limits_{t \to t_f} q_1(t) = \theta^*$。设终端时刻视线角的期望值为 q_1^*,则 $q_1^* = \theta^*$,因此末端落角约束问题可以转化为最终以期望视线角命中目标的问题。

考虑到目标静止,有 $\dot{v}_{T1} = 0, \dot{\theta}_T = 0$;由此对式(8-1)的第 2 个方程求导,经整理可得

$$\ddot{q}_1 = \frac{\dot{v}_1}{r_1}\sin(q_1 - \theta) - \frac{2\dot{r}_1}{r_1}\dot{q}_1 - \frac{v_1}{r_1}\cos(q_1 - \theta)\dot{\theta} \tag{8-4}$$

对于静止目标,有 $\sin(q_1 - \theta) = \dfrac{r_1\dot{q}_1}{v_1}$,因此有

$$\ddot{q}_1 = \left(\frac{\dot{v}_1}{v_1} - \frac{2\dot{r}_1}{r_1}\right)\dot{q}_1 - \frac{v_1}{r_1}\cos(q_1 - \theta)\dot{\theta} \tag{8-5}$$

基于以上分析,选取状态变量为:$\boldsymbol{X} = [x_1, x_2]^T = [(q_1 - q_1^*), \dot{q}_1]^T$,其中 $q(t) = q_1 - q_1^*$,令控制输入量为 $u_1 = \dot{\theta}$,则式(8-1)转变为如下形式:

$$\begin{bmatrix}\dot{x}_1 \\ \dot{x}_2\end{bmatrix} = \begin{bmatrix}0 & 1 \\ 0 & \dfrac{\dot{v}_1}{v_1} - \dfrac{2\dot{r}_1}{r_1}\end{bmatrix}\begin{bmatrix}x_1 \\ x_2\end{bmatrix} + \begin{bmatrix}0 \\ -\dfrac{v_1\cos(q_1 - \theta)}{r_1}\end{bmatrix}\dot{\theta} \tag{8-6}$$

为了使导弹既满足脱靶量的要求,又满足撞击角度要求,必须设计 $\dot{\theta}$ 使 $\dot{q}_1(t) = 0$ 以及 $q_1 = q_1^*$,故此取滑模面

$$s = \dot{q}_1 + \frac{\lambda v_1}{r_1}(q_1 - q_1^*) \tag{8-7}$$

式中,λ 为正常值,用于控制角度收敛的快慢。取滑模趋近律为

$$\dot{s} = -\frac{k_1}{r_1}|\dot{r}_1|s - \frac{\varepsilon}{r_1}\mathrm{sgn}(s) \tag{8-8}$$

式中,k_1 为正常值,用于控制趋近滑模面的快慢。

采用该趋近律意义在于,当 $r_1(t)$ 较大时,适当放慢趋近滑模面的速率,确保控制指令不致过大;当 $r_1(t)$ 较小时,使趋近滑模面速率迅速增加,确保 $\dot{q}(t)$ 不致发散,以增加命中精度。

取 Lyapunov 函数 $V=\frac{1}{2}s^2$，由于 $\dot{V}=s\dot{s}=-\frac{k}{r}|\dot{r}|s^2-\frac{\varepsilon}{r}|s|<0$，可知当 $s\neq0$ 时系统是稳定的。

由此可求得 $\dot{\theta}$ 的期望值为

$$\dot{\theta}=\left[\frac{\lambda}{\cos(q_1-\theta)}+k_1+2+\frac{\dot{v}_1r_1}{v_1^2\cos(q_1-\theta)}\right]\dot{q}_1+\frac{\lambda(k_1+1)v_1}{r_1}(q_1-q_1^*)+\frac{\lambda\dot{v}_1}{v_1\cos(q_1-\theta)}(q_1-q_1^*)+\frac{\varepsilon\,\mathrm{sgn}(s)}{v_1\cos(q_1-\theta)} \tag{8-9}$$

结合导弹纵向过载关系式 $n_y=\frac{V_m}{g}\frac{\mathrm{d}\theta}{\mathrm{d}t}+\cos\theta$，可得导弹的纵向过载指令为

$$n_{yc}=\frac{V_m}{g}\left\{\left[\frac{\lambda}{\cos(q_1-\theta)}+k_1+2+\frac{\dot{v}_1r_1}{v_1^2\cos(q_1-\theta)}\right]\dot{q}_1+\frac{\lambda(k_1+1)v_1}{r_1}(q_1-q_1^*)+\frac{\lambda\dot{v}_1}{v_1\cos(q_1-\theta)}(q_1-q_1^*)+\frac{\varepsilon\,\mathrm{sgn}(s)}{v_1\cos(q_1-\theta)}\right\}+\cos\theta \tag{8-10}$$

式(8-10)即为纵向平面带落角约束的滑模变结构导引律，作为制导系统的纵向过载指令。式中 $\dot{v}_1=\dot{V}_m$，考虑导弹恒速运动时有 $\dot{v}_1=0$。注意到 $\left[\frac{\lambda}{\cos(q_1-\theta)}+k_1+2+\frac{\dot{v}_1r_1}{v_1^2\cos(q_1-\theta)}\right]\dot{q}_1$ 作为比例导引项，保证脱靶量的要求；$\frac{\lambda(k_1+1)v_1}{r_1}(q_1-q_1^*)+\frac{\lambda\dot{v}_1}{v_1\cos(q_1-\theta)}(q_1-q_1^*)$ 为落角约束的修正项，确保弹头以期望的末端落角命中目标。

8.4 侧平面的修正比例导引律设计

在侧向平面内导弹—目标相对运动方程为

$$\left.\begin{aligned}\dot{r}_2&=-v_2\cos(q_2-\psi_V)-v_T\cos(q_2-\psi_{VT})\\ r_2\dot{q}_2&=v_2\sin(q_2-\psi_V)+v_T\sin(q_2-\psi_{VT})\end{aligned}\right\} \tag{8-11}$$

式中：$r_2=\sqrt{(x_T-x)^2+(z_T-z)^2}=R\cos q_1$ 为侧向平面内导弹与目标的相对距离，R 为导弹与目标的空间相对距离，q_1 为纵向平面内的视线角；q_2 为侧向平面内的视线角，亦即视线方位角；ψ_V、ψ_{VT} 分别为导弹、目标的弹道偏角；v_2、v_T 分别为侧向平面内导弹、目标的运动速度大小，$v_2=V_m\cos\theta$，V_m 为导弹速度大小，θ 为导弹的弹道倾角。

导弹在纵向以指定的落角打击目标，而在侧向则对攻击角度没有要求，满足脱靶量要求即可。若终端时刻导弹的飞行速度方向铅垂向下，则导弹的侧向速度分量 $v_2(t_f)=0$。

因此，导弹的侧向导引可采取比例导引的方式

$$\dot{\psi}_V = k_2 \dot{q}_2 \tag{8-12}$$

观察式(8-11)的第二个方程，有

$$\dot{q}_2 = \frac{v_2 \sin(q_2 - \psi_V) + v_T \sin(q_2 - \psi_{VT})}{r_2} = \frac{v_2 \sin(q_2 - \psi_V) + v_T \sin(q_2 - \psi_{VT})}{R\cos q_1}$$

表明在垂直攻击的情况下(纵平面内 $q_1 \to -90°$)，$\dot{q}_2$ 会产生奇异值，为避免 $q_1 \to -90°$时 $\dot{q}_2$ 过大，将侧向平面的比例导引修正为

$$\dot{\psi}_V = k_2 |\cos q_1| \dot{q}_2 \tag{8-13}$$

结合导弹侧向过载关系式 $n_z = -\frac{V_m}{g}\cos\theta \frac{d\psi_V}{dt}$，可得导弹的侧向过载指令为

$$n_{zc} = -\frac{k_2 V_m}{g}\dot{q}_2 \cos\theta |\cos q_1| \tag{8-14}$$

式(8-14)即为侧向平面的修正比例导引律，作为制导系统的侧向过载指令。

为阐述方便，将设计的带落角的纵平面变结构导引律式(8-10)及侧平面的修正比例导引律式(8-14)合称为攻击角度导引律。

8.5 偏置攻击导引的约束条件分析

在满足落角约束的攻击导引过程中，导弹能否由当前位置以期望的弹道倾角打击目标，取决于导弹的机动能力及导引系统的可靠性。

导弹从平飞状态转入垂直攻击(弹道倾角从0°转入-90°)所需过载最大，由圆周运动方程 $a = \frac{V_m^2}{r_{转}}$，可以近似推算出导弹所需过载 n 与转弯半径 $r_{转}$ 的关系为 $n = \frac{V_m^2}{g r_{转}}$。因此，导弹由低空直接转入垂直攻击需要很大的过载，为均衡过载分布从而有效实现垂直攻击，需要导弹先爬升再俯冲。在一定的飞行速度前提下，导弹初始飞行高度越低，完成垂直攻击任务所需的过载就越大，如果实际过载不能满足要求，可能导致导弹脱靶。

对于设计的攻击角度导引律，制导系统所需的信息有 R、q_1、$\dot{q}_1$、$\dot{q}_2$、θ、V_m，其中：

(1) R 由 $R = \sqrt{(x_T - x)^2 + (y_T - y)^2 + (z_T - z)^2}$ 解算。导弹位置信息(x, y, z)由惯导系统提供，目标位置信息已知，当惯导系统提供的导弹位置信息存有误差及目标位置信息不十分准确时，解算出的 R 存有误差，但由于 R 项主要影响滑模面收敛及角度收敛的快慢，参见式(8-7)与式(8-8)，故 R 项的误差对制导效果影响不大。通过大量仿真表明，导引律中的 R 解算时存有 700 m 的误差时，对于脱靶量的影响甚小，故此，对 R 项而言，当目标位置信息准确已知时，允许惯导系统对导弹的位置信息解算误差在 700 m 的数量级，当惯导系统对导弹的位置信息解算准确

时，允许目标的位置信息在 700 m 的数量级。

(2) q_1、$\dot{q}_1$ 及 $\dot{q}_2$ 由前视成像导引系统提供。由式(8-7)可知，q_1 的准确性直接影响到角度收敛的准确性。假设 q_1 的量测误差为 Δq_1，由滑模面的收敛可得 $s=\dot{q}_1+\frac{\lambda v_1}{r_1}(q_1+\Delta q_1-q_{1d})\to 0$，从而有 $q_1\to q_{1d}-\Delta q_1$，所以 Δq_1 的量测误差将导致导弹末端落角与期望值相差 Δq_1 大小的角度。对于导弹制导问题，视线角速率为零代表了理想状态，当 $\dot{q}_1$ 及 $\dot{q}_2$ 存在较大量测误差时，将不能保证视线角速率为零，从而可能导致导弹脱靶。

(3) θ 由 $\theta=\vartheta-\alpha$ 解算，其中 ϑ 与 α 分别为导弹的俯仰角与攻角。当 ϑ 与 α 量测无误差时，θ 能够准确地收敛于期望的弹道倾角；当 ϑ 与 α 存在较小量测误差时，将影响导引指令中比例导引项 $\left[\frac{\lambda}{\cos(q_1-\theta)}+k_1+2+\frac{\dot{v}_1 r_1}{v_1^2\cos(q_1-\theta)}\right]\dot{q}_1$ 的系数大小，而该项系数的微弱变化对于比例导引的最终效果影响不大。V_m 由惯导系统提供，其解算误差对制导效果影响甚微，可参见式(8-9)。

8.6 仿真分析

为了检验所设计的带落角约束的变结构导引律的制导效果，以一字型正常布局导弹模型为研究对象，进行仿真研究。仿真总体背景为导弹末制导段的飞行情况，假设导弹以 300 m/s 的速度恒速运动，仿真起始时导弹在一定的高度上平飞，导引头作用距离为 8 km。首先验证所设计的导引律的有效性及制导参数对制导效果的影响，然后通过大量仿真，考察导弹在不同飞行高度、不同飞行速度情况下的最大过载要求，最后考虑制导过程中存在测量误差时，通过仿真考察导弹的脱靶量。

8.6.1 仿真实例一：验证导引律的有效性及制导参数对制导效果的影响

选择仿真初始时刻 $t_0=0$ s，导弹初始位置 $(x_{m0},y_{m0},z_{m0})=(0\text{ m},300\text{ m},0\text{ m})$，导弹初始弹道倾角 $\theta_0=0°$，初始偏航角 $\psi_{Vm0}=0°$，导弹速度为 300 m/s，目标位置 $(x_{t0},y_{t0},z_{t0})=(7\,000\text{ m},0\text{ m},-1\,000\text{ m})$，期望的弹道倾角 $\theta^*=-90°$，制导律参数取为 $\lambda=2$，$k_1=1$，$\varepsilon=1$，$k_2=6$，仿真步长取 0.001 s，过载限幅为 4，仿真结果见图 8-1。

图 8-1 的仿真结果表明，采用设计的角度攻击导引律能够使导弹经由先爬升再俯冲的过程按照期望的弹道倾角命中目标。导弹打击固定目标的脱靶量为 0.24 m，能够实现对目标的精确打击；终端时刻导弹的弹道倾角为 $\theta(t_f)=-90.00°$，满足末端落角要求；侧向的修正比例导引律能够使导弹调整侧向偏差，完成侧向的制导任务要求。

期望的弹道倾角 θ^* 分别为 0°、−30°、−60°时的仿真结果如图 8-2～图 8-4 所示。仿真结果表明，设计的角度攻击导引律能够满足弹道倾角 0°～−90°的攻击要求。

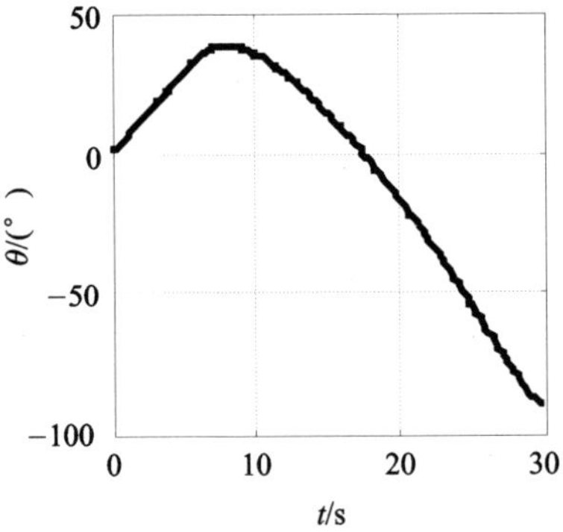

(a) 弹道倾角曲线

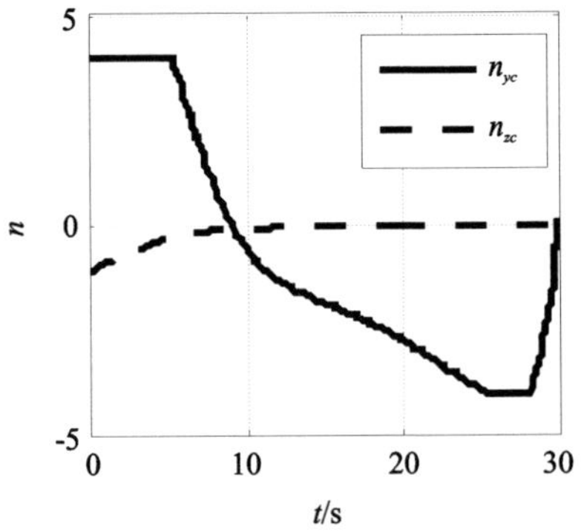

(b) 过载指令曲线

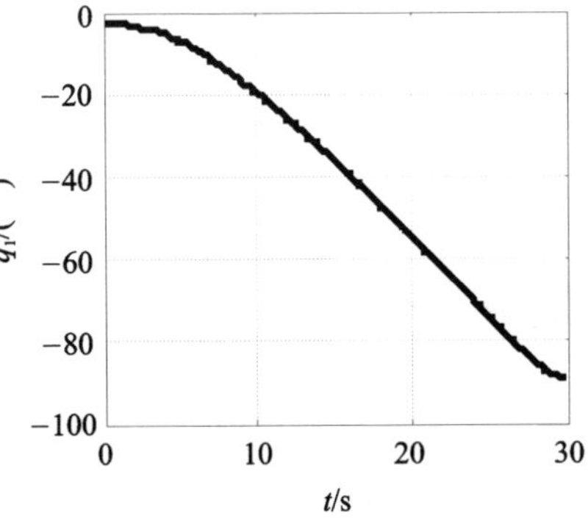

(c) 视线高低角曲线

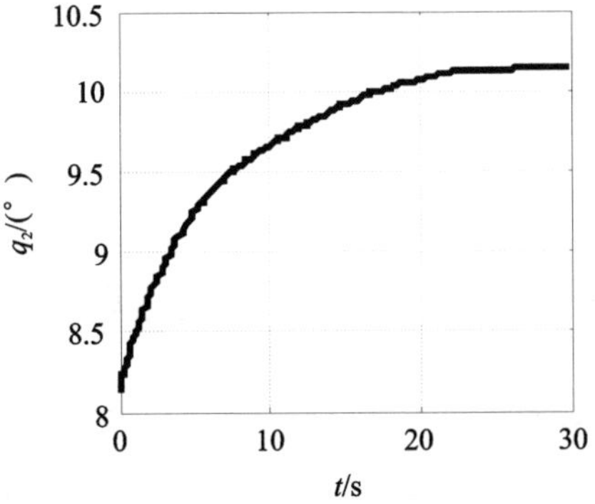

(d) 视线方位角曲线

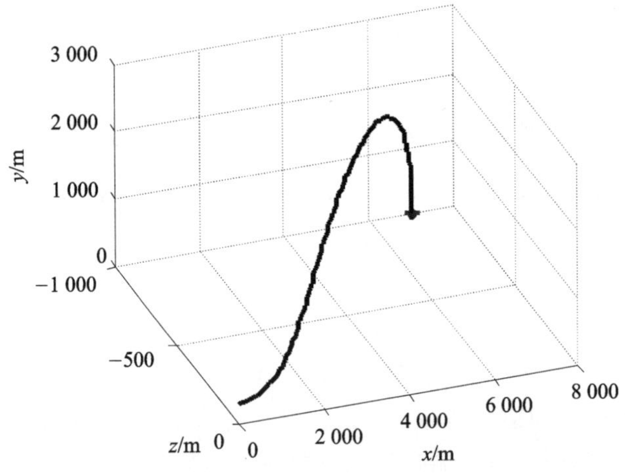

(e) 制导弹道曲线

图 8-1　导弹垂直打击固定目标的仿真结果

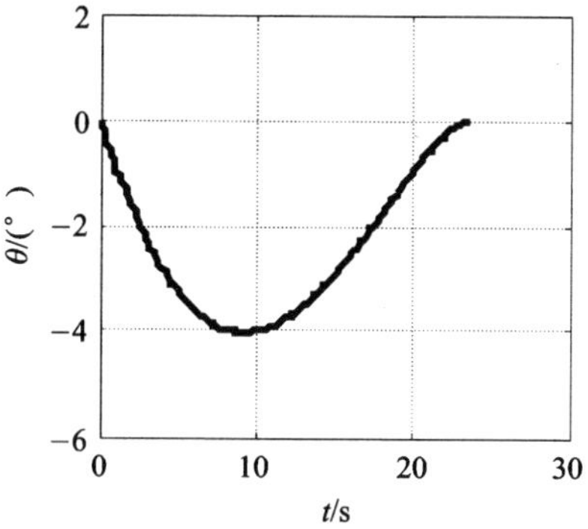

(a) 弹道倾角曲线

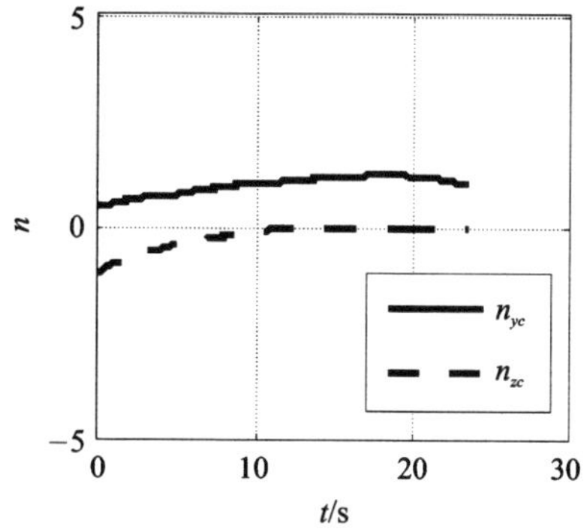

(b) 过载指令曲线

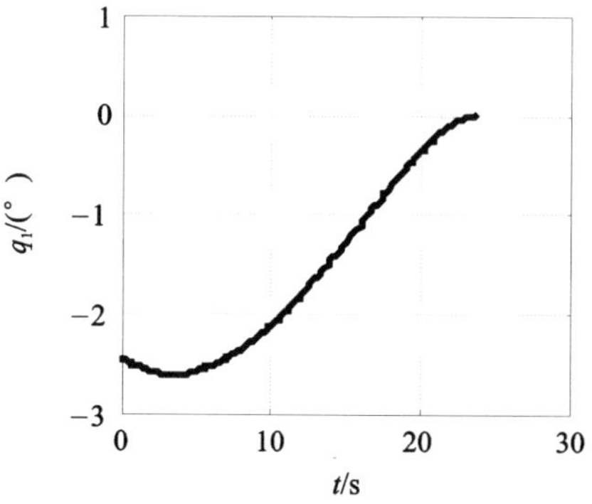

(c) 视线高低角曲线

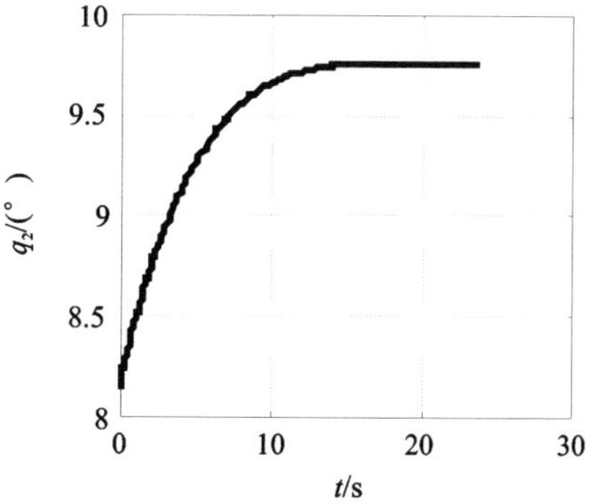

(d) 视线方位角曲线

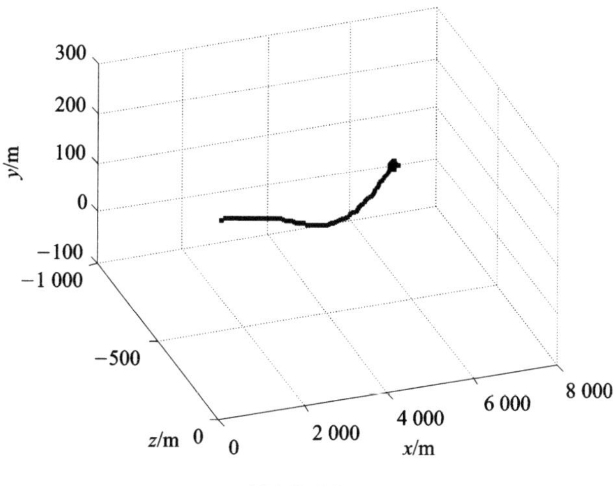

(e) 制导弹道曲线

图 8－2　期望弹道倾角为 0°时导弹打击固定目标的仿真结果

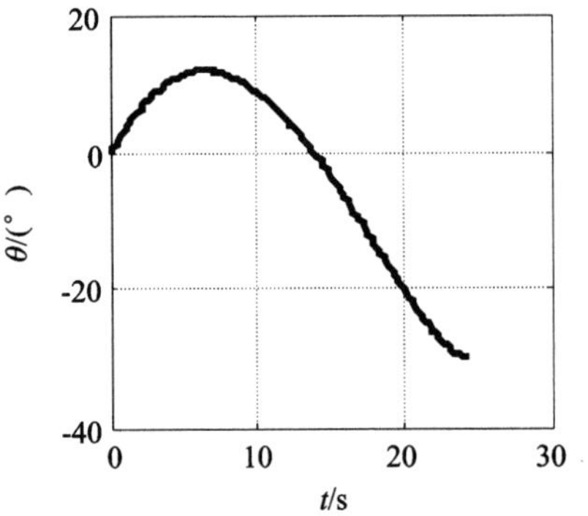

(a) 弹道倾角曲线

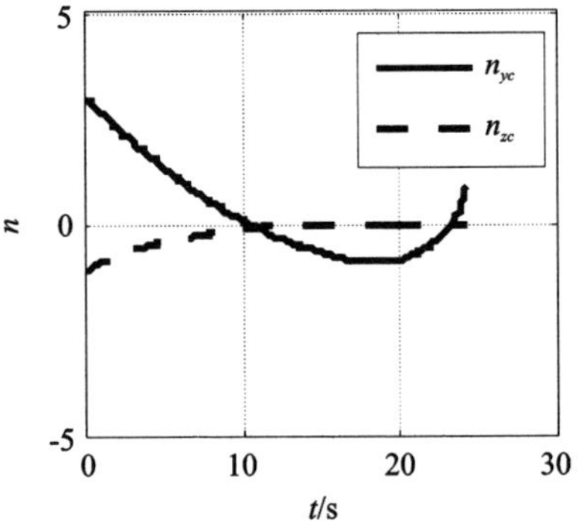

(b) 过载指令曲线

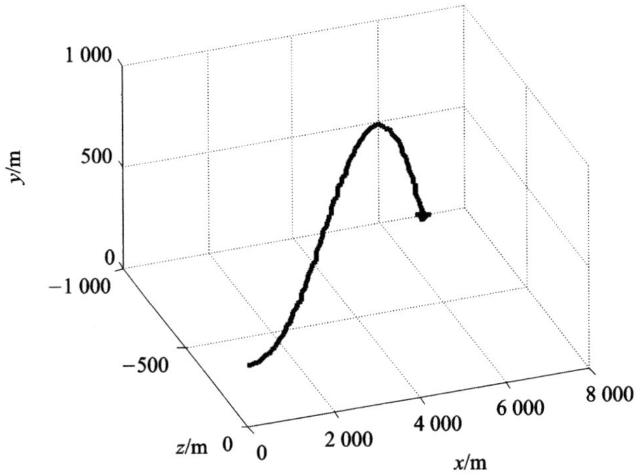

(c) 制导弹道曲线

图 8－3　期望弹道倾角为－30°时导弹打击固定目标的仿真结果

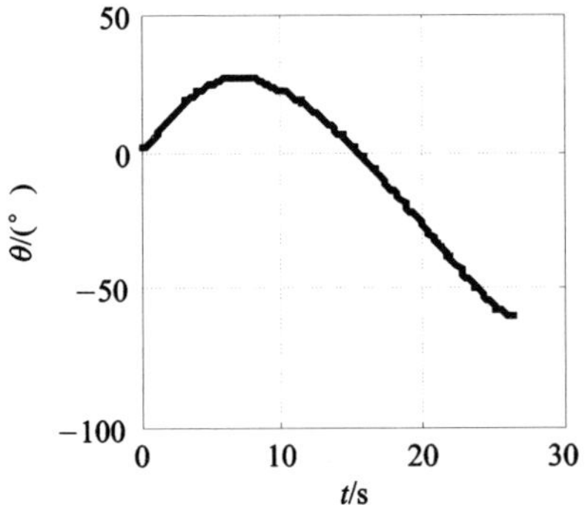

(a) 弹道倾角曲线

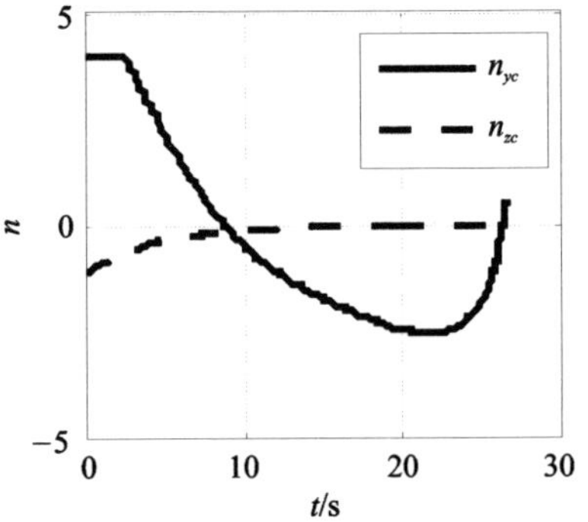

(b) 过载指令曲线

图 8－4　期望弹道倾角为－60°时导弹打击固定目标的仿真结果

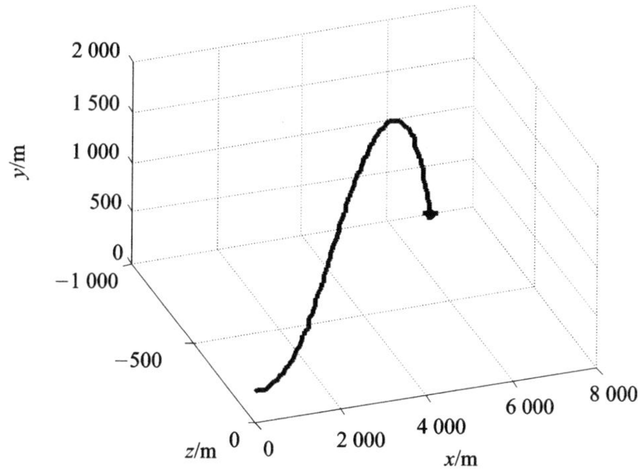

(c) 制导弹道曲线

图 8-4　期望弹道倾角为−60°时导弹打击固定目标的仿真结果(续)

8.6.2　仿真实例二:考察导弹在不同飞行高度、不同飞行速度情况下的最大过载要求

制导律参数取为 $\lambda = 1.8, k_1 = 1, \varepsilon = 1, k_2 = 6$,仿真初始时刻导弹分别处在 250 m、500 m、1 000 m、2 000 m、3 000 m、5 000 m 的高度上平飞,导弹速度大小分别取为 200 m/s、250 m/s、300 m/s,其余仿真初始参数同实例一,从仿真结果可以得到导弹的纵向最大过载指令,见表 8-1。

表 8-1　过载限幅为 4 时的纵向最大过载指令

初始飞行高度/m 飞行速度/($m \cdot s^{-1}$)	250	500	1 000	2 000	3 000	5 000
200	4	4	3.65	2.94	2.3	1.3
250	4	4	4	3.99	2.98	1.42
300	4	4	4	4	3.82	1.56

通过大量的仿真,结果表明:当过载限幅为 4 时,导弹能够由 250～5 000 m 的平飞高度转入角度攻击,并且满足末端弹道倾角 0°～−90°的攻击要求,导弹脱靶量在 0.3m 以内。

过载限幅为 3,其余仿真条件同上,从而得到导弹的纵向最大过载指令,见表 8-2。

表 8－2　过载限幅为 3 时的纵向最大过载指令

初始飞行高度/m 飞行速度/(m·s^{-1})	250	500	1 000	2 000	3 000	5 000
200	3	3	3	2.94	2.3	1.3
250	3	3	3	3	2.98	1.42
300	—	—	—	—	3	1.56

表 8－2 中的"—"表示相应的飞行条件下，导弹不能有效命中目标。以初始飞行高度 250 m、导弹速度 300 m/s 为例，其仿真结果如图 8－5 所示。

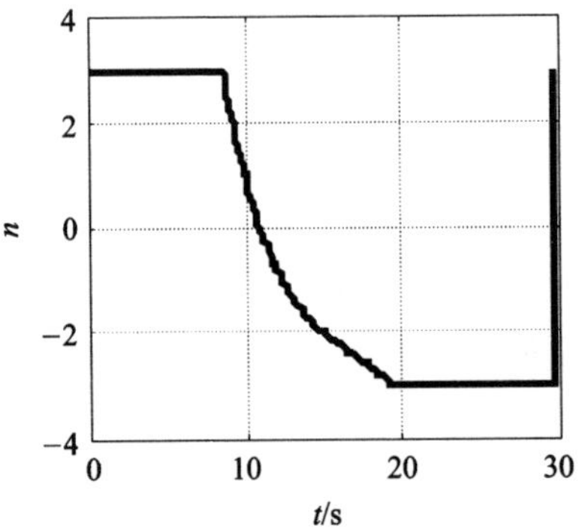

(a) 纵平面过载指令曲线

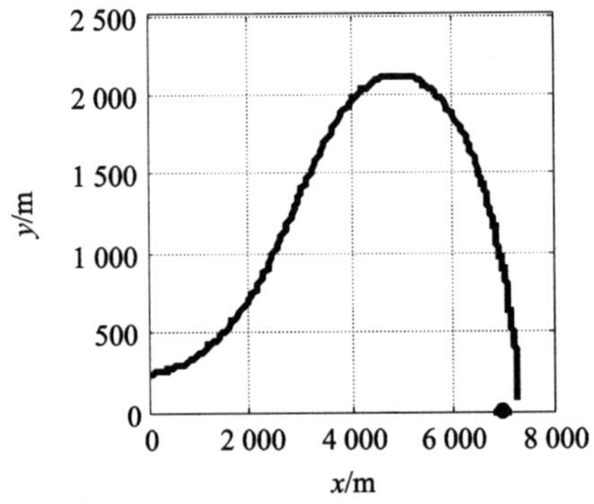

(b) 纵平面弹道曲线

图 8－5　过载限幅为 3 时导弹垂直打击固定目标的仿真结果

由图 8－5 可知，导弹飞行速度较高而初始飞行高度较低，导弹为实现角度攻击要求，需机动飞行以调整弹道，但由于过载受限较为严重，故不能保证有效命中目标，导致最终的脱靶量为 334.99 m，末端落角(末端弹道倾角)为－78.69°。

导弹速度 300 m/s 时，初始飞行高度为 500 m、1 000 m、2 000 m 都不能保证导弹有效命中目标，相应情形下的仿真结果表明，其对应的脱靶量及末端落角分别为(277.93 m，－81.18°)、(173.05 m，－85.76°)、(11.35 m，－93.24°)。

8.6.3　仿真实例三：制导系统误差影响分析

仿真初始参数同实例一。

(1) 制导律式(8－10)中的 R 项解算时存有 700 m 的误差，仿真结果如图 8－6 所示。

仿真结果表明，当 R 的解算具有 700 m 误差时导弹打击固定目标的脱靶量为 0.28 m，同图 8－1 相比，除攻击时间略有不同，并无太大的区别。仿真结果验证了 8.4 节的结论。

(2) 制导律式(8－10)中的 q_1 项解算时存有－0.5°的误差时，仿真结果如图 8－7 所示。

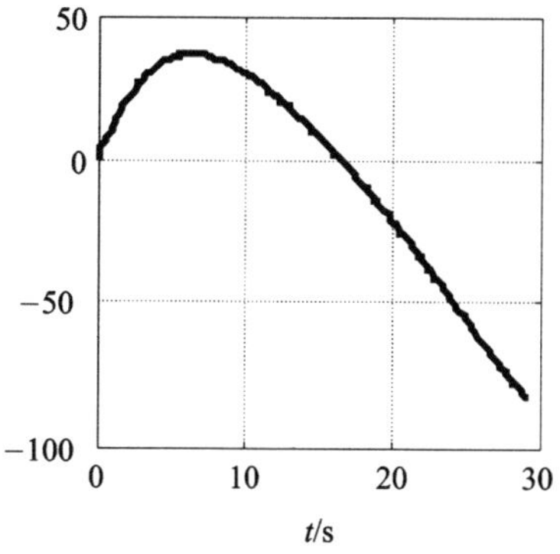

(a) 弹道倾角曲线

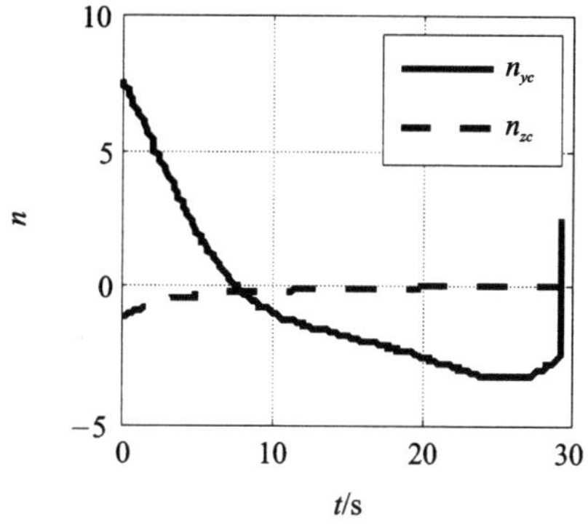

(b) 过载指令曲线

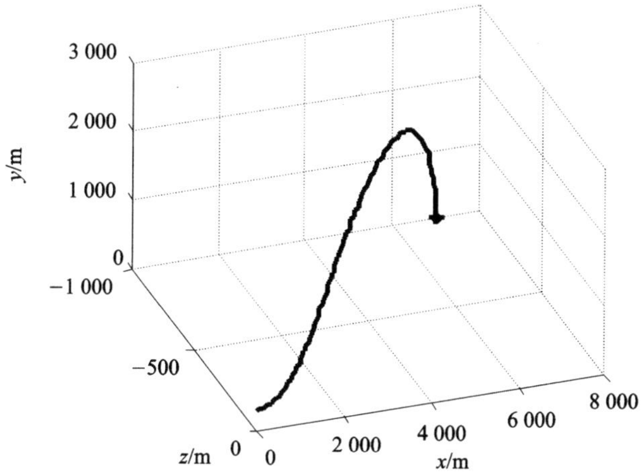

(c) 制导弹道曲线

图 8-6　*R* 解算误差为 700 m 时导弹垂直打击固定目标的仿真结果

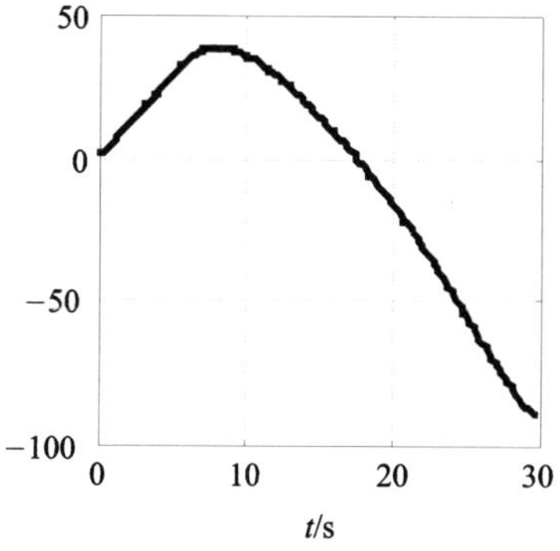

(a) 弹道倾角曲线

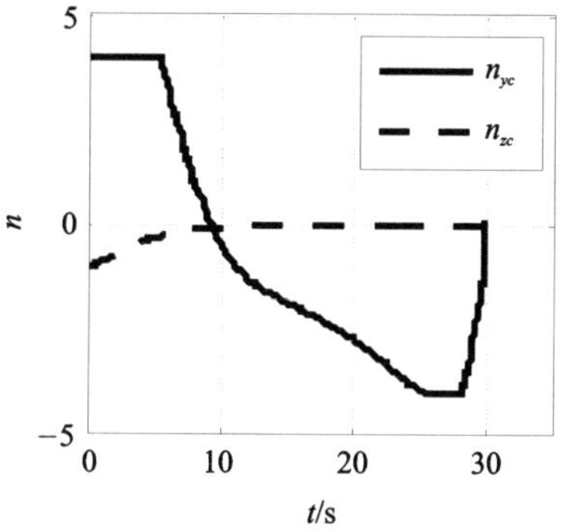

(b) 过载指令曲线

图 8-7　q_1 解算误差为−0.5°时导弹垂直打击固定目标的仿真结果

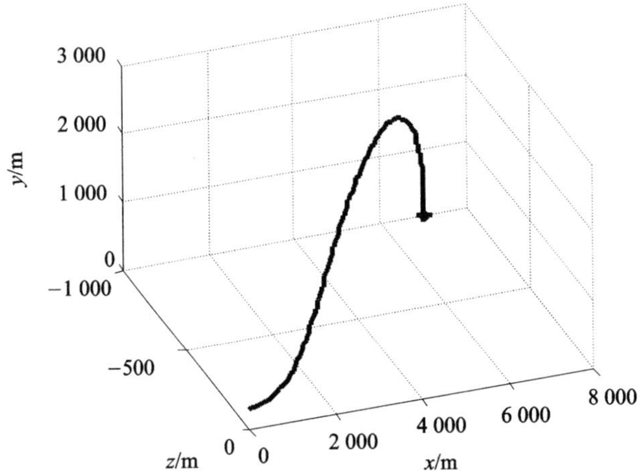

(c) 制导弹道曲线

图 8－7　q_1 解算误差为－0.5°时导弹垂直打击固定目标的仿真结果(续)

仿真结果表明，q_1 项解算时存有－0.5°的误差时，导弹能够精确命中目标，脱靶量为 0.15 m，导弹的末端落角为－89.50°，仿真结果验证了 8.4 节的结论。

q_1 项解算时存有＋0.5°的误差时，仿真结果如图 8－8 所示，导弹脱靶量为 0.29 m，导弹的末端落角为－90.50°，仿真结果验证了 8.4 节的结论。

通过大量的仿真，结果表明：当 q_1 项解算时存有误差时，导弹能够精确打击目标，满足脱靶量的要求，但由于 q_1 项解算误差的存在，导弹最终的末端弹道倾角将具有相应的误差；当 q_2 项解算时存有误差时，对导弹的侧向导引没有影响，导弹能够精确打击目标，满足脱靶量的要求。

制导律式(8－10)中的 $\dot{q}_1$ 项解算时存有 0.15(°)/s 的动态误差时(仿真中取[－0.15(°)/s，0.15(°)/s]之间均匀分布的随机噪声，采样周期为 20 ms)，仿真结果

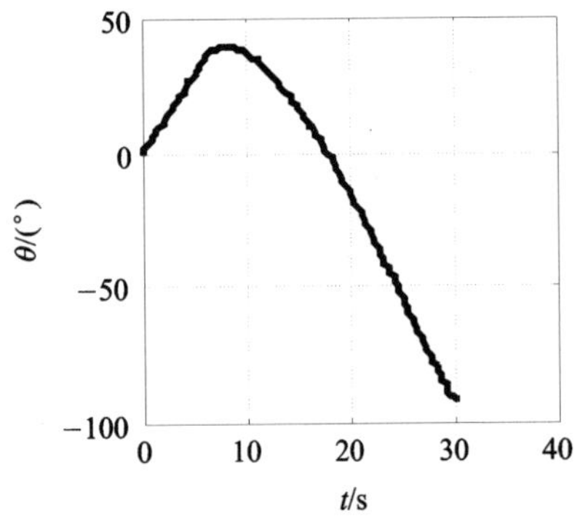

(a) 弹道倾角曲线

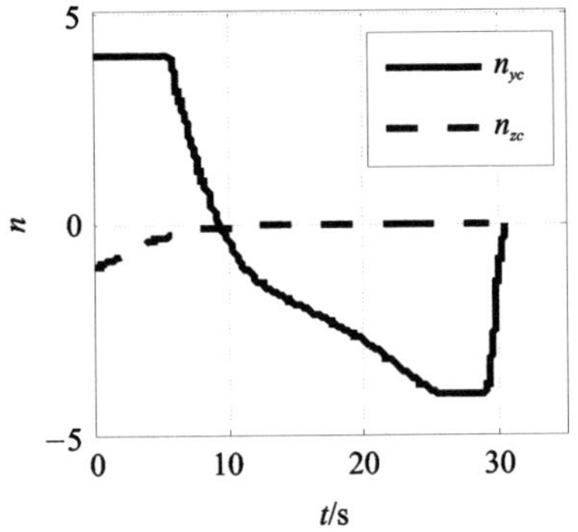

(b) 过载指令曲线

图 8－8　q_1 解算误差为＋0.5°时导弹垂直打击固定目标的仿真结果

如图 8-9 所示。

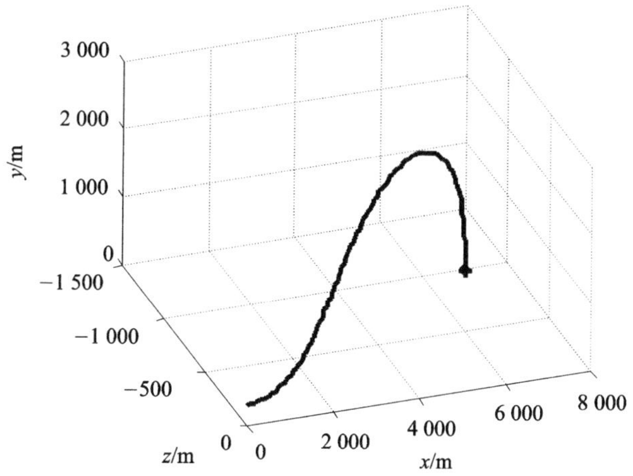

(c) 制导弹道曲线

图 8-8　q_1 解算误差为 +0.5° 时导弹垂直打击固定目标的仿真结果(续)

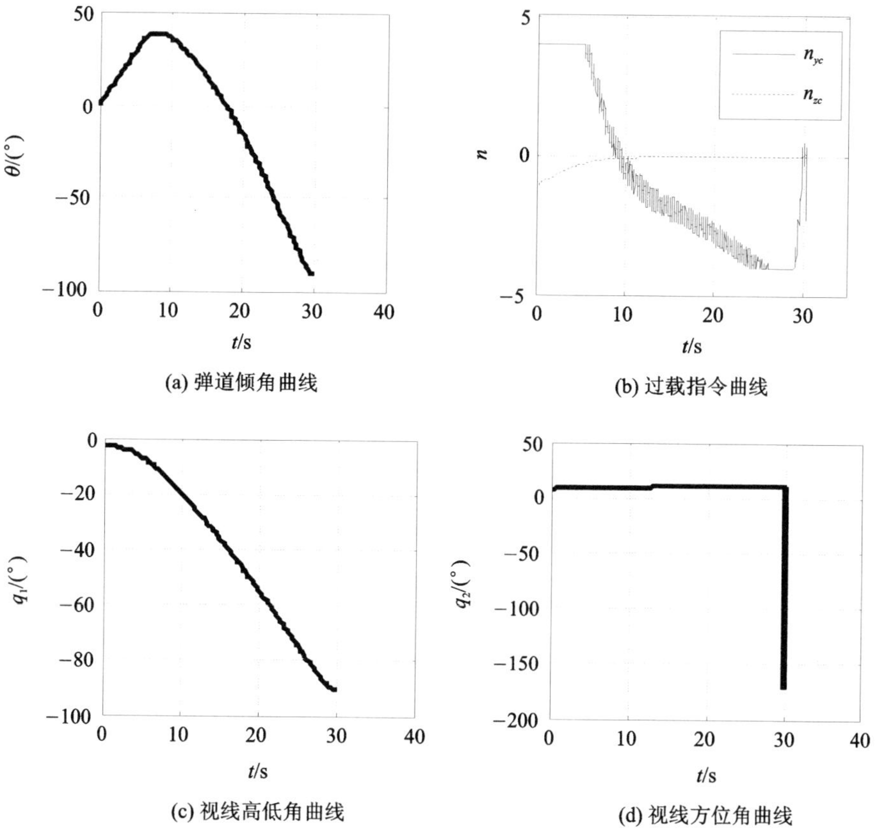

(a) 弹道倾角曲线　(b) 过载指令曲线

(c) 视线高低角曲线　(d) 视线方位角曲线

图 8-9　$\dot{q}_1$ 量测误差为 0.15(°)/s 时导弹垂直打击固定目标的仿真结果

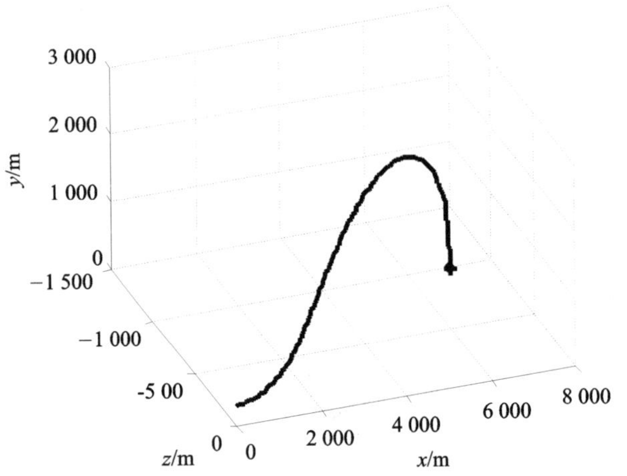

(e) 制导弹道曲线

图 8－9　$\dot{q}_1$ 量测误差为 0.15(°)/s 时导弹垂直打击固定目标的仿真结果(续)

仿真结果表明，$\dot{q}_1$ 项解算时存有 0.15(°)/s 的动态误差时，导弹能够精确命中目标，脱靶量为 0.13 m，导弹的末端落角为－90.00°。

$\dot{q}_1$ 项解算时存有 0.3(°)/s 的动态误差时，仿真结果如图 8－10 所示。

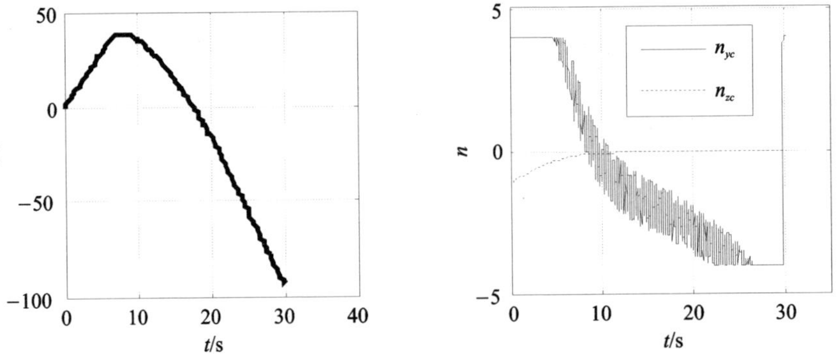

(a) 弹道倾角曲线　　(b) 过载指令曲线

图 8－10　$\dot{q}_1$ 量测误差为 0.3(°)/s 时导弹垂直打击固定目标的仿真结果

仿真结果表明，$\dot{q}_1$ 项解算时存有 0.3(°)/s 的动态误差时，脱靶量为 0.67 m，导弹的末端落角为－91.30°，导弹的末端落角已出现 1.3°的角度误差。当 $\dot{q}_1$ 项解算时存有 0.5(°)/s 的动态误差时，脱靶量为 8.11 m，导弹的末端落角为－94.46°，导弹已不能精确命中目标。

制导律式(8－10)中的 $\dot{q}_2$ 项解算时存有 0.15(°)/s 的动态误差时，仿真结果如图 8－11 所示。

仿真结果表明，$\dot{q}_2$ 项解算时存有 0.15(°)/s 的动态误差时，导弹能够精确命中目标，脱靶量为 0.16 m，导弹的末端落角为－90.00°。

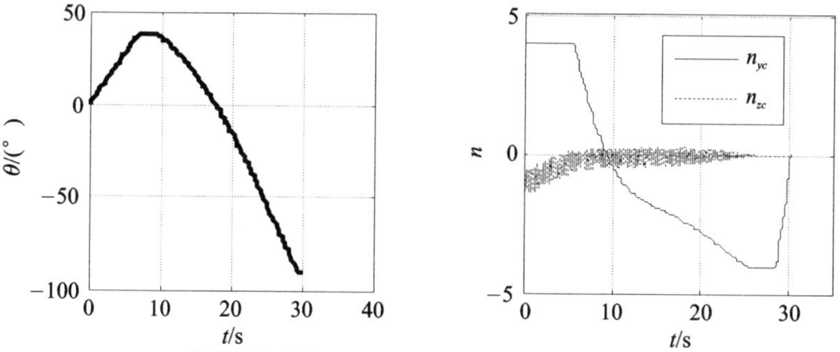

(a) 弹道倾角曲线　　(b) 过载指令曲线

图 8-11　$\dot{q}_2$ 量测误差为 0.15(°)/s 时导弹垂直打击固定目标的仿真结果

通过仿真可以发现，$\dot{q}_1$、$\dot{q}_2$ 项解算时同时存有 0.15(°)/s 的动态误差时，导弹能够精确命中目标，并且满足末端落角要求，仿真结果如图 8-12 所示。

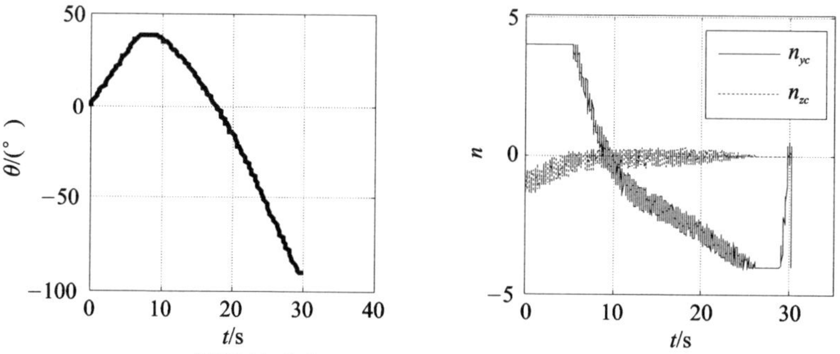

(a) 弹道倾角曲线　　(b) 过载指令曲线

图 8-12　$\dot{q}_1$、$\dot{q}_2$ 量测误差为 0.15(°)/s 时导弹垂直打击固定目标的仿真结果

(3) 当惯导系统给出的俯仰角 ϑ 测量误差为 $\sigma=0.06°$ 的白噪声(采样周期为 5 ms)，传感器给出的攻角 α 测量误差为 $\sigma=0.06°$ 的白噪声(采样周期为 20 ms)时，仿真结果如图 8-13 所示，导弹精确命中目标，脱靶量为 0.19 m，导弹的末端落角为 $-90.00°$，仿真结果验证了 8.4 节的结论。

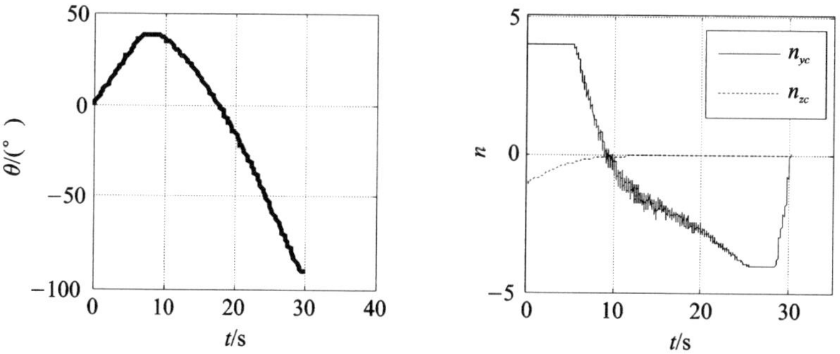

(a) 弹道倾角曲线　　(b) 过载指令曲线

图 8-13　ϑ 与 α 具有量测噪声时导弹垂直打击固定目标的仿真结果

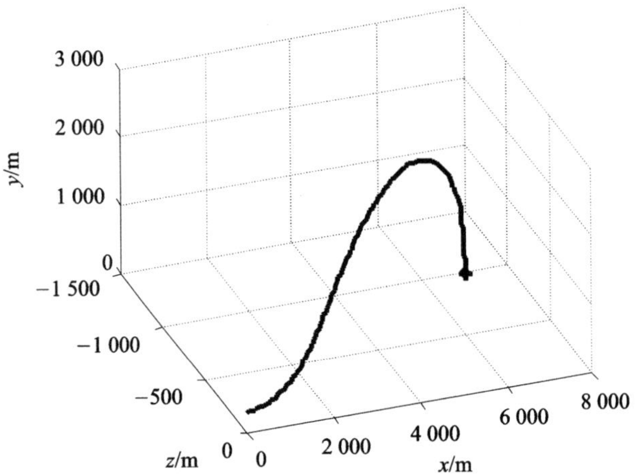

(c) 制导弹道曲线

图 8－13 ϑ 与 α 具有量测噪声时导弹垂直打击固定目标的仿真结果(续)

8.7 偏置攻击导引的容错方案研究

正常工作条件下,q_1、$\dot{q}_1$ 及 $\dot{q}_2$ 由前视成像导引系统提供。如果目标丢失,那么 q_1、$\dot{q}_1$ 及 $\dot{q}_2$ 将由惯导信息解算。根据弹目空间几何关系,有

$$q_1=\arctan\left(\frac{y_T-y}{\sqrt{(x_T-x)^2+(z_T-z)^2}}\right) \tag{8-15a}$$

$$q_2=\arctan\left(\frac{z_T-z}{\sqrt{(x_T-x)^2}}\right) \tag{8-15b}$$

$$\dot{q}_1=\frac{v_1\sin(q_1-\theta)}{r_1} \tag{8-15c}$$

$$\dot{q}_2=\frac{v_2\sin(q_2-\psi_V)}{r_2} \tag{8-15d}$$

式中,(x,y,z)为惯导系统提供的导弹位置信息;(x_T,y_T,z_T)为已知的目标信息;$v_1=V_m$,V_m 为导弹速度大小,由惯导系统解算;$v_2=V_m\cos\theta$,θ 为导弹的弹道倾角,由 $\theta=\vartheta-\alpha$ 解算,其中 ϑ 与 α 分别为导弹的俯仰角与攻角;ψ_V 为导弹的弹道偏角,由 $\psi_V=\psi-\beta$ 解算,其中 ψ 与 β 分别为导弹的偏航角与侧滑角;$r_1=R=\sqrt{(x_T-x)^2+(y_T-y)^2+(z_T-z)^2}$;$r_2=\sqrt{(x_T-x)^2+(z_T-z)^2}$。

为考察惯导系统的量测误差对制导信息 q_1、$\dot{q}_1$ 及 $\dot{q}_2$ 解算带来的影响,用$(\bar{x},\bar{y},\bar{z})$表示导弹的实际位置信息,用$(\Delta x,\Delta y,\Delta z)$表示相应坐标方向上的量测误差,那么 q_1 可以表示为

$$q_1 = \arctan\left(\frac{y_T - \bar{y} + \Delta y}{\sqrt{(x_T - \bar{x} + \Delta x)^2 + (z_T - \bar{z} + \Delta z)^2}}\right) \quad (8-16)$$

因此，由惯导系统定位误差造成的制导信息 q_1 的解算误差可以表示为

$$\Delta q_1 = \arctan\left(\frac{y_T - \bar{y} + \Delta y}{\sqrt{(x_T - \bar{x} + \Delta x)^2 + (z_T - \bar{z} + \Delta z)^2}}\right) - \arctan\left(\frac{y_T - \bar{y}}{\sqrt{(x_T - \bar{x})^2 + (z_T - \bar{z})^2}}\right) \quad (8-17)$$

考察 8.6.1 节仿真实例一中的典型飞行弹道，为便于分析误差特性并考虑最为不利的情况，不妨设 $-\Delta x = -\Delta y = \Delta z = \Delta = 10$ m，仿真可得整个飞行期间的视线角解算误差如图 8－14。

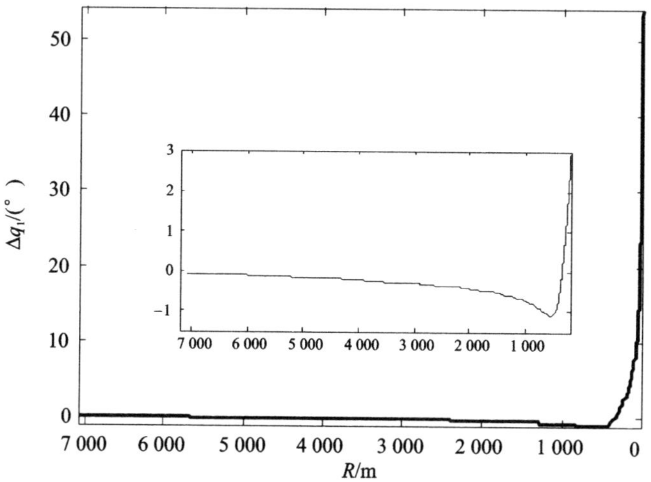

图 8－14　惯导系统视线角解算误差

结果表明，弹目距离 R 由初始值接近至 200 m 的过程中，Δq_1 不超过 $\pm 3°$，一般认为 q_1 的解算误差不超过 $\pm 3°$ 时导弹能够准确命中目标（结合 8.6.3 小节的仿真结果及分析），满足脱靶量的要求，但由于 q_1 项解算误差的存在，导弹最终的末端弹道倾角将具有相应的误差。

通过类似的分析方法，由惯导系统及攻角传感器量测误差造成制导信息 $\dot{q}_1$ 的解算误差可以表示为

$$\Delta \dot{q}_1 = \frac{(\bar{V}_m + \Delta V_m)\sin(\bar{q}_1 + \Delta q_1 - \bar{\theta} + \Delta\theta)}{\sqrt{(x_T - \bar{x} + \Delta x)^2 + (y_T - \bar{y} + \Delta y)^2 + (z_T - \bar{z} + \Delta z)^2}} - \frac{\bar{V}_m \sin(\bar{q}_1 - \bar{\theta})}{\sqrt{(x_T - \bar{x})^2 + (y_T - \bar{y})^2 + (z_T - \bar{z})^2}} \quad (8-18)$$

考虑最不利的情况，V_m 的量测误差取为 0.2 m/s，θ 的量测误差取为 $-1.26°$（ϑ

的量测误差取为$-0.06°$，α 的量测误差取为$-1.2°$)，$-\Delta x=\Delta y=\Delta z=\Delta=10$ m，q_1 的解算误差取式(8-17)，仿真可得整个飞行期间的视线角解算误差如图 8-15。

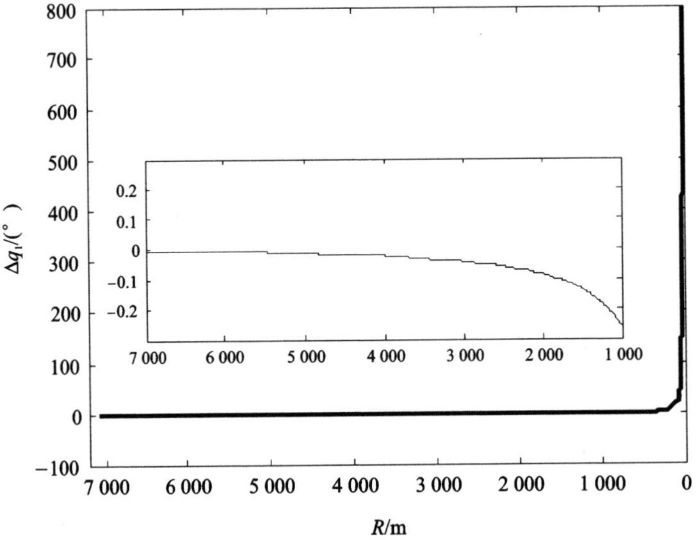

图 8-15　惯导系统视线角速率解算误差

结果表明，弹目距离 R 由初始值接近至 1 000 m 的过程中，$\Delta\dot{q}_1$ 不超过$\pm0.3(°)/s$，一般认为 $\dot{q}_1$ 的解算误差不超过$\pm0.3(°)/s$ 时导弹能够准确命中目标(结合 8.6.3 小节的仿真结果及分析)，满足脱靶量的要求。通过同样的方法，可以得到由惯导系统及攻角传感器量测误差造成制导信息 $\dot{q}_2$ 的解算误差，这里不再讨论。

8.8　本章小结

本章给出偏置攻击导引的控制流程，并设计具有控制攻击角度能力的导引律，然后对设计的导引律进行了约束条件分析，通过仿真验证了导引律的有效性，最后对偏置攻击导引的容错方案进行了初步研究。

第 9 章　结论与展望

以新型飞航导弹等特殊飞行器为研究对象，在 GPS 等其他导航方式不可用的情况下，如何充分利用已有的成像装置，来对 INS 的导航误差进行修正，这是本书旨在解决的实际问题。在该立意的牵引下，针对飞航导弹等这类特殊飞行器的特点，首先，分析了其视觉辅助导航的难点和选取单个点地标作为参考的必要性；其次，在此基础上，重点对基于单个点地标被动观测的单枚导弹和多弹协同 INS 误差修正方法进行了深入研究；最后，研究了捷联成像导引头中制导段惯性视线重构及误差传递关系和偏置导引攻击方案。

9.1　结　论

1. 飞航导弹等特殊飞行器视觉辅助导航的特点及技术难题

与一般飞行器不同，飞航导弹等特殊飞行器视觉辅助导航有着自己的特点，其实现难度较一般飞行器要大，主要有以下几个难点：

(1) 大规模、非结构化、稀疏特征导航环境。视觉辅助导航需要利用飞行线路上的固定自然地标作为参考；且可参考地标稀少；不易获得地标的细致特征，仅能将地标看作点地标；单次视觉成像过程中一般仅有一个点地标可供参考。

(2) 视觉导航一般不允许改变巡航路径。在中制导阶段是沿着预先规划的航路飞行的，其视觉辅助导航一般不允许改变其巡航路径。

(3) 隐蔽性强，不易额外增加硬件。由于视觉装置不提供距离信息，需额外提供测距设备，常用方法是用雷达、激光测距仪等进行辅助测距。但军用飞行器为了提高其隐蔽性，往往不允许使用雷达等有源测量设备；另一方面考虑导弹载重量和一次性成本的约束，也不易再额外增加导弹硬件。

(4) 飞行速度快，成像导引头视场小，对地标的观测时间很短。

(5) 弹载计算机计算能力相对较弱，算法应该尽量简单，计算量小。

鉴于以上几个难点，使得现有方法不再适用于这类飞行器视觉辅助导航。

2. 单飞行器 INS 误差修正方法

(1) 基于迭代求解与平均去噪相结合的飞行器 INS 误差修正方法

以单个点地标为参考，通过应用弹载成像导引头对该地标进行连续、被动观测，从易于工程实现的角度，提出了离线和在线两种 INS 误差估计方法：

① 离线估计：INS＋视觉＋高度表

离线估计：采用迭代求解算法，在每次求解过程中都融合了整个观测过程的量测信息，其迭代求解过程主要包括利用平均去噪的思想降低测量噪声的影响；同时估计出 INS 水平通道的位置和速度误差；对观测方程进行更新三部分内容。该方法能够实现 INS 位置和速度误差的同时估计。仿真结果表明：无线电高度表可用时，INS 位置和速度误差估计精度分别不低于 1 m 和 1 m/s；气压高度表存在 15 m 常值量测误差时，INS 位置和速度误差估计精度也可分别达到 8 m 和 2.5 m/s。

本方法已经用某型导弹的实测飞行试验数据进行了验证。本方法简单，计算量小，这对于运算能力相对较弱的弹载计算机来讲十分有利。

② 在线估计：INS＋视觉

在线估计：利用 INS 速度估计精度远高于其位置估计精度的特点，仅需视觉信息和 INS 信息，最大限度地利用从初始观测时刻到当前时刻这一段观测数据进行求解，就能实现 INS 定位误差的快速实时修正。仿真结果表明：该方法尽管是一种有偏估计方法，但在 INS 速度估计精度不低于 5 m/s 的情况下，仍可将 INS 定位误差修正到 10 m 之内。

另外，该方法无论从收敛速度还是收敛精度上都明显优于 EKF。

(2) 基于虚拟视线交会的飞行器 INS 误差修正方法

采用虚拟视线交会的思想，在不需要弹目距离信息的情况下，提出了一种基于对航路上单个已知地标连续、被动观测的 INS 误差修正方法。

① 有偏估计：INS＋视觉

根据导弹与地标间的相对运动关系，采用虚拟视线交会的方法，将问题转化为多虚拟地标协同定位导弹问题。在此基础上，考虑到 INS 速度误差远小于位置误差的特点，利用最小二乘思想，实现了导弹位置的有偏估计。

② 无偏估计：INS＋视觉＋辅助测速装置(如空速管)

在步骤①的基础上，以估计得到的有偏位置信息和基于大气系统得到的 INS 速度误差大小作为观测量，应用考虑系统误差估计补偿的卡尔曼滤波，进一步实现了导弹位置和速度的无偏估计。

(3) 基于未知地标被动观测的 INS 俯仰姿态误差估计方法

针对飞航导弹 INS 单独使用时存在姿态估计精度随时间降低的问题，提出了基于未知地标被动观测的 INS 俯仰姿态误差估计方法。首先，根据中制导段飞行的特点，把 INS 俯仰姿态误差估计问题转化为攻角估计问题。然后，在不改变导弹巡航路径的前提下，利用弹上成像导引头对视场内任意未知地标连续、被动观测，分别提出了弹体坐标系和速度坐标系下的攻角估计方法，并分析了观测噪声对量测方程系数的影响。最后，利用平均去噪的思想对估计结果进行处理，提高了 INS 俯仰姿态误差的估计精度。仿真结果表明：两种方法都能有效估计出飞航导弹 INS 俯仰姿态量测误差，提高飞航导弹 INS 姿态估计精度。

3. 多弹协同 INS 误差修正方法

（1）无绝对信息输入

针对弹群协同编队飞行中，编队成员单独使用 INS 时存在定位误差发散的问题，考虑到弹群中各枚导弹 INS 误差基本上服从零均值高斯分布这一特性，提出了一种利用成像导引头对航路上任一未知地标被动观测的弹群 INS 定位误差协同修正方法。首先，融合弹群中各枚导弹相对于地标的视线角量测信息及 INS 位置量测信息，利用最小二乘思想对未知地标进行协同定位。然后，基于估计得到的地标位置，利用各枚导弹相对于地标的视线角和方位角速率量测信息及 INS 速度量测信息，反过来修正弹群中各枚导弹的 INS 定位误差。最后，仿真验证该方法可以在一定程度上修正弹群 INS 定位误差。该方法具有如下特点：

① 该方法只需要成像导引头提供的视觉测量信息和 INS 导航信息，既不需要地标先验信息，也不需要额外提供测距雷达的测距信息或者高度表的高度信息或者大气系统提供的速度信息。

② 考虑到 INS 定位误差基本上服从零均值高斯分布，且成像导引头视觉量测精度远优于 INS 定位精度，所以，尽管 INS 定位误差修正精度与弹群的初始惯导位置误差分布有关，但该方法仍可有效减缓弹群的 INS 定位误差发散速度。

③ 弹群 INS 定位误差协同修正后，各成员的 INS 定位精度变得基本相同，短时间内再进行连续协同修正，INS 定位精度基本不再提高。因此，即使弹群飞行航路上可供参考的地标稀少，也不影响弹群 INS 误差协同修正的效果。

（2）存在可供参考的已知地标

当出现可供参考的已知地标时，针对 3 枚以上导弹编队和两枚导弹编队两种情况，研究了基于已知地标被动观测和弹间测距的多弹协同 INS 误差修正方法。

① 三弹基于视觉及弹间一维距离和速度信息的 INS 误差修正方法

提出了一种基于 INS 信息、成像导引头提供的导弹相对于已知地标的视线角和视线角速率信息以及各枚导弹之间的一维相对距离和相对速度信息的多导弹（不少于 3 枚）协同 INS 误差修正方法。该方法具有如下特点：

（ⅰ）基于地标被动观测的多导弹（不少于 3 枚）协同误差修正方法，在不需要弹目距离信息或高度表信息或空速管信息的前提下，利用 INS 信息、视觉信息及弹间一维距离和速度信息，实现了导弹编队 INS 位置和速度误差的同时修正。

（ⅱ）以 INS 误差作为状态量，以导弹观测序列与 INS 估计信息解算的伪观测序列构造观测量，线性求解 INS 误差，并利用平均去噪思想提高估计精度，处理方法简单，计算量小。

② 两弹基于视觉及弹间三维测距信息的 INS 误差两阶段修正方法

针对仅有两枚导弹编队的情形，提出了一种两弹基于视觉及弹间三维测距信息的 INS 误差两阶段协同修正新方法。该方法具有如下特点：

（ⅰ）第一阶段误差修正使得编队中两枚导弹的 INS 误差具有一致性，这一方面可以在一定程度上抑制 INS 误差发散,另一方面为第二阶段误差修正奠定了基础。

(ⅱ) 与现有的方法相比较,第二阶段 INS 误差修正具有如下特点:导弹数目要求低(不少于两枚);地标数目和特性要求低(单个点地标);仅需导弹相对于地标的视觉信息,且仅需 2 s 甚至更短时间的观测数据;能够实现导弹编队 INS 位置和速度误差的同时修正。

(3) 几何精度因子

分析了参与协同误差修正的各枚导弹相对于被测地标的几何构形对 INS 误差修正精度的影响,从理论上推导了 HDOP 和 VDOP,给出了参与协同误差修正的各枚导弹相对于被测地标的最优几何构形,对于提高导弹编队 INS 误差修正精度具有一定的参考意义。

4. 惯性视线重构及精度分析

基于地标被动观测的飞行器 INS 误差修正的关键输入信息是导弹相对于被测地标的惯性视线信息,而捷联成像导引头惯性视线信息不能够直接获得,需要进行重构,因此研究惯性视线重构过程及影响惯性视线重构的误差因素对于提高 INS 误差修正精度是很有意义的。

研究了飞行器视觉辅助导航中惯性视线的重构过程,重点分析了惯性视线重构精度的影响因素。首先,根据体视线和弹体姿态到惯性视线的映射关系,给出了惯性视线的重构过程;其次,从增益范数的角度分析了导弹与地标间的相对关系及弹体姿态对惯性视线重构精度的影响;最后,基于映射函数的雅可比矩阵,研究了惯导姿态量测误差和捷联成像导引头体视线角量测误差对惯性视线重构精度的影响,推导出了中制导段惯性视线重构的误差传递近似公式,得到了如下结论:

(1) 与末制导段不同,中制导段惯性视线重构不能再将体视线角作为小角度近似。

(2) 体视线角量测误差以单位增益传入到惯性视线重构中。体视线角是影响惯导姿态量测误差传递增益的主要因素,体视线高度角越小,惯性方位角的重构精度越高;体视线方位角可以调节俯仰和滚转两个通道的姿态量测误差传递比重。

(3) 利用误差传递近似公式估计得到的惯性视线重构误差标准差从大小和变化趋势上均与蒙特卡洛的计算结果相符,近似计算精度可达 96 %以上。

根据这些理论分析结果,结合对 INS 导航误差修正精度的要求,可以反过来对这些装置的精度提出要求。

5. 偏置导引攻击方案

给出偏置攻击导引的控制流程,并设计具有控制攻击角度能力的导引律,然后对设计的导引律进行了约束条件分析,通过仿真验证了导引律的有效性,最后对偏置攻击导引的容错方案进行了初步研究。

综上所述,本书研究成果可以解决具有成像装置的飞行器在中制导阶段 INS 误差发散的技术难题,实现飞行器的高精度自主导航,为我国飞行器视觉导航技术的发展提供理论支撑和技术储备。即使将来我国的北斗等卫星导航信息可用,本技术仍然可以作为一种辅助导航手段,用于进一步增强组合导航系统的可靠性。

9.2 展　望

对基于单个点地标被动观测的飞航导弹等特殊飞行器 INS 误差修正问题进行了深入研究,解决了一些关键问题和技术,但仍然存在一些尚未解决或解决得不够理想的问题有待进一步完善,例如:

(1) 本书研究了基于未知地标被动观测的飞行器 INS 俯仰姿态误差估计方法,但众所周知航向姿态在中制导段发挥的作用最为关键,如何实现基于单个点地标的 INS 航向姿态误差修正将是一个非常有意义的研究问题。

(2) 本书方法仅有 2.4 节“基于迭代求解与平均去噪相结合的 INS 误差离线估计方法”进行了飞行试验验证,其他的研究成果也需借助飞行试验验证,进一步完善,为实际工程应用提供保证。

(3) 本书的主要研究对象为飞航导弹这类特殊飞行器,也可将相关技术推广应用到一般飞行器,在移植和适应性改进过程中需根据对象特点适当改进算法,确保适用性。

附录　飞航导弹 SINS 误差综合模型

影响飞航导弹 SINS 导航精度的误差因素主要有陀螺漂移、加速度计零位偏置和平台姿态角误差，这些因素会引起飞航导弹的速度误差和位置误差。这一部分没有理论或者应用方面的创新，只是对现有知识的归纳总结，使本书的研究内容系统完整。

1. 陀螺漂移数学模型

陀螺漂移模型简化为考虑白噪声的随机常数：

$$\boldsymbol{\varepsilon}=\begin{bmatrix}\varepsilon_{\mathrm{e}}\\ \varepsilon_{\mathrm{n}}\\ \varepsilon_{\mathrm{u}}\end{bmatrix}=\begin{bmatrix}\varepsilon_{b\mathrm{e}}\\ \varepsilon_{b\mathrm{n}}\\ \varepsilon_{b\mathrm{u}}\end{bmatrix}+\begin{bmatrix}\varepsilon_{g\mathrm{e}}\\ \varepsilon_{g\mathrm{n}}\\ \varepsilon_{g\mathrm{u}}\end{bmatrix}=\boldsymbol{\varepsilon}_b+\boldsymbol{\varepsilon}_g \tag{附-1}$$

式中

$$\boldsymbol{\varepsilon}_b=\begin{bmatrix}\varepsilon_{b\mathrm{e}}\\ \varepsilon_{b\mathrm{n}}\\ \varepsilon_{b\mathrm{u}}\end{bmatrix},\quad \dot{\boldsymbol{\varepsilon}}_b=\begin{bmatrix}0\\0\\0\end{bmatrix},\quad \boldsymbol{\varepsilon}_g=\begin{bmatrix}\varepsilon_{g\mathrm{e}}\\ \varepsilon_{g\mathrm{n}}\\ \varepsilon_{g\mathrm{u}}\end{bmatrix}$$

这里，假设 $\boldsymbol{\varepsilon}_b$ 的幅值为恒定(例如 0.5(°)/h)，其初值 $\varepsilon_{b,0}$ 为随机产生的常数，其范围在 $\pm\varepsilon_{b\max}$(例如 ±0.5(°)/h)以内，其中 $\varepsilon_{b\max}$ 是 $\boldsymbol{\varepsilon}_b$ 幅值的最大绝对值。$\boldsymbol{\varepsilon}_g$ 为白噪声。

2. 加速度计零位数学模型

加速度计零位取为考虑白噪声的随机常数：

$$\boldsymbol{\nabla}=\begin{bmatrix}\nabla_{\mathrm{e}}\\ \nabla_{\mathrm{n}}\\ \nabla_{\mathrm{u}}\end{bmatrix}=\begin{bmatrix}\nabla_{b\mathrm{e}}\\ \nabla_{b\mathrm{n}}\\ \nabla_{b\mathrm{u}}\end{bmatrix}+\begin{bmatrix}\nabla_{g\mathrm{e}}\\ \nabla_{g\mathrm{n}}\\ \nabla_{g\mathrm{u}}\end{bmatrix}=\boldsymbol{\nabla}_b+\boldsymbol{\nabla}_g \tag{附-2}$$

式中

$$\boldsymbol{\nabla}_b=\begin{bmatrix}\nabla_{b\mathrm{e}}\\ \nabla_{b\mathrm{n}}\\ \nabla_{b\mathrm{u}}\end{bmatrix},\quad \dot{\boldsymbol{\nabla}}_b=\begin{bmatrix}0\\0\\0\end{bmatrix},\quad \boldsymbol{\nabla}_g=\begin{bmatrix}\nabla_{g\mathrm{e}}\\ \nabla_{g\mathrm{n}}\\ \nabla_{g\mathrm{u}}\end{bmatrix},$$

这里，假设 $\boldsymbol{\nabla}_b$ 的幅值为定值(例如 $1\times10^{-4}g$)，其初值 $\nabla_{b,0}$ 为随机产生的常数，范围在 $\pm\nabla_{b\max}$(例如 $\pm1\times10^{-4}g$)以内，其中 $\nabla_{b\max}$ 是 $\boldsymbol{\nabla}_b$ 幅值的最大绝对值。$\boldsymbol{\nabla}_g$ 为白噪声。

3. 平台姿态角误差方程

$$\dot{\phi}_E=-\frac{\Delta V_{\mathrm{n}}}{R_{\mathrm{n}}+h}+\left(\Omega_{\mathrm{u}}+\frac{V_{\mathrm{e}}}{R_{\mathrm{e}}+h}\tan\varphi\right)\phi_{\mathrm{n}}-\left(\Omega_{\mathrm{n}}+\frac{V_{\mathrm{e}}}{R_{\mathrm{e}}+h}\right)\phi_{\mathrm{u}}+\frac{V_{\mathrm{n}}}{(R_{\mathrm{n}}+h)^2}\Delta h+\varepsilon_{\mathrm{e}} \tag{附-3a}$$

$$\dot{\phi}_{\mathrm{n}}=-\Omega_{\mathrm{u}}\Delta\phi+\frac{\Delta V_{\mathrm{e}}}{R_{\mathrm{e}}+h}-\left(\Omega_{\mathrm{u}}+\frac{V_{\mathrm{e}}}{R_{\mathrm{e}}+h}\tan\varphi\right)\phi_{\mathrm{e}}-\frac{V_{\mathrm{n}}}{R_{\mathrm{n}}+h}\phi_{\mathrm{u}}-\frac{V_{\mathrm{e}}}{(R_{\mathrm{e}}+h)^{2}}\Delta h+\varepsilon_{\mathrm{n}} \tag{附-3b}$$

$$\dot{\phi}_{\mathrm{u}}=\left(\Omega_{\mathrm{n}}+\frac{V_{\mathrm{e}}\sec^{2}\varphi}{R_{\mathrm{e}}+h}\right)\Delta\phi+\frac{\tan\varphi}{R_{\mathrm{e}}+h}\Delta V_{\mathrm{e}}+\left(\Omega_{\mathrm{n}}+\frac{V_{\mathrm{e}}}{R_{\mathrm{e}}+h}\right)\phi_{\mathrm{e}}+\frac{V_{\mathrm{n}}}{R_{\mathrm{n}}+h}\phi_{\mathrm{n}}-\frac{V_{\mathrm{e}}\tan\varphi}{(R_{\mathrm{e}}+h)^{2}}\Delta h+\varepsilon_{\mathrm{u}} \tag{附-3c}$$

式中，ϕ_{e}、ϕ_{n}、ϕ_{u} 为水平姿态误差及方位误差；ε 为东、北、天系等效的陀螺漂移（包含有偏置项和白噪声）。$\Omega_{\mathrm{u}}=\omega_{ie}\sin\varphi$；$\Omega_{\mathrm{n}}=\omega_{ie}\cos\varphi$。

将平台误差 ϕ_{e}、ϕ_{n}、ϕ_{u} 转换为姿态误差，可得到带误差的姿态矩阵，可按如下顺序处理：

（1）先由弹道仿真计算出的实际姿态角计算出 $\boldsymbol{C}_b^n$（真实值）；

（2）计算含有误差的 $\boldsymbol{C}_b^{n'}$，$\boldsymbol{C}_b^{n'}=\boldsymbol{C}_n^{n'}\cdot\boldsymbol{C}_b^n$，其中

$$\boldsymbol{C}_n^{n'}=\begin{bmatrix}1 & -\phi_{\mathrm{u}} & \phi_{\mathrm{n}}\\ \phi_{\mathrm{u}} & 1 & -\phi_{\mathrm{e}}\\ -\phi_{\mathrm{n}} & \phi_{\mathrm{e}} & 1\end{bmatrix} \tag{附-4}$$

（3）再由 $\boldsymbol{C}_b^{n'}$ 计算带有误差的姿态角。

利用卡尔曼滤波估计出的平台误差 ϕ_{e}、ϕ_{n}、ϕ_{u} 校正捷联惯导输出姿态角的方法如下：

（1）由四元数求解出含有误差的 $\boldsymbol{C}_b^n$（实际上应该表示为 $\boldsymbol{C}_b^{n'}$，下面就表示为 $\boldsymbol{C}_b^{n'}$）；

（2）计算 $\boldsymbol{C}_b^n$，$\boldsymbol{C}_b^n=\boldsymbol{C}_{n'}^n\cdot\boldsymbol{C}_b^{n'}$，其中

$$\boldsymbol{C}_{n'}^{n}=\begin{bmatrix}1 & -\phi_{\mathrm{u}} & \phi_{\mathrm{n}}\\ \phi_{\mathrm{u}} & 1 & -\phi_{\mathrm{e}}\\ -\phi_{\mathrm{n}} & \phi_{\mathrm{e}} & 1\end{bmatrix}^{\mathrm{T}} \tag{附-5}$$

（3）再由 $\boldsymbol{C}_b^n$ 计算校正后的姿态角。

4. 速度误差方程

$$\Delta\dot{V}_{\mathrm{e}}=\left[2(\Omega_{\mathrm{n}}V_{\mathrm{n}}+\Omega_{\mathrm{u}}V_{\mathrm{u}})+\frac{V_{\mathrm{n}}V_{\mathrm{e}}\sec^{2}\varphi}{R_{\mathrm{e}}+h}\right]\Delta\varphi+\frac{V_{\mathrm{n}}\tan\varphi-V_{\mathrm{u}}}{R_{\mathrm{e}}+h}\Delta V_{\mathrm{e}}+\left(2\Omega_{\mathrm{u}}+\frac{V_{\mathrm{e}}}{R_{\mathrm{e}}+h}\tan\varphi\right)\Delta V_{\mathrm{n}}-\left(2\Omega_{\mathrm{n}}+\frac{V_{\mathrm{e}}}{R_{\mathrm{e}}+h}\right)\Delta V_{\mathrm{u}}-\left[\frac{V_{\mathrm{e}}V_{\mathrm{u}}+V_{\mathrm{n}}V_{\mathrm{e}}\tan\varphi}{(R_{\mathrm{e}}+h)^{2}}\right]\Delta h-F_{\mathrm{u}}\phi_{\mathrm{n}}+F_{\mathrm{n}}\phi_{\mathrm{u}}+\nabla_{\mathrm{e}} \tag{附-6a}$$

$$\Delta\dot{V}_{\mathrm{n}}=-\left(2\Omega_{\mathrm{n}}+\frac{V_{\mathrm{e}}\sec^{2}\varphi}{R_{\mathrm{e}}+h}\right)V_{\mathrm{e}}\Delta\varphi-2\left(\Omega_{\mathrm{u}}+\frac{V_{\mathrm{e}}}{R_{\mathrm{e}}+h}\tan\varphi\right)\Delta V_{\mathrm{e}}-$$

$$\frac{V_u}{R_n+h}\Delta V_n-\frac{V_n}{R_n+h}\Delta V_u+$$

$$\left[\frac{V_nV_u}{(R_n+h)^2}+\frac{V_e^2\tan\varphi}{(R_e+h)^2}\right]\Delta h+F_u\phi_e-F_e\phi_u+\nabla_n \tag{附-6b}$$

$$\Delta\dot{V}_u=2\left(\Omega_n+\frac{V_e}{R_e+h}\right)\Delta V_e+$$

$$\left[-\frac{V_e^2}{(R_e+h)^2}-\frac{V_n^2}{(R_n+h)^2}+\frac{2R_0}{(R_0+h)^2}g_0-K_2\right]\Delta h-$$

$$2\Omega_uV_e\Delta\varphi+\frac{2V_n}{R_n+h}\Delta V_n-F_n\phi_e+F_e\phi_n+\nabla_u \tag{附-6c}$$

式中，ΔV_e、ΔV_n、ΔV_u 为东、北、天向速度误差；∇_e、∇_n、∇_u为东、北、天系的等效的加速度计误差(包含有加速度计偏置项和白噪声)；F_e、F_n、F_u 是加速度计理想输出值在导航坐标系中的分量。

5. 位置误差方程

$$\Delta\dot{\lambda}=\frac{1}{(R_e+h)\cos\varphi}(V_e\tan\varphi\cdot\Delta\varphi+\Delta V_e)-\frac{V_e\cdot\Delta h}{(R_e+h)^2\cos\varphi} \tag{附-7}$$

$$\Delta\dot{\varphi}=\frac{1}{R_n+h}\Delta V_n-\frac{V_n\cdot\Delta h}{(R_n+h)^2} \tag{附-8}$$

$$\Delta\dot{h}=-K_1\Delta h+\Delta V_u \tag{附-9}$$

其中，$\Delta\lambda$、$\Delta\varphi$、Δh 分别为经度误差、纬度误差及高度误差；F_e、F_n、F_u 为东、北、天向加速度。

6. SINS 的误差综合状态模型

由误差量可以构成 SINS 系统的误差综合状态向量，即

$$\boldsymbol{X}_{INS}=[\Delta\varphi,\Delta\lambda,\Delta h,\Delta V_e,\Delta V_n,\Delta V_u,\phi_e,\phi_n,\phi_u,\varepsilon_{bx},\varepsilon_{by},\varepsilon_{bz},\nabla_{bx},\nabla_{by},\nabla_{bz}]^T \tag{附-10}$$

系统状态模型为

$$\dot{\boldsymbol{X}}_{INS}=\boldsymbol{F}_{INS}\boldsymbol{X}_{INS}+\boldsymbol{G}_{INS}\boldsymbol{w}_{INS} \tag{附-11}$$

式中，$\boldsymbol{w}_{INS}$ 是系统噪声

$$\boldsymbol{w}_{INS}=[\varepsilon_{gx},\varepsilon_{gy},\varepsilon_{gz},\nabla_{gx},\nabla_{gy},\nabla_{gz}]^T \tag{附-12}$$

ε_{gx}、ε_{gy}、ε_{gz} 为陀螺误差中的白噪声分量；∇_{gx}、∇_{gy}、∇_{gz} 为加速度计中的白噪声分量；而

$$\boldsymbol{G}_{INS}=\begin{bmatrix}\boldsymbol{O}_{3\times3} & \vdots & \boldsymbol{O}_{3\times3}\\ \cdots & \cdots & \cdots\\ \boldsymbol{O}_{3\times3} & \vdots & \boldsymbol{C}_b^n\\ \cdots & \cdots & \cdots\\ \boldsymbol{C}_b^n & \vdots & \boldsymbol{O}_{3\times3}\\ \cdots & \cdots & \cdots\\ \boldsymbol{O}_{6\times3} & \vdots & \boldsymbol{O}_{6\times3}\end{bmatrix} \tag{附-13}$$

$\boldsymbol{F}_{\mathrm{INS}}$ 是系统阵，为 15×15 阶矩阵：

$$\boldsymbol{F}_{\mathrm{INS}}=\left[\begin{array}{c:c:c} & \boldsymbol{O}_{3\times3} & \boldsymbol{O}_{3\times3} \\ & \cdots & \cdots \\ F_{9\times9} & \boldsymbol{O}_{3\times3} & \boldsymbol{C}_b^n \\ & \cdots & \cdots \\ & \boldsymbol{C}_b^n & \boldsymbol{O}_{3\times3} \\ \hdashline \multicolumn{2}{c:}{\boldsymbol{O}_{6\times9}} & \boldsymbol{O}_{6\times6} \end{array}\right] \qquad (\text{附-14})$$

式中，$\boldsymbol{F}_{9\times9}$ 为对应 9 个基本导航参数的系统阵，其非零元素为

$$F(1,3)=-\frac{V_{\mathrm{n}}}{(R_{\mathrm{n}}+h)^2} \qquad F(1,5)=\frac{1}{R_{\mathrm{n}}+h}$$

$$F(2,1)=\frac{V_{\mathrm{e}}\tan\varphi}{(R_{\mathrm{e}}+h)\cos\varphi} \qquad F(2,3)=-\frac{V_{\mathrm{e}}}{(R_{\mathrm{e}}+h)^2\cos\varphi}$$

$$F(2,5)=\frac{1}{(R_{\mathrm{e}}+h)\cos\varphi}$$

$$F(3,3)=-K_1 \qquad F(3,6)=1$$

$$F(4,1)=2(\Omega_{\mathrm{n}}V_{\mathrm{n}}+\Omega_{\mathrm{u}}V_{\mathrm{u}})+\frac{V_{\mathrm{n}}V_{\mathrm{e}}\sec^2\varphi}{R_{\mathrm{e}}+h}$$

$$F(4,3)=-\frac{V_{\mathrm{e}}V_{\mathrm{u}}+V_{\mathrm{n}}V_{\mathrm{e}}\tan\varphi}{(R_{\mathrm{e}}+h)^2} \qquad F(4,4)=\frac{V_{\mathrm{n}}\tan\varphi-V_{\mathrm{u}}}{R_{\mathrm{e}}+h}$$

$$F(4,5)=2\Omega_{\mathrm{u}}+\frac{V_{\mathrm{e}}}{R_{\mathrm{e}}+h}\tan\varphi \qquad F(4,6)=-\left(2\Omega_{\mathrm{n}}+\frac{V_{\mathrm{e}}}{R_{\mathrm{e}}+h}\right)$$

$$F(4,8)=-F_{\mathrm{u}} \qquad F(4,9)=F_{\mathrm{n}}$$

$$F(5,1)=-\left(2\Omega_{\mathrm{n}}+\frac{V_{\mathrm{e}}\sec^2\varphi}{R_{\mathrm{e}}+h}\right)V_{\mathrm{e}}$$

$$F(5,3)=\frac{V_{\mathrm{n}}V_{\mathrm{u}}}{(R_{\mathrm{n}}+h)^2}+\frac{V_{\mathrm{e}}^2\tan\varphi}{(R_{\mathrm{e}}+h)^2}$$

$$F(5,4)=-2\left(\Omega_{\mathrm{u}}+\frac{V_{\mathrm{e}}}{R_{\mathrm{e}}+h}\tan\varphi\right)$$

$$F(5,5)=-\frac{V_{\mathrm{u}}}{R_{\mathrm{n}}+h} \qquad F(5,6)=-\frac{V_{\mathrm{n}}}{R_{\mathrm{n}}+h}$$

$$F(5,7)=F_{\mathrm{u}} \qquad F(5,9)=-F_{\mathrm{e}}$$

$$F(6,1)=-2\Omega_{\mathrm{u}}V_{\mathrm{e}}$$

$$F(6,3)=\frac{2R_0g_0}{(R_0+h)^2}-K_2-\left[\frac{V_{\mathrm{e}}^2}{(R_{\mathrm{e}}+h)^2}+\frac{V_{\mathrm{n}}^2}{(R_{\mathrm{n}}+h)^2}\right]$$

$$F(6,4)=2\left(\Omega_n+\frac{V_e}{R_e+h}\right)$$

$$F(6,5)=\frac{2V_n}{R_n+h}$$

$$F(6,7)=-F_n$$

$$F(6,8)=F_e$$

$$F(7,3)=\frac{V_n}{(R_n+h)^2}$$

$$F(7,5)=-\frac{1}{R_n+h}$$

$$F(7,8)=\Omega_u+\frac{V_e}{R_e+h}\tan\varphi$$

$$F(7,9)=-\left(\Omega_n+\frac{V_e}{R_e+h}\right)$$

$$F(8,1)=-\Omega_u$$

$$F(8,3)=-\frac{V_e}{(R_e+h)^2}$$

$$F(8,4)=\frac{1}{R_e+h}$$

$$F(8,7)=-\left(\Omega_u+\frac{V_e}{R_e+h}\tan\varphi\right)$$

$$F(8,9)=-\frac{V_n}{R_n+h}$$

$$F(9,1)=\left(\Omega_n+\frac{V_e\sec^2\varphi}{R_e+h}\right)$$

$$F(9,3)=-\frac{V_e\tan\varphi}{(R_e+h)^2}$$

$$F(9,4)=\frac{\tan\varphi}{R_e+h}$$

$$F(9,7)=\Omega_n+\frac{V_e}{R_e+h}$$

$$F(9,8)=\frac{V_n}{R_n+h}$$

参考文献

[1] 胡小平. 自主导航理论与应用[M]. 长沙:国防科技大学出版社, 2002:1-4.

[2] 房建成,宁晓琳,田玉龙. 航天器自主天文导航原理与方法[M]. 北京:国防工业出版社, 2006.

[3] 王新龙,马闪. 高空长航时无人机高精度自主定位方法[J]. 海军工程大学学报, 2008,S1:39-45.

[4] 宁晓琳,房建成. 航天器自主天文导航系统的可观测性及可观测度分析[J]. 北京航空航天大学学报,2005,31(6):673-677.

[5] King A D. Inertial Navigation-Forty Years of Evolution[J]. GEC Review, 1998, 13(3):140-149.

[6] Titterton D H, Weston J L. Strapdown Inertial Navigation Technology [M]. The Institution of Electrical Engineers, 2004.

[7] 庹洲慧, 赵建勋, 吴美平. 某型号惯性导航系统内减振器导热路径优化仿真[J]. 红外与激光工程, 2007, S2:349-353.

[8] 以光衢. 惯性导航原理[M]. 北京:航空工业出版社,1987.

[9] 秦永元. 惯性导航[M]. 北京:科学出版社,2006.

[10] David H Titterton, John L Weston. 捷联惯性导航技术[M]. 张天光, 王秀萍, 王丽霞,等译. 北京:国防工业出版社,2007.

[11] 许江宁,朱涛,卞鸿巍. 惯性传感技术发展与展望[J]. 海军工程大学学报, 2007,19(3):1-5.

[12] 张国良, 曾静. 组合导航原理与技术[M]. 西安:西安交通大学出版社, 2008.

[13] Groves P. Principles of GNSS, Inertial, and Multisensor Integrated Navigation Systems [M]. Boston, London: Artech House, 2008.

[14] Soloviev A. Tight Coupling of GPS and INS for Urban Navigation [J]. IEEE Transactions on Aerospace and Electronic Systems , 2010,46(4):1731-1746.

[15] Jimenez Ruiz A R, Seco Granja F, Prieto Honorato, et al. Accurate Pedestrian Indoor Navigation by Tightly Coupling Foot-Mounted IMU and RFID Measurements[J]. IEEE Transactions on Instrumentation and Measurement, 2012,61(1):178-189.

[16] Kortunov V I, Dybska I Y, Proskura G A, et al. Integrated mini INS based on MEMS sensors for UAV control [J]. IEEE Aerospace and Electronic Systems Magazine, 2009,24(1):41-43.

[17] Clanton J M, Bevly D M, Hodel A S. A Low-Cost Solution for an Integrated Multisensor Lane Departure Warning System[J]. IEEE Transactions on Intelligent Transportation Systems , 2009,10(1):47-59.

[18] Hongliang Ren, Kazanzides P. Investigation of Attitude Tracking Using an Integrated Inertial and Magnetic Navigation System for Hand-Held Surgical Instruments[J]. IEEE Transactions on Mechatronics, 2012,17(2):210-217.

[19] Mourikis A I, Trawny N, Roumeliotis S I, et al. Vision-Aided Inertial Navigation for Spacecraft Entry, Descent, and Landing[J]. IEEE Transactions on Robotics, 2009,25(2):264-280.

[20] Sazdovski V, Silson P M G. Inertial Navigation Aided by Vision-Based Simultaneous Localization and Mapping [J]. IEEE Sensors Journal, 2011,11(8):1646-1656.

[21] Martinelli A. Vision and IMU Data Fusion: Closed-Form Solutions for Attitude, Speed, Absolute Scale, and Bias Determination[J]. IEEE Transactions on Robotics, 2012,28(1):44-60.

[22] Lupton T, Sukkarieh S. Visual-Inertial-Aided Navigation for High-Dynamic Motion in Built Environments Without Initial Conditions[J]. IEEE Transactions on Robotics, 2012,28(1):61-76.

[23] Veth M J, Martin R K, Pachter M. Anti-Temporal-Aliasing Constraints for Image-Based Feature Tracking Applications With and Without Inertial Aiding [J]. IEEE Transactions on Vehicular Technology, 2010,59(8):3744-3756.

[24] Johnson E N, Calise A J, Watanabe Y, et al. Real-Time Vision-Based Relative Aircraft Navigation[C]. AIAA Journal of Aerospace Computing, Information, and Communication, 2007,4(4): 707-738.

[25] Proctor A A, Johnson E N, Apker T B. Vision-only Control and Guidance for Aircraft[J]. Journal of Field Robotics, 2006,23(10):863-890.

[26] Johnson E N, Turbe M A. Modeling Control and Flight Testing of a Small Ducted Fan Aircraft[J]. AIAA Journal of Guidance, Control, and Dynamics, 2006,29(4): 769-779.

[27] Johnson E N, Calise A J, Mease K D, et al. Adaptive Guidance and Control for Hypersonic Vehicles[J]. AIAA Journal of Guidance, Control, and Dynamics, 2006,29(3):725-737.

[28] Kahn P, Kitchen L, Riseman E M. A fast line finder for vision-guided robot navigation[J]. IEEE Transactions on Pattern Analysis and Machine Intelligence, 1990,12(11):1098-1102.

[29] Baumgartner E T, Skaar S B. An autonomous vision-based mobile robot[J]. IEEE Transactions on Automatic Control, 1994,39(3):493-502.

[30] Shibata T, Matsumoto Y, Kuwahara T. Development and integration of generic components for a teachable vision-based mobile robot[J]. IEEE Transactions on Mechatronics, 1996,3(1):230-236.

[31] Ohya I, Kosaka A, Kak A. Vision-based navigation by a mobile robot with obstacle avoidance using single-camera vision and ultrasonic sensing[J]. IEEE Transactions on Robotics and Automation, 1998,14(6):969-978.

[32] Bonarini A, Aliverti P, Lucioni M. An omnidirectional vision sensor for fast tracking for mobile robots[J]. IEEE Transactions on Instrumentation and Measurement, 2000,49(3):509-512.

[33] Christophersen H B, Pickell R W, Neidhoefer J C, et al. A Compact Guidance, Navigation, and Control System for Unmanned Aerial Vehicles[J]. AIAA Journal of Aerospace Computing, Information, and Communication, 2006,3(5): 187-213.

[34] 杨效余，张天序. 捕获跟踪水体地标的飞行器导航定位方法[J]. 华中科技大学学报(自然科学版), 2010,38(5):61-64.

[35] Zhang Jun, Liu Weisong, Wu Yirong. Novel Technique for Vision-Based UAV Navigation[J]. IEEE Transactions on Aerospace and Electrionics Systems, 2011,47(4):2731-2741.

[36] Mohamed M K, Patra S, Lanzon A. Designing simple indoor navigation system for UAVs [C]. 2011 19th Mediterranean Conference on Control & Automation (MED), 2011:1223-1228.

[37] Rady S, Kandil A A, Badreddin E. A hybrid localization approach for UAV in GPS denied areas [C]. 2011 IEEE/SICE International Symposium on System Integration (SII), 2011:169-174.

[38] 常晓华. 深空自主导航方法研究及在小天体探测中的应用[D]. 哈尔滨工业大学,2010.

[39] 朱圣英. 小天体探测器光学导航与自主控制方法研究[D]. 哈尔滨:哈尔滨工业大学,2009.

[40] 邵巍. 基于图像信息的小天体参数估计及探测器自主导航研究[D]. 哈尔滨:哈尔滨工业大学,2009.

[41] Cheng Y, Johnson A E, Matthies L. MER-DIMES:A planetary landing application of computer vision[C]. 2005 IEEE Computer Society Conference on Computer Vision and Pattern Recognition,2005,1:806-813.

[42] Johnson A E, Willson R, Cheng Y. Design through operation of an image based velocity estimation system for mars landing[J]. International Journal of Computer Vision,2007,74(3):319-341.

[43] Eustice R M, Pizarro O, Singh H. Visually Augmented Navigation for Autonomous Underwater Vehicles[J]. IEEE Journal of Oceanic Engineering, 2008, 33(2):103-122.

[44] Pizarro O, Eustice R M, Singh H. Large Area 3-D Reconstructions From Underwater Optical Surveys[J]. IEEE Journal of Oceanic Engineering, 2009,34(2):150-169.

[45] Mosier Daniel, Sundareshan Malur K. A multiple model algorithm for passive ranging and air-to-air missile guidance [C]. Drummond Oliver E. Signal and Data Processing of Small Targets. San Diego, CA, USA: The International Society for Optical Engineering, 2001:222-233.

[46] Ian R. Manchester, Andrey V Savkin, Farhan A. Faruqi. Method for Optical-Flow-Based Precision Missile Guidance [J]. IEEE Transactions on aerospace and Electronic Systems,2008, 44(3): 835- 851.

[47] Scientific Systems Company, Inc. Vision Based Navigation and Precision / Dynamic Targeting for Air Vehicles (ImageNav)[EB/OL]. (2009). http://www.ssci.com.

[48] Qiao Yongjun,Xie Xiaofang,Shi Lei,et al. The Application of Spatial Scene Matching Based on SURF in Cruise Missile Terminal Guidance[C]. 2010 International Conference on Measuring Technology and Mechatronics Automation (ICMTMA), 2010(3): 790 -793.

[49] Mikel Dr, Miller M. Navigation in GPS denied enviroments: feature-aided inertial systems[R]. Air Force Research Laboratory, RTO-EN-SET-116, 2010.

[50] Mehta S S, MacKunis W, Curtis J W. Adaptive Vision-based Missile Guidance in the Presence of Evasive Target Maneuvers [C]. Preprints of the 18th IFAC World Congress Milano (Italy) August 28 - September 2, 2011: 5471-5476.

[51] 闫肃，王海明，刘新学. 巡航导弹制导方式分析[J]. 飞行器，2000(7):55-57.

[52] 李雄伟，刘建业，康国华. TERCOM 地形高程辅助导航系统发展及应用研究[J]. 中国惯性技术学报，2006,14(1):34-40.

[53] 刘萍. 基于某型导弹的航迹规划与地形匹配技术研究[D]. 南京:南京航空航天大学，2007.

[54] 王英钧. 地形辅助导航综述[J]. 航空电子技术，1998,1:24-44.

[55] 张明. 地形匹配算法在 TF/TA 中的应用及仿真研究[D]. 西安:西北工业大学，2004.

[56] Kim J, Sukkarieh S. Autonomous airborne navigation in unknown terrain environments [J]. IEEE Transactions on Aerospaceand Electronic System,2004,

40(3):1031-1045.

[57] 徐克虎，沈春林. 地形特征匹配辅助导航方法研究[J]. 中南大学学报(自然科学版)，2000,30(3):113-117.

[58] Wikimedia Foundation，Inc. Supersonic Low Altitude Missile [EB/OL] . http://en. wikipedia. org/wiki/Supersonic_Low_Altitude_Missile. (2010-07-01).

[59] Wikimedia Foundation，Inc. TERCOM[EB/OL]. (2009-05-31). http://en. wikipedia. org/wiki/TERCOM.

[60] 郭勤. 景像匹配技术发展概述[J]. 红外与激光工程，2007(S2):57-61.

[61] 施航，闫莉萍，刘宝生，等. 景像匹配辅助的 GPS/SINS 组合导航算法[J]. 清华大学学报(自然科学版)，2008(7):1182-1185.

[62] 屈重君，陆志东，雷宝权. 惯性/景像匹配组合导航系统的误差校正研究[J]. 电光与控制，2008(4) : 70-73.

[63] Defence Threat Information Group. The KLUB Missile Family[EB/OL]. (2009-05-31). http:// www. dtig. org/docs/Klub-Family. pdf.

[64] Wikimedia Foundation，Inc. Storm shadow cruise missile[EB/OL]. (2009-05-30). http:// en. wikipedia. org/wiki/Storm_Shadow/question/weapons/q0120. shtml.

[65] Wikimedia Foundation，Inc. AGM-158 JASSM [EB/OL]. (2009-05-30). http://en. wikipedia. org/wiki /AGM-158_JASSM.

[66] 张友安，林雪原，徐胜红. 综合导航与制导系统[M]. 北京:海潮出版社，2005.

[67] 王惠南. GPS 导航原理与应用[M]. 北京:科学出版社，2003.

[68] 梁勇，邓方林. 巡航导弹制导技术的现状及发展趋势分析[J]. 中国航天，2003,8:35-41.

[69] 黄显林，姜肖楠，卢鸿谦，等. 自主视觉导航方法综述[J]. 吉林大学学报，2010，28(2):158-164.

[70] 杨杰. 非结构化环境下自主导航系统视觉技术研究[D]. 哈尔滨:哈尔滨工程大学，2008.

[71] 陈大志，张广军. 基于地标图像信息的惯导系统误差校正方法[J]. 北京航空航天大学学报，2003,29(1):79-82.

[72] 蒋鸿翔，徐锦法，高正. 无人直升机视觉着陆中的运动状态估计算法[J]. 航空学报，2010，31(4):744-753.

[73] Bazin J C，Kweon I，Demonceaux C，et al. UAV attitude estimation by vanishing points in catadioptric images[C]. IEEE International Conference on Robotics and Automation，Pasadena，USA，May 2008.

[74] 陈林. 基于动态视觉定位的惯性导航地标修正方法研究[D]. 长沙:国防科技大学，2007.

[75] 任沁源. 基于视觉信息的微小型无人直升机地标识别与位姿估计研究[D]. 杭

州:浙江大学,2008.
[76] 张广军,周富强. 基于双圆特征的无人机着陆位置姿态视觉测量方法[J]. 航空学报, 2005,26(3):344-348.
[77] Jonathan Kelly , Gaurav S. Sukhatme. Visual-Inertial Sensor Fusion: Localization, Mapping and Sensor-to-Sensor Self-Calibration [J]. International Journal of Robotics Research, 2011, 30(1): 56- 79.
[78] Xie S R, Luo J, Rao J J, et al. Computer Vision-based Navigation and Predefined Track Following Control of a Small Robotic Airship[J]. ACTA AUTOMATICA SINICA, 2007, 33(3):286-291.
[79] Wu A D, Johnson E N, Proctor A A. Vision-Aided Inertial Navigation for Flight Control[J]. Journal of Aerospace Computing, Infomation and Communication, 2005,2(9):348-360.
[80] Sasiadek J Z, Walker M J. Vision-Based UAV Navigation [C]. AIAA Guidance, Navigation and Control Conference and Exhibit, Honolulu, Hawaii, August 2008: 18-21.
[81] 吴亮. 参考道路的飞行器视觉辅助导航研究[D]. 烟台:海军航空工程学院,2010.
[82] 王小刚, 路菲, 崔乃刚. Huber-based 滤波及其在相对导航问题中的应用[J]. 控制与决策, 2010,25(2):287-290.
[83] 王小刚, 郭继峰, 崔乃刚. 一种鲁棒 Sigma-point 滤波算法及其在相对导航中的应用[J]. 航空学报, 2010,31(5):1024-1029.
[84] 张志勇, 张靖, 朱大勇,等. 一种基于视觉成像的快速收敛的位姿测量算法及实验研究[J]. 航空学报, 2007,28(4):943-947.
[85] Luiz G B, Mirisola ,Jorge Dias. Exploting inertial sensing in vision based navigation with an airship[J]. Journal of Field Robotics, 2008:1-41.
[86] Randeniya D I B, Sarkar S, Gunaratne M, et al. Vision-IMU Integration Using a Slow-Frame-Rate Monocular Vision System in an Actual Roadway Setting[J]. IEEE Transactions onIntelligent Transportation Systems, 2010, 11(2):256-266.
[87] Zhang J, Wu Y, Liu W. Novel Approach to Position and Orientation Estimation in Vision-Based UAV Navigation [J]. IEEE Transactions onAerospace and Electronic Systems, 2010, 46(2):687-700.
[88] Baro Hyun, Puneet Singla. Autonomous Navigation Algorithm for Precision Landing on Unknown Planetary Surfaces [C]. 18th AAS/ AIAA Spacecraft Mechanics Meeting, Galveston ,TX,2008:27-31.
[89] 孙庆有,屈亚丽. 纯方位定位中的螺旋运动机动方式与系统的可测性[J]. 电光

与控制，2007，14(6):22-25.
[90] 许志刚，盛安东，陈黎，等. 被动目标定位系统观测平台的最优机动轨迹[J]. 控制理论与应用，2009，26(12):1337-1344.
[91] 石章松. 水下纯方位目标跟踪中的观测器机动航路对定位精度影响分析[J]. 电光与控制，2009，16(6)：5-8.
[92] Smith R, Self M, Cheeseman P. A stochastic map for uncertain spatial relationships[C]. Proceedings of the 4th International Symposium on Robotics Research. Cambridge, MA: MIT Press, 1987: 467-474.
[93] Kim J H, Sukkarieh S. Airborne Simultaneous Localization and Map Building [C]. In Proceedings of IEEE International Conference on Robotics and Automation, 2003, Taipei.
[94] Mitch Bryson, Salah Sukkarieh. Building a Robust Implementation of Bearing-Only Inertial SLAM for a UAV[J]. Journal of Field Robotics, 2007, 24(2): 113-143.
[95] Michal Jama. Monocular vision based localization and mapping [D]. Manhattan, Kansas: Kansas State University, 2011.
[96] 朱圣英，崔平远，崔祜涛，等. 基于路标观测角的星际着陆器自主位姿确定技术[J]. 航空学报，2010，31(2):318-326.
[97] 吴亮，胡云安. 参考道路交叉点的飞行器视觉辅助导航[J]. 北京航空航天大学学报，2010，36(8):892-899.
[98] Anastasios I Mourikis, Nikolas Trawny, Stergios I Roumeliotis, et al. Vision-Aided Inertial Navigation for Spacecraft Entry, Descent, and Landing [J]. IEEE Transactions on Robotics, 2009, 25(2):264-280.
[99] 吴伟仁，王大轶，李骥，等. 月球软着陆避障段定点着陆导航方法研究[J]. 中国科学：信息科学，2011，41(9):1054-1063.
[100] 邵巍，常晓华，崔平远，等. 惯导融合特征匹配的小天体着陆导航算法[J]. 宇航学报，2010，31(7):1748-1755.
[101] 朱圣英，崔祜涛，崔平远. 基于路标信息的绕飞小天体探测器自主光学导航方法研究 [J]. 电子学报，2010，38(9):2052-2058.
[102] 李爽. 基于光学测量的相对导航方法及其在星际着陆中的应用研究[D]. 哈尔滨：哈尔滨工业大学，2007.
[103] Larson C D. An Integrity Framework for Image-based Navigation Systems [D]. PHD Thesis, Air Force Institute of Technology, 2010.
[104] Cesetti A, Frontoni E, Mancini A, et al. A Vision-Based Guidance System for UAV Navigation and Safe Landing using Natural Landmarks[J]. J Intell Robot Syst, 2010, 57:233-257.

[105] 李建，李小民，钱克昌，等. 基于双目视觉和惯性器件的微小型无人机运动状态估计方法[J]. 航空学报，2011，32(12)：2310- 2317.

[106] 张博翰，蔡志浩，王英勋. 电动 VTOL 飞行器双目立体视觉导航方法[J]. 北京航空航天大学学报，2011，37(7)：882-887.

[107] Sceientific Systems Inc. SSCI's Capability [EB/OL]. (2009-10-10). http://wwwssci. com/ wp-content/uploads/2009/02/ ssci_capabilities. pdf.

[108] Dailey M N，Parnichkun M. Landmark-based simultaneous localization and mapping with stereo vision[C] //Proceedings of the 2005 Asian Conference on Industrial Automation and Robotics. Bangkok，Thailand：Springer LNCS，2005：108-113.

[109] Kaess M，Dellaert F. Visual SLAM with a multi-camera rig[R]. Technical report，Georgia Institute of Technology. 2006，GIT-GVU-06-06.

[110] Stephan Weiss，Davide Scaramuzza，Roland Siegwart . Monocular-SLAM-Based Navigation for Autonomous Micro Helicopters in GPS-Denied Environments[J]. Journal of Field Robotics，2011，28(6)：854-874 .

[111] Kurt Konolige，Motilal Agrawal，Robert C. Bolles，et al. Outdoor Mapping and Navigation using Stereo Vision[C]. In Proc. of Intl. Symp. on Experimental Robotics (ISER) Rio de Janeiro，Brazil，July 2006.

[112] Terry Huntsberger，Hrand Aghazarian，Andrew Howard，et al. Stereo vision - based navigation for autonomous surface vessels [J]. Journal of Field Robotics，2011，28(1)：3-18.

[113] Stephen S，Piotr Jasiobedzki. Stereo-Vision Based 3D Modeling and Localization for Unmanned Vehicles [J]. International Journal of Intelligent Control and Systems，2008，13(1)：46-57.

[114] Markus Achtelik，Abraham Bachrach，Ruijie He，et al. Stereo Vision and Laser Odometry for Autonomous Helicopters in GPS-denied Indoor Environments [C]. Proc. of SPIE-The International Society for Optical Engineering，2009.

[115] Aniket Murarka，Benjamin Kuipers. A Stereo Vision Based Mapping Algorithm for Detecting Inclines，Drop-offs，and Obstacles for Safe Local Navigation [C]. IEEE/RSJ International Conference onIntelligent Robots and Systems，2009：1646-1653.

[116] 明宝印，尹健，高士英，等. 利用成像导引头修正空地导弹惯导误差研究[J]. 弹箭与制导学报，2006，26 (2)：717-719.

[117] 卢晓东，董鹏，周军，等. 飞行器地标被动观测自主导航修正技术[J]. 飞行力学，2009，27(6)：83-86.

[118] 王小刚，郭继峰，崔乃刚. 基于数据链的智能导弹协同定位方法[J]. 中国惯

性技术学报,2009,17(3)：319-323.

[119] 林金永,李刚,杜亚玲,等. 导弹自主飞行编队的互定位方法研究[J]. 电子学报,2007,35(12)：140-143.

[120] Liu Xing, Peng Chen, Mu Xiaomin. An Approach for Cooperative Navigation of Multi-Missiles Based on Wireless Datalink[C]. 2009 Chinese Control and Decision Conference (CCDC 2009):2269-2272.

[121] Nikolas Trawny. Cooperative Localization: on Motion-Induced Initialization and Joint State Estimation under Communication Constraints[D]. PHD Thesis, The University of Minnesota, August 2010.

[122] Yotam E, Alfred M B. A Thermodynamic Approach to the Analysis of Multi-Robot Cooperative Localization Under Independent Errors[C]. Lecture Notes in Computer Science, ANTS 2010,Volume 6234/2010,36-47.

[123] Yoko Watanabe. Stochastically Optimized Monocular Vision Based Navigation and Guidance[D]. PHD Thesis, Georgia Institute of Technology, April 2008.

[124] 张共愿，程咏梅，杨峰,等. 基于相对导航的多平台 INS 误差联合修正方法[J]. 航空学报，2011,32(2):271-280.

[125] 刘宇飞. 深空自主导航方法研究及在接近小天体中的应用[D]. 哈尔滨:哈尔滨工业大学，2007.

[126] Liu Ming yong, Li Wen bai,Pei Xuan. Convex Optimization Algorithms for Cooperative Localization in Autonomous Underwater Vehicles[J]. ACTA Automatica Sinica, 2010,36(5):704-710.

[127] 张立川，刘明雍，徐德民,等. 基于水声传播延迟的主从式多无人水下航行器协同导航定位研究[J]. 兵工学报,2009,30(12)：1674-1678.

[128] Zhang Li chuan, Xu De min, Liu Ming-yong, et al. Cooperative navigation and localization for multiple UUVs[J]. Journal of Marine Science and Application, 2009,8(3):216-221.

[129] 刘明雍，张加全，张立川. 洋流影响下基于运动矢径的 AUV 协同定位方法[J]. 控制与决策,2011,26(11):1632-1636.

[130] 李闻白，刘明雍,李虎雄,等. 基于单领航者相对位置测量的多 AUV 协同导航系统定位性能分析[J]. 自动化学报,2011,37(6):724-736.

[131] 李闻白，刘明雍,雷小康,等. 未知洋流干扰下基于单领航者的多自主水下航行器协同导航[J]. 兵工学报,2011,32(3):292-297.

[132] 李闻白，刘明雍，张立川,等. 单领航者相对位移测量的多自主水下航行器协同导航[J]. 兵工学报,2011,32(8):1002- 1007.

[133] 江涛，夏艳，陈卫东. 基于飞行器间精确测距的动态相对定位方法[J]. 系统工程与电子技术,2009,31(12):2949- 2953.

[134] 江涛. 分布式相对定位技术的研究[D]. 合肥:中国科学技术大学,2010.

[135] 夏艳. 多飞行体相对定位方法研究[D]. 合肥:中国科学技术大学,2009.

[136] 王楷，陈统，徐世杰，等. 基于双视线测量的相对导航方法[J]. 航空学报，2011,32(6)：1084- 1091.

[137] Chen Tong，Xu Shijie. Double line-of-sight measuring relative navigation for spacecraft autonomous rendezvous[J]. Acta Astronaut,2010,67:122-134.

[138] Chen Tong，Xu Shijie. Approach Guidance with Double-Line-of-Sight-Measuring Navigation Constraint for Autonomous Rendezvous [J]. Journal of Guide Control Dynamic,2011,34:678-687.

[139] Merino L,Wiklund J,Caballero F,et al. Vision-based multi-UAV position estimation[J]. IEEE Transcations on Robot&Automation,2006,13(3):53-62.

[140] 徐超，范耀祖，沈晓蓉，等. 一种无人机视觉导航方法及其滤波算法改进[J]. 北京航空航天大学学报，2010,36(8):1000-1004.

[141] Gregory L Andrews. Implementation Considerations for Vision-Aided Inertial Navigation[D]. PHD Thesis，Northeastern University，Boston Massachusetts，2008.

[142] 于起峰，尚洋. 摄像测量学原理与应用研究[M]. 北京:科学出版社，2009.

[143] 马卫华，袁建平，罗建军. 主动雷达导引头速度信息辅助捷联惯导的组合系统性能分析[J]. 西北工业大学学报，2005,23(1):1-5.

[144] 于起峰，尚洋，周剑，等. 测量点目标运动参数的单目运动轨迹交会法 [J]. 中国科学(E辑 技术科学)，2009,39(12):1919-1927.

[145] Yu Qifeng，Shang Yang，Zhou Jian，et al. Monocular trajectory intersection method for 3D motion measurement of a point target[J]. Science in China Series E：Technological Sciences，2009,52(12):3454-3463.

[146] 程云鹏. 矩阵论[M]. 西安:西北工业大学出版社，2003:166-167.

[147] Steven Gillijns，Bart De Moor. Unbiased minimum-variance input and state estimation for linear discrete-time systems with direct feedthrough[J]. Automatica，2007,43(1):934-937.

[148] Gillijns S，De Moor B. Unbiased minimum-variance input and state estimation for linear discrete-time systems[J]. Automatica，2007,43(1):111-116.

[149] Kailath T，Sayed A H，Hassibi B. Linear estimation[M]. Upper Saddle River，NJ：Prentice-Hall. 2000.

[150] Ivey G F，Johnson E N. Investigation of methods for simultaneous localization and mapping using vision sensors[C]. Proceedings of the AIAA Guidance，Navigation and Control Conference，August 2006，Keystone，Colorado，2006:6578.

[151] Kaiser M K. Vision-based estimation for guidance, navigation and control of an aerial vehicle[J]. IEEE Transactions on Aerospace and Electronic Systems, 2010, 46(3):1064-1077.

[152] 王鼎，张莉，吴瑛. 基于角度信息的约束总体最小二乘无源定位算法[J]. 中国科学(E 辑:信息科学),2006,36(8):880-890.

[153] Wang Ding, Zhang Li, Wu Ying. Constrained total least squares algorithm for passive location based on bearing-only measurements [J]. SCIENCE CHINA Information Sciences, 2007, 50(4):576-586.

[154] 夏国洪,王东进. 智能导弹[M]. 北京:中国宇航出版社，2008.

[155] 关世义. 导弹智能化技术初探[J]. 战术导弹技术,2004(4):1-7.

[156] 肖增博，雷虎民，夏训辉. 多导弹协同作战关键技术研究与展望[J]. 飞行器，2008,6:24-26.

[157] 冯培德，谢淑香，张京娟. 机群组网定位的一种新途径[J]. 北京航空航天大学学报，2006，32(11):1263-1267.

[158] 蒋荣欣,田翔,谢立,等. 一种多机器人编队协同定位的方法[J]. 哈尔滨工业大学学报，2010,42(1): 152-157.

[159] Urcola P, Montano L. Cooperative robot team navigation strategies based on an environment model [C]. IEEE/RSJ International Conference on Intelligent Robots and Systems, 2009:4577-4583.

[160] Boeing A, Braunl T, Reid R, et al. Cooperative multi-robot navigation and mapping of unknown terrain [C]. IEEE Conference on Robotics, Automation and Mechatronics (RAM), 2011 :234-238.

[161] Bryson M T, Reid A, Ramos F. T, Sukkarieh S. Airborne Vision-Based Mapping and Classification of Large Farmland Environments[J]. Journal of Field Robotcs, Special Issue on Visual Mapping and Navigation Outdoors, 2010,27(5): 632-655.

[162] Bryson M T, Sukkarieh S. Architectures for Cooperative Airborne Simultaneous Localisation and Mapping[J]. Journal of Intelligent and Robotic Systems, Special Issue on Airborne SLAM, 2009,55(4) :267-297.

[163] Cole D T, Goktogan A, Sukkarieh S. The demonstration of a cooperative control architecture for UAV teams[J]. Springer Tracts in Advanced Robotics, 2008,8(3):1-10.

[164] 王玮，刘宗玉. 伪卫星/惯性组合导航的非线性补偿[J]. 北京航空航天大学学报，2009,35(4):514-518.

[165] 张博，罗建军，袁建平. 一种基于信息一致性的卫星编队协同控制策略[J]. 航空学报，2010,31(5):133-142.

[166] Wang Ben-cai, HE You, WANG Guo-hong, et al. Optimal allocation of multi-sensor passive localization [J]. SCIENCE CHINA Information Sciences , 2010,53(12): 2514-2526.

[167] 张跃,刘波,尹胜利. 捷联式光学导引头的稳定、跟踪原理与系统仿真[J]. 光学精密工程, 2008,16(10):1942-1948.

[168] Rudin R T. Strapdown stabilization for imaging seekers[R]. AIAA-93-2660, 1993:1-10.

[169] 姚郁, 林喆,遆晓光. 捷联成像寻的器惯性视线重构精度分析[J]. 红外与激光工程,2007,36(1):1-4.

[170] 林喆, 姚郁,马克茂. 捷联成像寻的器 ACDKF 惯性视线重构[J]. 红外与激光工程,2008,37(3):400-405.

[171] Zarchan P. Tactical and Strategic Missile Guidance[M]. 2nd ed. Washington DC: American Institute of Aeronautics and Astronautics Inc,1994.

[172] Fishman G S. Monte-Carlo: Concepts, Algorithms [M]. New York: Spring-Verlag Inc,1996.

[173] 张友安, 寇昆湖, 柳爱利. 参考地物的飞航导弹视觉辅助导航研究综述[J]. 海军航空工程学院学报, 2012,27(4):361-365.

[174] 张友安, 寇昆湖, 柳爱利. 基于地标被动观测的飞航导弹 INS 误差估计方法[J]. 控制与决策, 2013,28(7):1055-1059.

[175] 寇昆湖,张友安,柳爱利. 基于未知地标被动观测的弹群 INS 定位误差协同修正方法[J]. 宇航学报, 2013,34(4):511-515.

[176] 寇昆湖,张友安,柳爱利. 基于未知地标被动观测的飞航导弹 SINS 俯仰姿态误差估计方法[J]. 宇航学报, 2013,34(6):801-807.

[177] 张友安, 寇昆湖, 柳爱利. 基于虚拟视线交会的飞航导弹 INS 误差修正方法[J]. 北京航空航天大学学报, 2013,39(1):1-5.

[178] 寇昆湖,张友安,柳爱利. 视觉辅助飞航导弹 INS 定位误差快速修正方法[J]. 系统工程与电子技术, 2013,35(2):397-401.

[179] 寇昆湖,张友安,王希彬. 飞航导弹中制导段惯性视线重构及误差传递[J]. 红外与激光工程, 2012,41(9):2489-2493.

[180] Zhang Youan, Kou Kunhu, Chen Yu, et al. Vision Aided INS Error Estimation Based on EKF for Cruise Missile[C]. 2012 International Conference on Computer Science and Automation Engineering. 2012,5.

[181] 寇昆湖,张友安,柳爱利. 多导弹协同惯性导航系统误差修正及精度分[J]. 兵工学报, 2013,34(12):1521-1528.

[182] 王希彬,赵国荣,寇昆湖. 无人机视觉 SLAM 算法及仿真研究[J]. 红外与激光工程,2012,41(6):1653-1658.